U0236961

"十三五"国家重点出版物出版规划项目·重大出版工程

高超声速出版工程

高超声速进气道流动失稳机理及其控制

常军涛　刘小勇　鲍文　于达仁　著

科学出版社

北　京

内 容 简 介

高超声速进气道不起动是超燃冲压发动机的重要流动现象,精准识别并采取有效控制手段避免不起动现象对于超燃冲压发动机高效稳定运行非常重要。本书首先阐述隔离段激波串运动特性,针对多种因素诱发的多种进气道不起动模式形成过程和形成机制进行探讨,并给出亚/超额定工况及考虑反压激励下的不起动多模式转换特性,在此基础上给出一种鲁棒的进气道不起动监测方法。然后通过开展边界层抽吸及自适应抽吸射流流动控制下的激波串运动特性研究,发展一种进气道稳定裕度表征方法,给出真实条件下考虑入射激波影响时的隔离段激波串前缘位置控制方法。

本书内容新颖,适合从事航空航天推进系统设计、分析、教学与生产的科技人员参考,特别适合从事高超声速推进技术、航空航天发动机技术的科研人员阅读,也可以作为航空宇航推进理论与工程专业及工程热物理专业的高年级本科生及硕士研究生的教学参考书。

图书在版编目(CIP)数据

高超声速进气道流动失稳机理及其控制／常军涛等著.
—北京:科学出版社,2021.1
高超声速出版工程 "十三五"国家重点出版物出版
规划项目·重大出版工程 国家出版基金项目
ISBN 978-7-03-066864-6

Ⅰ.①高… Ⅱ.①常… Ⅲ.①高超音速进气道—研究
Ⅳ.①V228.7

中国版本图书馆 CIP 数据核字(2020)第 224609 号

责任编辑:徐杨峰／责任校对:谭宏宇
责任印制:黄晓鸣／封面设计:殷 靓

斜 学 出 版 社 出版

北京东黄城根北街 16 号
邮政编码:100717
http://www.sciencep.com

南京展望文化发展有限公司排版

苏州市越洋印刷有限公司印刷
科学出版社发行 各地新华书店经销

*

2021 年 1 月第 一 版 开本:B5(720×1000)
2021 年 1 月第一次印刷 印张:20 1/2
字数:355 000

定价:160.00 元
(如有印装质量问题,我社负责调换)

高超声速出版工程·高超声速推进与动力系列

编写委员会

主　编

谭永华

副主编

沈　清　蔡国飙　孙明波

编　委

（按姓名汉语拼音排序）

白菡尘　蔡国飙　常军涛　方文军　何国强

李光熙　刘卫东　沈　清　孙明波　谭慧俊

谭永华　王　兵　王　珏　王健平　夏智勋

徐　旭　徐惊雷　尤延铖　张新宇　赵庆军

郑日恒

丛书序

飞得更快一直是人类飞行发展的主旋律。

1903 年 12 月 17 日,莱特兄弟发明的飞机腾空而起,虽然飞得摇摇晃晃,犹如蹒跚学步的婴儿,但拉开了人类翱翔天空的华丽大幕;1949 年 2 月 24 日,Bumper-WAC 从美国新墨西哥州白沙发射场发射升空,上面级飞行马赫数超过 5,实现人类历史上第一次高超声速飞行。从学会飞行,到跨入高超声速,人类用了不到五十年,蹒跚学步的婴儿似乎长成了大人,但实际上,迄今人类还没有实现真正意义的商业高超声速飞行,我们还不得不忍受洲际旅行需要十多个小时甚至更长飞行时间的煎熬。试想一下,如果我们将来可以在两小时内抵达全球任意城市,这个世界将会变成什么样? 这并不是遥不可及的梦!

今天,人类进入高超声速领域已经快 70 年了,无数科研人员为之奋斗了终生。从空气动力学、控制、材料、防隔热到动力、测控、系统集成等,在众多与高超声速飞行相关的学术和工程领域内,一代又一代科研和工程技术人员传承创新,为人类的进步努力奋斗,共同致力于达成人类飞得更快这一目标。量变导致质变,仿佛是天亮前的那一瞬,又好像是蝶即将破茧而出,几代人的奋斗把高超声速推到了嬗变前的临界点上,相信高超声速飞行的商业应用已为期不远!

高超声速飞行的应用和普及必将颠覆人类现在的生活方式,极大地拓展人类文明,并有力地促进人类社会、经济、科技和文化的发展。这一伟大的事业,需要更多的同行者和参与者!

书是人类进步的阶梯。

实现可靠的长时间高超声速飞行堪称人类在求知探索的路上最为艰苦卓绝的一次前行,将披荆斩棘走过的路夯实、巩固成阶梯,以便于后来者跟进、攀登,意义深远。

以一套丛书,将高超声速基础研究和工程技术方面取得的阶段性成果和宝贵经验固化下来,建立基础研究与高超声速技术应用之间的桥梁,为广大研究人员和工程技术人员提供一套科学、系统、全面的高超声速技术参考书,可以起到为人类文明探索、前进构建阶梯的作用。

2016 年,科学出版社就精心策划并着手启动了"高超声速出版工程"这一非常符合时宜的事业。我们围绕"高超声速"这一主题,邀请国内优势高校和主要科研院所,组织国内各领域知名专家,结合基础研究的学术成果和工程研究实践,系统梳理和总结,共同编写了"高超声速出版工程"丛书,丛书突出高超声速特色,体现学科交叉融合,确保丛书具有系统性、前瞻性、原创性、专业性、学术性、实用性和创新性。

这套丛书记载和传承了我国半个多世纪尤其是近十几年高超声速技术发展的科技成果,凝结了航天航空领域众多专家学者的智慧,既可供相关专业人员学习和参考,又可作为案头工具书。期望本套丛书能够为高超声速领域的人才培养、工程研制和基础研究提供有益的指导和帮助,更期望本套丛书能够吸引更多的新生力量关注高超声速技术的发展,并投身于这一领域,为我国高超声速事业的蓬勃发展做出力所能及的贡献。

是为序!

2017 年 10 月

前　言

　　由于研究人员在对发动机内部复杂流动的认识及控制系统的设计上存在不足,在历史上开展的高超声速飞行实验中,曾多次出现由进气道不起动现象导致的飞行实验失败案例,那么导致进气道不起动的因素有哪些? 到底存在多少种进气道不起动模式? 其内在形成过程和转换特性是什么? 如何有效地监测与控制进气道不起动? 这些都是亟待研究的基础问题。基于这些认识,围绕隔离段激波串运动特性、多种高超声速进气道不起动模式形成过程和转换特性、进气道不起动监测与保护控制等核心关键问题,本书提出具体的解决方案,具体阐述如下。

　　第 1 章介绍已经开展的超燃冲压发动机飞行实验,从多个角度分析高超声速进气道不起动监测及控制面临的主要问题。

　　第 2 章阐述隔离段激波串的运动特性,与均匀来流相比,入射激波下的隔离段激波串运动过程表现出突跳特性,分别从无黏和有黏角度分析激波串突跳特性的形成机理,并给出激波串突跳特性的触发条件。

　　第 3 章~第 6 章对多种因素作用下的高超声速进气道不起动模式形成过程和转换特性进行研究,首先针对亚额定工况下的进气道全局不起动模式进行讨论,其次针对超额定工况下形成进气道局部不起动模式进行研究,在此基础上阐述不同工况下反压激励对不起动形成过程带来的特殊性问题,给出全局不起动/局部不起动之间的相似性和差异性,这些认识为后续开展进气道不起动监测方法研究提供了基础。

　　第 7 章讨论高超声速进气道不起动的监测方法。针对进气道全局不起动和局部不起动特性,提出基于壁面动态压力信号的时域和频域特性的进气道不起动监测方法、基于壁面动态压力信号时间序列分析的进气道不起动监测方法等。

为了避免进气道不起动现象的发生,通常采用的方法和手段有两类:一类是通过流动控制手段,扩大进气道的抗反压能力;另一类是通过反馈控制手段,实时监控进气道稳定裕度,通过调节燃烧室燃油流量避免不起动流动现象的出现。

第 8 章讨论边界层抽吸对隔离段激波串特性的影响规律,采用边界层抽吸能够大幅提升进气道安全边界和抗反压能力。

第 9 章讨论自适应抽吸射流对隔离段激波串突跳特性的抑制规律,与无流动控制相比,激波串运动特性的改善有利于后续开展反馈控制系统设计。

第 10 章讨论高超声速进气道-隔离段稳定裕度表征方法,重点分析隔离段激波串前缘位置、隔离段壁面压力分布、隔离段出口反压与稳定裕度之间的关系。

第 11 章阐述考虑入射激波影响时的高超声速进气道稳定裕度控制方法。建立激波串数学模型,分析各种条件下的能控性和能观性,给出入射激波作用下的控制策略改进和控制系统设计方法。

感谢国家自然科学优秀青年基金(51722601)、国家自然科学基金面上项目(11372092)和国家自然科学青年基金(10902033)的资助,特别感谢博士生焦晓亮、和玉宝、李楠、徐珂靖、李云飞、王子傲的文档整理和校稿工作。

由于作者水平有限,书中难免存在不足之处,敬请读者批评指正。

常军涛

2020 年 10 月

高超声速出版工程

目 录

第 3 章　亚额定工况下高超声速进气道不起动模式

第 4 章　超额定工况下高超声速进气道局部不起动模式

第 5 章　反压激励下的高超声速进气道不起动多模式对比

第6章　高超声速进气道不起动多模式转换特性

142

第7章　高超声速进气道不起动监测方法

159

第8章　边界层抽吸对隔离段激波串特性的影响

177

第 11 章　考虑入射激波影响时高超声速进气道稳定裕度控制方法研究

参 考 文 献

第 1 章

绪　　论

1.1　超燃冲压发动机飞行实验简介

纵观近25年,全世界共开展了多次具有代表性的典型高超声速飞行器飞行实验,其概况如表1.1所示。这些飞行实验验证了以超燃冲压发动机为动力的吸气式高超声速飞行的可行性,也表明了超燃冲压发动机研究已经逐步从工作原理、地面实验阶段过渡到工程化、实用化研究阶段。

表 1.1　近 25 年典型高超声速飞行器飞行实验

日　　期	飞 行 实 验	实 验 结 果
1998.02.12	CIAM[①]/NASA[②]联合飞行实验[1]	控制系统在监测进气道起动/不起动状态时出现了误判,并实施了错误操作
2001.06.02	X - 43A 飞行实验[2-4]	助推器故障导致实验失败
2004.03.27	X - 43A 飞行实验[2-4]	实现了马赫数6.8巡航
2004.11.16	X - 43A 飞行实验[2-4]	实现了马赫数9.68巡航
2007.07.15	HyCAUSE 飞行实验[5,6]	由于飞行器姿态变化,多次出现进气道不起动、再起动现象
2010.05.26	X - 51A 飞行实验[7,8]	进气道出现不起动后实现了再起动
2011.06.13	X - 51A 飞行实验[7,8]	进气道不起动后未实现再起动,导致实验失败
2012.08.14	X - 51A 飞行实验[7,8]	尾翼故障导致实验失败
2013.05.01	X - 51A 飞行实验[7,8]	实验成功

① 表示俄罗斯中央航空发动机研究院(Central Institute of Aviation Motors,CIAM);② 表示美国国家航空航天局(National Aeronautics and Space Administration,NASA)。

在这些实验中多次出现了进气道不起动现象,倘若发动机不能实现再起动将会直接导致实验失败。以 X‑51A 的第一次飞行实验为例[8],飞行实验过程中加速度变化如图 1.1 所示,发动机从大约 40 s 开始供油点火一直工作到第 160 s。发动机开始工作时飞行器的飞行马赫数为 4.74,发动机工作到第 143 s 时飞行器仅加速至马赫数 4.87,在此过程中发动机的轴向加速度一直下降,在第 160 s 出现了进气道不起动现象,随后经发动机控制系统主动控制实现了进气道的再起动。然而在第二次飞行实验中,进气道不起动后未实现再起动,直接导致了实验的失败。直至 X‑51A 的最后一次飞行实验,助推器将 X‑51A 加速到马赫数 4.8 并与之分离后,飞行器实现了较长时间的有动力加速爬升。在 X‑51A 飞行实验之前,NASA 主导的 Hyper‑X 计划对 X‑43A 进行了验证[9]。与 X‑51A 采用碳氢燃料超燃冲压发动机不同,X‑43A 采用氢燃料超燃冲压发动机作为推进系统。X‑43A 的后两次飞行实验也创造了以吸气式发动机为动力装置的飞行器的最高飞行速度纪录。

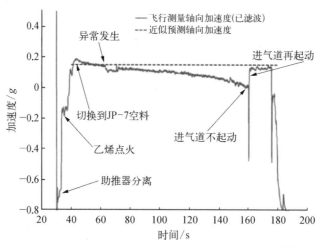

图 1.1　X‑51A 第一次飞行实验过程中加速度变化[8]

早在 1998 年,CIAM 与 NASA 联合进行了高超声速飞行实验,但此次实验未能实现期望的由亚燃到超燃模态的转换,同时发动机也出现了进气道不起动问题,控制系统在监测进气道状态时出现了误判并进行了错误的操作[1]。这次实验也成为众多学者所研究的案例,Rodriguez 通过数值模拟对此次飞行实验的进气道不起动现象进行了定量分析[10,11]。其研究结果表明,进气道在起动‑不起动‑再起动转换过程中出现了迟滞现象,如图 1.2 所示,并且进气道实现再起动后,压缩面与隔离段折转处出现了较大尺度的分离包。控制系统通过压比进行进气道工作状态的判断,分离包的存在导致了控制系统的误判,并直接影响到超燃冲压发动机工作性能和实验结果。

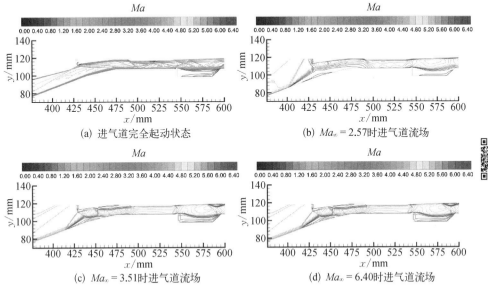

(a) 进气道完全起动状态

(b) $Ma_\infty = 2.57$ 时进气道流场

(c) $Ma_\infty = 3.51$ 时进气道流场

(d) $Ma_\infty = 6.40$ 时进气道流场

图 1.2 飞行马赫数由 2.57 增至 6.40 过程中 Voland 进气道流场演变[10]

Cui 等[12]对此次飞行实验中进气道起动/不起动的错误监测进行了分析,结果表明高超声速进气道的迟滞特性对进气道的工作有重要的影响,并且这种现象暗示了多种流动模式转换的路径依赖性,带有迟滞特性的复杂动力学行为源于初始状态的记忆效应及系统的多稳特性,如图 1.3 所示。除了在 CIAM/NASA 联合飞行实验,以及 X-51A 的第一、二次飞行实验中出现了进气道不起动问题,澳大利亚和美国联合进行的 HyCAUSE 飞行实验也发生了进气道不起动,分析表明是姿态控制故障引起来流攻角和侧滑角剧烈变化,从而导致进气道不起动,进而导致了通道内压力大幅的波动[5,6]。这些案例中的问题反映出研究人员对发动机内部复杂流动现象及其相互作用特性的认识还存在不足,这些不足导致在发动机控制系统设计上存在缺陷,进而影响了发动机状态监测识别及控制。

吸气式发动机,顾名思义,要依靠发动机自身捕获空气来组织燃烧,因此发动机性能的提升需要以保证发动机进气系统的稳定工作为前提。由前面分析可知,在众多飞行实验中进气道不起动问题多次出现,一旦进气系统出现问题,飞

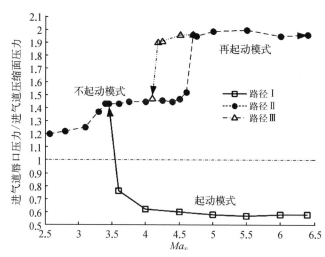

图 1.3　沿路径 I 、II 和III 工作的进气道模式[12]

行器的推力大幅下降,倘若控制系统不能及时补救,将给飞行任务带来严重影响,如 X-51A 的第二次飞行实验。真实的超燃冲压发动机内部的流动、燃烧具有非线性本质,如进气道的起动-不起动迟滞特性,以及燃烧模态转换中出现的突变和迟滞现象。超燃冲压发动机内的这种突变现象为飞行器带来严重的影响,发动机和高超声速飞行器通常采用一体化的设计,这使得发动机控制与飞行器的姿态变化密切相关。发动机内流场或燃烧状态的突变极有可能造成推力波动,飞行器产生额外力矩,因此需要进行飞行器姿态控制。倘若飞行器姿态改变,如来流攻角、侧滑角改变,会引起进气道流量捕获系数和气流总压恢复系数改变,进而又导致发动机性能的变化。因此在设计发动机控制系统前需要对发动机内部流动特性具有深刻认识,如果考虑不周全,极有可能引起控制系统误判而导致飞行任务失败。

1.2　高超声速进气道-隔离段基本工作过程

　　超燃冲压发动机作为动力装置,是高超声速飞行推进的核心,其性能及其稳定性对整个飞行器性能和安全有至关重要的影响。超燃冲压发动机主要由进气道、燃烧室和尾喷管组成。冲压是利用高速来流气体经过发动机前体和进气道减速、压力提高的过程,这一过程不需要高速旋转部件,是冲压喷气发动机最大的优势所在。高速来流气体经过减速增压,进入燃烧室与燃料混合燃烧,燃烧后温度为 2 000~2 200℃,甚至更高,经膨胀加速,由尾喷管高速排出,产生推力。

进气道是超燃冲压发动机的重要部件,进气道性能的好坏直接影响发动机的整体性能。其主要功能有：① 捕获发动机所需的空气质量流量;② 以最小总压损失,即最大的总压恢复系数实现增压;③ 以容许的气流畸变输送气流;④ 向系统提供尽可能小的外部阻力。实际工程应用中,考虑到高超声速进气道在宽马赫数范围内工作,为提高进气道在低马赫数下的流量捕获系数,设计马赫数选取中间值。当来流马赫数大于设计马赫数时,即超额定工况。此时外压缩激波系进入进气道内压缩通道,打在唇罩内壁面然后发生反射。外压缩激波与唇罩内壁面边界层相互作用,引发边界层分离,当分离包过大时,会堵塞进气道内压缩通道,导致进气道流量捕获系数和气流总压恢复系数下降,使得发动机性能下降。当来流马赫数小于设计马赫数时,即亚额定工况。此时的流场结构与超额定工况显著不同。进气道调节装置的主要任务是使进气道的工作状态和发动机工作状态能够得到最佳的匹配,匹配的目的是在保证发动机稳定工作的前提下,使动力装置获得在发动机给定工作状态下最大的有效推力。

高超声速进气道的任务是为发动机提供足够数量和足够质量的空气,这样就可以获取较多参数对进气道的性能进行描述和评估。从热力循环的角度出发,可以定义的进气道性能参数有压比、温升比、绝热压缩效率、动能效率、压缩过程熵增等。从做功能力的角度出发,可以定义的进气道性能参数有总压恢复系数、流量捕获系数等。此外,还有进气道出口气流畸变指数、进气道稳定裕度、进气道阻力系数等性能参数。表 1.2 给出了这些性能参数的基本定义,需要注意的是,这些性能参数之间并不是独立的,部分性能参数之间存在相互转化的关系。

表 1.2　超燃冲压发动机进气道性能参数

性 能 参 数	定 义 式	说　　明
压比	$\pi = \dfrac{p_2}{p_0}$	进气道出口压力与自由来流压力的比值
温升比	$\tau = \dfrac{T_2}{T_0}$	进气道出口静温与来流静温的比值
总压恢复系数	$\sigma = \dfrac{p_2^*}{p_0^*}$	进气道出口总压与自由来流总压的比值

（续表）

性 能 参 数	定 义 式	说 明
流量捕获系数	$\varphi = \dfrac{A_0}{A_c}$	实际捕获面积与唇口结构截面积的比值
绝热压缩效率	$\eta_C = \dfrac{h_2 - h_a}{h_2 - h_0}$	实际压缩过程焓差与理想压缩过程焓差比值
动能效率	$\eta_{kE} = \dfrac{v_a^2}{v_0^2}$	压缩后气流等熵膨胀到自由来流压力得到的动能与自由来流动能比值
压缩过程熵增	$\dfrac{\Delta s_C}{c_p} = -\dfrac{\gamma - 1}{\gamma} \ln \sigma$	与总压恢复系数对数成比例关系
进气道出口气流畸变指数	$D_p = \dfrac{p_{\max}^* - p_{\min}^*}{p_{\mathrm{mean}}^*}$	进气道出口截面最大总压和最小总压的差值与出口总压平均值的比值
进气道稳定裕度	$\xi = \dfrac{p_{2,\,\max} - p_2}{p_{2,\,\max}}$	进气道出口压力与进气道起动允许最大出口压力的比值
进气道阻力系数	$C_D = \dfrac{F_D}{\dfrac{1}{2}\rho_0 v_0^2 A_{\mathrm{ref}}}$	进气道阻力与自由来流动压和参考面积的比值

高超声速进气道在起动状态下,进气道楔面产生一道斜激波,在设计工况下这道斜激波与外罩唇口相交。压缩的来流气体经过一系列微弱的斜激波提高来流压力,降低来流马赫数,最终来流气体经过一道正激波变为亚声速。正激波前的来流马赫数已经很低,因此,正激波的损失较小,最终进气道的性能(流量捕获系数和总压恢复系数)较高。压缩型系统所具有的内在不稳定性,在高超声速进气道中表现为:进气系统的自激振荡和扰动引起进气道起动/不起动演化。进气道不起动的主要特征是在进气道进口附近出现的强激波系,此时进气道流量捕获急剧下降,流场品质变坏,发动机不能产生推力,甚至造成喘振、结构破坏、超温或熄火等。高超声速进气道在不起动状态下,喉道下游的正激波被推出进气道,正激波与楔面处的斜激波相交,波后来流气体的压力迅速变大,引起附加阻力的迅速增加。此时进气道出现严重的溢流现象,流量捕获严重下降,造成发动机推力的急剧下降。

1.3   高超声速进气道不起动模式及其分类

高超声速进气道担负着为超燃冲压发动机从大气中引入足够质量流量的空

气的任务,以提供满足燃烧室燃料有效燃烧所需要的氧气量。另外,进气道还要对来流气体进行减速增压,为燃烧室提供满足一定的速度、压力和温度要求范围内的气流。

从流场结构方面考虑,Holland[13]认为如果进气道内部能够建立相对稳定的斜激波系,并且在进气道唇罩外壁面能观察到一道斜激波稳定地附着在唇口处,进气道工作状态就可以认定为起动状态。从进气道性能方面考虑,van Wie 等[14]认为如果进气道内部流动没有改变进气道空气质量流量捕获特性,进气道工作状态就可以认定为起动状态。通常,判断进气道是否起动都是根据进气道质量流量捕获特性来进行判断。进气道起动时,质量流量捕获系数较高;而进气道不起动时,质量流量捕获系数较低。

起动状态是高超声速进气道正常、高效工作的前提,当进气道处于不起动状态时,其流量捕获系数和总压恢复系数急剧下降,使得燃烧室燃料燃烧所需要的氧气无法满足,进入燃烧室的空气自身做功能力下降,发动机推力减小,进而可能引起飞行事故。因此,研究导致高超声速进气道不起动的影响因素及其流动特性具有重要意义,国内外研究人员开展了大量工作。

基于无黏流动理论分析,Kantrowitz 和 Donaldson[15]给出了内压式进气道的两个起动极限:等熵极限和 Kantrowitz 极限,van Wie[14]等给出了马赫数 Ma 和极限收缩比 AR 的关系图,如图 1.4 所示。假设气流从内压式进气道入口等熵压缩至喉道处,气流速度由 Ma_∞ 减速至声速,如图 1.5(b)所示,其中,t 表示喉道,Ma_t 为喉道马赫数,此时进气道处于起动/不起动转换临界状态。由流量守恒定

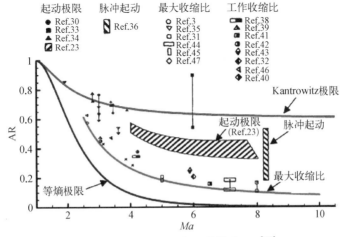

图 1.4　马赫数 Ma 和极限收缩比 AR[14]

律,可以确定进气道入口面积和喉道面积之比,即等熵极限关系式:

$$\frac{A_0}{A_{t,\text{ Isentropic}}} = \frac{1}{Ma_\infty}\left(\frac{2}{\gamma+1} + \frac{\gamma-1}{\gamma+1}Ma_\infty^2\right)^{\frac{\gamma+1}{2(\gamma-1)}} \tag{1.1}$$

其中,A_0为进气道入口面积;$A_{t,\text{ Isentropic}}$为等熵极限对应的进气道喉道面积。

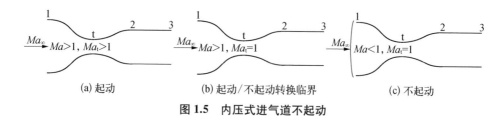

(a) 起动   (b) 起动/不起动转换临界   (c) 不起动

图 1.5　内压式进气道不起动

假设内压式进气道入口处有一道正激波,正激波后气流等熵加速至进气道喉道处正好达到声速,此时的进气道入口面积和喉道面积之比,即 Kantrowitz 极限为

$$\frac{A_0}{A_{t,\text{ Kantrowitz}}} = \sqrt{\frac{\gamma+1}{2+(\gamma-1)Ma_\infty^2}}\, Ma_\infty^{\frac{\gamma+1}{\gamma-1}}\left(\frac{2\gamma}{\gamma+1}Ma_\infty^2 - \frac{\gamma-1}{\gamma+1}\right)^{\frac{1}{1-\gamma}} \tag{1.2}$$

其中,$A_{t,\text{ Kantrowitz}}$为 Kantrowitz 极限对应的进气道喉道面积。

从图 1.4 可以看出,等熵极限和 Kantrowitz 极限将马赫数-极限收缩比平面分为 3 个区域。在 Kantrowitz 极限上方,进气道可以实现自起动;在等熵极限下方,进气道无法起动。二者之间的区域,进气道可能起动,也可能不起动,两种状态都可能存在,称作“双解区”。进气道入口前气流马赫数过低或进气道收缩比过大,将会导致进气道发生不起动。

基于无黏流动理论分析,内压式进气道出口反压较高时,将会出现一道正激波来匹配上下游压力,继续增加反压,正激波将会被推出进气道,在进气道入口出现一道弓形激波,导致进气道不起动[16],如图 1.5(c)所示。类似地,对于高超声速进气道,高反压也会导致不起动。

根据来流条件的不同,高超声速进气道可分为 3 种工作状态:亚额定、额定和超额定工况。目前进气道不起动研究主要关注亚额定和额定工况。在实际工程应用中,考虑到高超声速进气道在较宽的马赫数范围内工作,为提高进气道在低马赫数下的流量捕获系数,设计马赫数通常选取中间值。在亚额定和额定工况下,进气道内压段压缩面上出现大面积分离导致进气道流量捕获系数和总压恢复系数急剧下降,引发进气道不起动,本书将该流动模式称作全局不起动。关于亚额定工况下,高超声速进气道不起动的详细内容将在本书的第 3 章中进行详细的讨论,包括典型的进气道流动特征及特殊的非振荡强烈模式的进气道流动特征。

当来流马赫数大于设计马赫数时,进气道处于超额定工况下的工作特性,目前研究较少。高超声速进气道在超额定工况下起动时,出现一种未完全起动的工作模式,其流场结构特征为:在唇口前有一道弓形激波,唇罩一侧出现亚声速流动。在此工作模式下,进气道流量捕获系数和总压恢复系数虽有下降,但是下降得不明显,因此,本书将此工作模式称作局部不起动。其中关于超额定工况下高超声速进气道不起动模式及其机理的分析,将在本书第 4 章中进行详细的介绍,关于由高反压及黏性效应等引起的不起动特性也将在该章节中进行详细讨论。

除了来流条件和进气道的几何参数,下游燃烧室的反压是引起高超声速进气道不起动的另外一个重要参数。目前,高超声速进气道反压激励不起动研究都是针对亚额定和额定工况,而超额定工况下燃烧室反压激励引起的高超声速进气道不起动研究则较少。此外,大部分关于高超声速进气道反压激励不起动的实验研究采用堵块或者射流的机械节流作用来模拟燃烧室反压,并且实验是在冷态条件下开展的。而真实飞行条件下,来流总焓比较高,实验条件和真实飞行条件下来流总焓的差异会导致高超声速进气道不起动特性有所不同。另外,真实燃烧过程中产生的反压一方面是靠燃油喷射引起的机械节流作用,另一方面是靠燃烧释热引起的热节流效应,这种差异也会导致高超声速进气道不起动特性发生改变。实际工作中,超燃冲压发动机燃烧室还存在燃烧不稳定现象,导致燃烧室内释热速率和压力出现振荡,等等。以上关于反压激励下的高超声速进气道不起动的研究将在第 5 章中进行详细讨论。

高超声速进气道不起动/起动工作模式转换受多种因素影响,且其转换过程具有突变特性。突变过程是一种从量变到质变的过程,使得系统不能逆向重复物理变化过程,具有不可逆性。这种不可逆性使得系统的状态的改变不能按照原路径返回,表现出滞后性,在特性曲线上存在滞环。由于突变与滞环的存在,超燃冲压发动机突变控制严格依赖系统的初始起动状态,具有路径依赖性,突变控制也将存在可达路径和不可达路径。关于高超声速进气道全局不起动/起动、局部不起动/起动及全局不起动/局部不起动工作模式的转换特性的研究,将在本书第 6 章中进行详细的讨论。

从以上研究来看,对于真实高超声速进气道流动,来流马赫数过低、来流攻角过大或下游燃烧室反压过高都会引起不起动现象。但在真实流动中,考虑流体黏性,存在激波/边界层相互作用,会引起边界层分离,这些流动特征导致无黏理论估计与实际规律存在差别。此外,当边界层受来流雷诺数或其他因素影响时,更容易发生分离,进气道更容易发生不起动。也就是说,有黏流动下,高超声速进气道不起动发生条件、特性会受到更多因素的影响,变得更加复杂。

1.4   高超声速进气道-隔离段监测及控制

飞行马赫数为 3~8 的超燃冲压发动机是当前国际国内研究的一大热点,由于高超声速飞行进入超高速、高温的极端热物理环境,目前发动机控制领域遇到了若干科学和技术问题。作为发动机控制的重要组成部分,进气道不起动控制也面临新的问题,需要引入新的思路和研究方法。进气道不起动的主要特征是在进气道进口附近出现强激波系,此时进气道流量捕获急剧下降,流场品质变坏,发动机不能产生推力,甚至造成喘振、结构破坏、超温或熄火等。NASA 和CIAM 联合进行的一次耗资 1 亿美元的飞行马赫数为 3.5~6.5 的高超声速飞行实验的事故引起了国际学术界对进气道不起动控制的重视。由于进气道不起动控制系统出现故障,发动机在实验初始阶段进入不起动状态,而在起动后又出现误判错误进行燃料供给,飞行实验远没有达到预期目标。针对此次实验分析中重点提到的不起动控制的可靠性问题,科研人员希望能够提高进气道不起动控制在宽马赫数飞行范围的适应能力和鲁棒性,同时也指出由于内部流动的复杂性,进气道不起动控制具有非常高的挑战性。

1.4.1   高超声速进气道不起动监测面临的主要问题

1. 高超声速进气道不起动模式多样性

从无黏流动理论分析,高超声速进气道不起动的原因为来流马赫数过低、来流攻角过大或下游燃烧室反压过高等。前两个因素导致进气道喉道流动堵塞,进气道入口捕获的流量不能完全通过喉道,造成流动壅塞,进而发生不起动现象;后者导致进气道下游出现正激波,正激波在高反压激励作用下被推出进气道,进而发生不起动现象。并且,超燃冲压发动机在实际的燃烧过程中有可能出现低频振荡燃烧,导致隔离段出口的反压呈现出大幅的低频脉动。此外,在高超声速进气道/隔离段中存在着背景波系,这些波系的存在不仅增加了激波串上游气流的不均匀程度,而且在流向和横向形成多次参数间断,改变了近壁低能流体的流动特性,这些都对高超声速进气道不起动特性的研究带来了困难和挑战。

对于真实高超声速进气道,来流马赫数过低、来流攻角过大或下游燃烧室反压过高确实会导致进气道发生不起动现象。不过考虑流体黏性,存在激波/边界层相互作用,可能引起边界层分离,这与无黏理论分析流场结构完全不同。尤其是边界层分离,在高超声速进气道不起动中起着重要作用,当分离包过大时,会堵塞进气道内压缩通道,导致进气道流量捕获系数和总压恢复系数下降,使得发动机性能急剧下降。而边界层分离会受多种因素影响,如来流雷诺数、壁面温度等。除此之外,受非对称壁面边界层、背景波系和角区漩涡的干扰,隔离段中激波串表现出明显的偏向性并且可能会出现剧烈的低频摆动或者跳跃现象。壁面换热、动态反压及真实的燃烧释热等因素,都会对隔离段中激波串的特性造成影响。这给高超声速进气道不起动发生条件、特性带来了多样性,进气道不起动模式也会出现多样性。

2. 高超声速进气道多种不起动模式监测问题

超燃冲压发动机在一个较宽的飞行马赫数范围内工作,在马赫数从低到高变化的过程中,进气道将经历以下几种可能的工作状态:低马赫数不起动状态、起动状态、不起动状态和再起动状态。高超声速进气道不起动工作状态是进气道设计过程中不能解决的,因此,超燃冲压发动机控制系统必须实时监测高超声速进气道工作状态。当高超声速进气道即将出现或者已经出现不起动现象时,控制系统应立即采取相应措施避免进气道不起动或使得进气道再起动,以保证超燃冲压发动机正常工作。

此外,由于高超声速进气道不起动模式具有多样性,不同的不起动模式控制措施可能也不同。因此,需要识别具体的不起动模式,发动机控制系统才能开展相应的控制措施。如何根据进气道不起动流场发展过程选择特征信号,准确地监测和识别高超声速进气道工作模式,对超燃冲压发动机控制尤为重要。

1.4.2 高超声速进气道控制面临的主要问题

1. 隔离段激波串运动特性

隔离段在超燃冲压发动机中起到一定的隔离作用,其作用是容纳一定的燃烧室反压,避免振荡的反压干扰到进气道内的压缩波系,内部的激波串结构也承担着来流到燃烧室压力的压缩任务。然而,超燃冲压发动机前体及唇罩压缩诱导的入射激波使隔离段内的流场存在偏折,沿通道产成较强的激波附面层相互作用。

大多数学者在相对理想的均匀流场环境下进行了进气道-隔离段特性的相关研究并取得了众多成果。然而,由于忽略了真实超燃冲压发动机内复杂的流场环境,激波附面层相互作用、附面层变形和流场畸变等对发动机造成的潜在危险并不能暴露出来。随着近些年研究的深入,研究人员发现随着反压(节流比)的线性变化,隔离段内激波串会出现非连续性变化。激波串的这种非线性运动现象为超燃冲压发动机的稳定工作带来一定威胁,尤其当发动机工作在安全边界附近,来流(下游)的扰动诱导激波串出现位置的突变时,附面层的加速分离将在隔离段入口位置形成局部喉道,进而造成进气道喘振、不起动。同时超燃冲压发动机内的另一个关键问题是超声速燃烧,燃料在超声速流场中掺混燃烧,流动时间和化学反应时间的量级大致相同,这使得超声速燃烧过程中存在流动和燃烧的强耦合作用,振荡的燃烧室压力与隔离段内的激波串运动存在耦合关系。燃烧室压力振荡对隔离段内激波串的振荡频率和幅值等有影响,反过来,隔离段激波串振荡又对燃烧状态产生影响。在具有高度折转的流场环境下,激波串运动不稳定会导致隔离段出口(燃烧室入口)流场在空间及时间上的非均匀性,并且这种不稳定可能会和下游燃烧室的振荡反压形成共振。只有保证发动机的正常工作,拓展发动机的工作范围并提高其性能才具有意义。所以在设计超燃冲压发动机控制系统前需要对激波串运动特性的影响进行分析,根据不同的影响制定相应的控制策略来保证发动机高性能、稳定地工作。

2. 高超声速进气道稳定裕度表征

当超燃冲压发动机运行到最接近不起动边界时才能够达到其最大性能。随着不起动边界更加精确地确定,保护回路会更加可靠,发动机能够更加靠近边界运行。因此,为了发挥发动机最大性能而又不穿过边界,必须对不起动边界和稳定裕度进行仔细研究。总的来说,有两种不同的方法来表征稳定裕度:一种是通过激波串前缘位置,另一种是通过最大反压。一方面,当激波串前缘位置到达隔离段入口处时,不起动现象就会发生。因此激波串前缘位置到上游允许的最大位置就可以用来表征超声速进气道的稳定裕度。很多技术[17~19]可以用来确定激波串前缘位置,另外 Donbar[20]提出了一种压力和算法来估计隔离段激波串前缘位置。另一方面,当隔离段反压太高时,来流压力通过激波串难以匹配其下游的高压,不起动现象亦会发生。Yu 等和 Chang 等[21~24]讨论了高超声速进气道的工作分类模式。Chang 等[24]讨论了不起动边界和稳定裕度,其中稳定裕度是基于最大反压进行表示的。

3. 高超声速进气道流动控制及反馈控制

由于高速流动内部发生的激波/边界层相互作用无法避免,进气道不起动现象诱导因素较多,不起动流场极其复杂。在可压流体力学发展的早期,科研人员就提出了一个想法:适当地在激波/边界层相互作用之前控制这种本质不稳定的流动现象。因此,为了减少或避免与进气道不起动有关的所有不利影响,必须采用相应的流动控制措施实现以下两个目标:① 抑制和最小化激波诱导流动分离,形成一个"健壮"的边界层流动和稳定的激波系流场,控制激波串自激振荡和结尾正激波位置;② 阻断和延缓反压扰动传播,增加进气道抗反压能力,维持燃烧稳定,拓宽发动机工作包线和安全稳定裕度。

激波串运动的不稳定性直接影响发动机的安全边界及裕度估计,当发动机在加速阶段进行稳定裕度控制时,来流条件的改变会导致隔离段内流场的变化,变化的流场极有可能触发激波串的不稳定运动。激波串的位置通常用来衡量发动机的裕度,激波串位置的振荡、突变也为发动机安全边界识别、裕度测量带来一定困难。结合 CIAM 飞行实验的经验可知,为了实施良好的控制效果,对进气道当前工作状态进行准确判断是首要工作。这种不稳定运动同样也会对下游的燃烧产生一定影响,在极端条件下,剧烈的流场波动可能会造成发动机推力的振荡。倘若激波串的不稳定运动对发动机造成的波动较小,在发动机控制系统的扰动抑制能力范围之内,通过反馈控制可以实现有效的控制。这种情况下,本书认为激波串运动的不稳定并不会对飞行器的工作状态造成较大的影响,所以不需要专门的控制方案。若这种不稳定带来较大程度的突变,发动机控制系统的扰动抑制能力对非线性变化不能实现很好地控制,此时如果继续采用闭环控制必将会引起振荡或超调等系统不稳定问题。因此在面对具有强突变特性的发动机控制过程中,需要采取一定措施避免控制系统不稳定问题的出现。

前人关于激波串的研究多是在较理想的均匀流场条件下,这种情况避免了激波串运动不稳定的存在,在控制系统设计时也并没有考虑这种不稳定性的影响。所以在真实的进气道-隔离段中制定控制策略时需要考虑:① 理想条件下设计的发动机控制系统是否仍适用于激波串运动不稳定的情况,控制系统的抗干扰能力是否会受到影响;② 如果不适用,能否通过合适的控制器进行主动控制来对运动不稳定进行镇定;③ 进气道-隔离段稳定裕度的表征对进气道-隔离段保护控制来说是非常重要的,在真实发动机工作过程中稳定裕度是不可直接测量的物理量,当面对激波串运动不稳定的情况时,发动机的稳定裕度应如何表征。因此,进气道-隔离段的保护控制策略,包括安全边界的划定、进气道-隔离段工作状态的监测及控制都是需要重新审视的。

1.5   本书主要内容

超燃冲压发动机内部具有极其复杂的流动环境,内流场存在激波/附面层相互作用、流动分离、流动/燃烧/换热等强耦合效应,并且其相互作用特性非常复杂。很多研究学者在较理想的环境下进行了相关特性的研究,然而这些复杂的流动现象所带来的潜在问题并不能在这种情况下暴露出来。倘若不能充分认识到超燃冲压发动机内部复杂流动现象及其相互作用,发动机控制系统在状态监测及控制方面易存在缺陷,可能会导致飞行任务失败。因此,需要在超燃冲压发动机内部复杂流动现象及其流动特性深入研究的基础上,开展高超声速进气道-隔离段相关的控制研究。

纵观近 25 年,全世界开展了多次具有代表性的高超声速飞行器飞行实验,在这些实验中,出现了多次进气道不起动现象。第 1 章首先通过分析由进气道不起动流动失稳现象导致的飞行实验失败案例,阐明对发动机内部复杂流动现象及其相互作用特性认识的重要性。其次介绍高超声速进气道-隔离段的工作过程,分析不起动模式及分类。最后讨论高超声速进气道-隔离段监测与控制面临的问题。

进气道能否起动是影响发动机性能的关键因素。为了实现不起动的准确识别,需要深化不起动的流动特性并拓展不起动的监测方法,本质上是对其内部的激波串运动特性进行分析及控制。因此,对激波串运动特性的研究是必要的。第 2 章对隔离段内激波串的突跳运动现象及其触发机理开展数值模拟和实验研究,分析考虑入射激波影响时的激波串运动特性,揭示激波串突跳运动的触发机理。

在实际工程中,高超声速进气道在宽马赫数范围内工作,亚额定及超额定工况下的不起动流场结构及其流动特性研究是必要的。第 3 章对亚额定工况下高超声速进气道不起动模式开展研究,基于一维无黏流动理论、数值模拟及反压不起动的实验研究,对亚额定工况下高超声速不起动流动模式及其特性进行讨论。

第 4 章对超额定工况下高超声速进气道不起动模式开展研究,基于激波反射理论,研究超额定工况下高超声速进气道的局部不起动模式,分析无黏流动和有黏流动下局部不起动发生的机理。进一步考虑燃烧室反压激励,在第 5 章中研究在高、低总焓来流条件的亚额定/超额定工况下,通过燃料射流及燃烧作用实现燃烧室反压激励引起的高超声速进气道不起动发展过程,对比不同不起动模式的相似性和差异性。由于不起动多模式现象的出现,第 6 章研究高超声速进气道全局不起动/起动、局部不起动/起动、全局不起动/局部不起动等多种模式之间的转换特性,以及全工况下变来流条件和燃烧室反压引起的高超声速进气道起动/全局不起动/局部不起动多模式转换特性。

　　基于对进气道不起动流动特性的认识,第 7 章重点介绍高超声速进气道不起动的监测方法。针对进气道全局不起动和局部不起动的特征,提出基于壁面动态压力信号的时域和频域特性的不起动监测方法、基于壁面动态压力信号时间序列分析的不起动监测方法。

　　为了避免进气道不起动现象的发生,需要开展对进气道-隔离段工作状态的控制工作,本质上是对其内部的激波串开展有效的流动控制。第 8 章研究边界层抽吸对激波串特性的影响,讨论边界层抽吸提升流场抗反压能力的物理本质,分析不同边界层抽吸参数对抽吸控制效能的影响,研究抽吸狭缝动态开启过程对隔离段流动特性的影响。针对隔离段内激波串的突跳现象,第 9 章开展自适应抽吸射流流动控制研究,介绍自适应抽吸射流流动控制方法的实验装置及控制方法,对比有、无流动控制及不同流动控制方案下的激波串运动特性,讨论自适应抽吸射流流动控制方法的控制特性。

　　基于对激波串运动特性的认识,第 10 章讨论高超声速进气道-隔离段稳定裕度表征方法,对燃烧反压激励下的隔离段激波串特性开展实验研究,针对已有的基于隔离段反压的和基于激波串前缘位置的稳定裕度表征方法,提出基于壁面压力面积积分的稳定裕度表征方法,并且通过遗传算法对裕度表征测点进行约简。基于对高超声速进气道-隔离段稳定裕度表征方法的认识,第 11 章讨论考虑入射激波影响时的高超声速进气道-隔离段稳定裕度控制。首先建立基于壁面逆压力梯度的激波串数学模型和基于自由干涉理论的激波串特性模型,并分析隔离段内激波串运动的稳定性判据。根据高超声速进气道-隔离段的控制需求,讨论入射激波影响时激波串运动的能观性与能控性,分析激波串运动不稳定对高超声速进气道-隔离段稳定裕度控制的影响,并提出入射激波影响下的高超声速进气道-隔离段稳定裕度控制方法。

第2章

高超声速进气道-隔离段激波串运动特性

2.1 引言

近年来,激波串在隔离段内的前传过程得到了广泛研究,这些研究对加深激波串运动特性的认识是非常有帮助的。反压是激波串前传过程中非常重要的影响因素,1993 年,Billig 基于一系列等值隔离段的实验结果提出了一个激波串长度的经验公式,通过反压和来流条件可以计算激波串长度。但是,近年来对高超声速进气道的研究发现,激波串运动到特定的位置时会发生突跳现象,所以根据Billig 公式来估计激波串长度的方法并不是太精确,这也使得不起动监测和控制更加困难。

对于超燃冲压发动机,隔离段内有背景波系,激波串的运动状态并不稳定。激波串在隔离段中前移的运动状态会在缓慢前移与快速突跳之间切换,然而,其切换机理仍然不是很明确,并且也没有合适的方法对激波串的突跳运动进行预估。计算流体力学(computational fluid dynamics,CFD)方法中的可压缩黏性流体模型可以模拟激波串突跳的过程,但是数值方程基于有限体积法的每个微小网格,进一步的工作还需要通过分析和综合,用物理语言建立一种可以在宏观角度定量描述激波串突跳触发原因的理论表达式,使它能用比较直观的公式将激波串突跳触发条件定量描述,以提高人们对激波串突跳运动的认知。

因此,本章首先在固定背景波系下对一个带等直隔离段的进气道构型进行数值仿真,详细研究隔离段背景波系结构、线性反压下的激波串运动路径和激波串突跳过程的流场变化,分析背景波系下的激波串突跳运动特性,其次通过分析变化背景波系下的激波串突跳现象来总结特性规律,并在此基础上提出一种激波串突跳运动的预估方法。

2.2　隔离段基本功能介绍

　　进气道和隔离段是高超声速飞行器推进系统的核心气动部件,其通过一系列激波结构对捕获的高超声速来流进行减速增压。两者之间一般通过几何喉道,即最小截面划分,隔离段位置示意如图 2.1 所示。由于进气道上游马赫数较高,为了在获得较好的内流性能的同时保证进气道能够顺利起动,一般采用混压式进气道。对于进气道而言,其最主要的作用在于为发动机提供足够的流量,并尽可能以较小的总压损失和较低的阻力将气流减速至需要的马赫数范围以内,并且尽量降低流场畸变。隔离段位于进气道和燃烧室之间,除了上述减速增压的功能,还充当着燃烧室和进气道的热力缓冲器,隔离燃烧室产生的高温高压扰动前传,防止进气道发生不起动。同时,隔离段还充当着模态转换器,以实现超燃和亚燃模态的平稳切换。

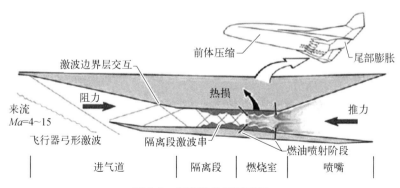

图 2.1　隔离段位置示意图

　　作为超燃冲压发动机的增压部件,高超声速进气道-隔离段内部存在一系列的复杂流动现象,内部存在多种激波/边界层干扰现象,并受到膨胀波系等的干扰,使其特性偏离了传统的基于简化模型的研究结果,具有显著的三维干扰特征、多波组合干扰特征,并在通道内诱导出显著的二次流,特别是角区漩涡流动。隔离段内存在复杂的激波和膨胀波结构,这些背景波系在隔离段内不断反射,造成显著的流向和横向参数间断。当出口流道发生几何或者热力壅塞时,隔离段内会出现更为复杂的激波串现象。激波串和上游背景波系、角涡相互作用,呈现出明显的偏向性,并在前移的过程中可能出现特殊的动态前移过程,即突跳现象,该现象将在本书中进行详细的讨论和分析。

对于超声速流动的有限增压过程,实际情况下只有当来流马赫数较低(一般低于1.2)时才能观察到较平直的正激波。随着来流马赫数的增加,正激波和壁面边界层相互干扰程度加剧,其逐渐蜕变成激波串。和正激波不同的是,气流在激波串区域经历了减速—加速—再减速的数次反复,因此即使在简单几何通道内激波串的流动特性也是极为复杂的。虽然目前关于激波/边界层干扰(shock wave/boundary layer interactions, SWBLIs)的研究层出不穷,但其研究的对象主要是单道激波,而激波串本质上是多激波/边界层干扰(multiple shock wave/boundary layer interactions, MSWBLIs)现象,流动更加复杂。由于激波串广泛存在于各种增压设备中,自1949年Neumann和Lustwerk[25]在研究超声速风洞扩压器时首次发现激波串现象,研究人员对于激波串现象的研究热情一直都有增无减。在高超声速进气道-隔离段中,激波串的作用主要体现为以下几方面:① 激波串是隔离段内主要的流动特征;② 激波串起到隔离燃烧室对进气道气动热力干扰的作用。当超燃冲压发动机点火工作时,燃烧所导致的高压在隔离段内形成预燃激波串,它将燃烧室的高温和高压进行隔离,以防止进气道内的流动受到干扰而出现不起动,保证进气道有一个较宽的稳定工作范围,同时还将来流进一步减速、增压、升温,以满足燃烧的需求;③ 隔离段直接影响着发动机的工作特性,有研究表明,隔离段的压缩效率每增加1%,发动机的比冲将增加0.5%~1%,因此可以改善整个发动机的经济性能和提高飞行器的航程;④ 隔离段对下游的燃烧组织存在显著影响,激波串下游的马赫数、温度畸变特征对燃烧室的燃烧组织方案(如燃料注入位置、注入方式等)有着显著影响。另外,激波串内一定程度的气流脉动有助于燃料掺混,但过于剧烈的振荡却可能导致燃烧室熄火;⑤ 隔离段是发动机结构强度设计的气动载荷基础,激波串的时均压强分布规律,以及自激振荡导致的壁面压强波动特性,决定了作用在隔离段固壁面上的稳态和动态气动载荷。

经过众多科研人员的努力,在激波串形成机制、流动结构、压升规律预测及激波串的自激振荡等方面都取得了有价值的研究成果。1999年,Matsuo等[26]详细总结了当时对于隔离段激波串流动现象取得的成果。2016年,Gnani等[27]综述了超声速进气道-隔离段中的激波串运动现象。激波串本身具有高度的动态特性,因此对实验手段要求极高,包括风洞实验台、纹影设备、压力采集系统。如果风洞不采用上游高压的驱动方式,隔离段内的密度太低,将不利于激波串的观测;如果不采用强光源和短快门的高速摄影仪,很难拍摄到一张清晰的激波串纹影图;如果不采用动态压力采集设备,无法准确获得激波串的动态特性。国防科技大学的 Yi 和 Chen[28] 特别针对隔离段激波串的实验方面的成果进行了综述。

高超声速进气道-隔离段作为超燃冲压发动机的增压部件,内部流动非常复杂,本章以高超声速进气道-隔离段为背景,重点阐述隔离段内激波串的动态运动特性。将来可以在以下几个方面开展更加深入的研究: ① 激波串上游流场高度非均匀,未来可开展激波串和背景波系及角涡相干时,激波串的三维结构研究; ② 激波串在和上游背景波系及角涡相干时,可能出现两种动态前移方式,未来可通过高精度仿真或者实验细致探究这两种前移方式发生的条件; ③ 现有的研究主要针对二元进气道开展,对于内转式进气道等复杂三维构型中的激波串运动还缺乏足够的认识。

2.3　隔离段激波串突跳现象的数值研究

2.3.1　进气道模型与数值方法

本节研究采用文献[29]中的实验模型,该模型包含一个两段压缩斜面和一段等值隔离段,如图 2.2(a)所示。该进气道是一个带有两级外压缩楔面的二维混压式系统,第一级楔面长 0.126 m,压缩角为 9°。第二级楔面长 0.120 m,压缩角为 14°。隔离段部分长 0.194 m,高 0.010 m。唇罩侧长 0.228 m,略大于隔离段长度,于是形成了内收缩喉道,该部分的内收缩比为 1.53。数值模拟的计算域如图 2.2(b)所示,使用结构网格,总网格数量为 209 200,其中近壁面第一层网格高度为 $2.5×10^{-5}$ m。数值模拟的入口边界设置为压力远场条件,其中,自由来流静温为 101.7 K,压力为 891.7 Pa,速度为 5.9 马赫数,单位雷诺数为 $1.3×10^{5}/m$。出口的回流总温设置为 788 K,略小于入口总温。

建立进气道压缩流场后,慢慢提高反压测试进气道的抗反压范围,发现反压在大约 20 kPa 时,激波串即将要从隔离段出口出现;而到了 145 kPa,激波串被推出隔离段。所以,以反压 20 kPa 定常计算以获得稳定的流场,然后以该状态为初始流场进行非定常计算。非定常计算中,通过用户定义功能(user define function,UDF)使反压在 50 ms 里从 20 kPa 线性地上升到 141 kPa,然后沿对称路径返回。最大反压设置为略低于进气道的不起动反压,防止进气道进入不起动状态。

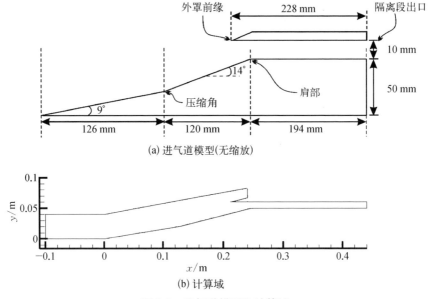

(a) 进气道模型(无缩放)

(b) 计算域

图 2.2 进气道模型和计算域

2.3.2 固定背景波系下的激波串突跳运动特性

1. 背景波系流场结构

在进气道模型实验中,5.9 马赫数的自由来流经过两级前体楔面压缩后进入内压缩段,再经过唇罩激波压缩后进入隔离段。完全起动工况下的数值仿真结果的数值纹影显示于图 2.3(a)上部,其与图 2.3(a)下部实验纹影吻合得较好。图 2.3(b)展示了完全起动工况下的数值纹影的一些细节,并标注了各道激波及其反射点。对于超声速流场,下游扰动是无法直接往上游传播的,反压只能前传到受激波串影响的区域。而在激波串上游,流场依然保持与未受到扰动的完全起动状态一致。因此,完全起动状态流场的波系结构可以看作背景波系。

数值纹影

实验纹影

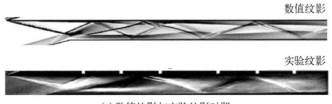

(a) 数值纹影与实验纹影对照

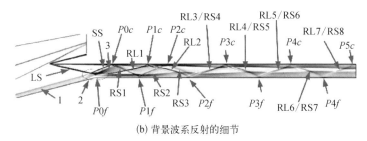

(b) 背景波系反射的细节

图 2.3　完全起动工况下的背景波系

如图 2.3(b)所示,压缩楔面上有一层较厚的附面层,厚度大约为 2.5 mm,流入隔离段入口,其中附面层与超声速流的边界被可视化为一条深色的线,并被箭头 1 标记。唇罩激波被标记为 LS,它打在进气道喉道,形成了一个分离包,被箭头 2 标记。在分离包后方,箭头 3 标记了分离包后部的膨胀波系,它是气流越过分离包最高点以后折转往下再附回壁面形成的。因为膨胀波系部分的流场存在连续的密度变化,所以该区域数值纹影在图 2.3(a)中表现为一个深色的区域。标记为 RL1 的激波是唇罩激波的第一个反射激波,它由唇罩激波诱导喉道分离包后部的再附流动再次折转至与壁面平行而形成。随后 RL1 打到隔离段上部壁面的 $P1c$ 点,反射出 RL2,并导致 $P1c$ 点下游的附面层厚度有稍许增加。RL2 打到隔离段下部壁面的 $P2f$ 点,然后形成了反射激波 RL3。RL3 后续的反射激波,分别标记为 RL4、RL5、RL6 和 RL7,它们都是唇罩激波 LS 的一系列反射激波。

喉道的分离激波被标记为 SS,它由分离包推挤主流而形成。SS 打到隔离段上部壁面的 $P0c$ 点,导致该点下游附面层增厚。SS 的第一个反射激波被标记为 RS1,RS1 打到隔离段下部壁面的 $P1f$ 点,并形成了反射激波 RS2。RS2 后续的反射激波依次标记为 RS3、RS4、RS5、RS6、RS7 和 RS8。

隔离段的背景波系由唇罩激波、分离激波和它们的反射激波构成,同时也包含了膨胀波系。背景波系的两组反射激波 RLx 和 RSx 中,RL3 和 RS4 以后的激波互相合并。表 2.1 列出了背景波系在隔离段上下壁面的反射点的 x 轴坐标位置,对反射点名字的标记进行简写,如上部壁面的 $P0$ 指的是 $P0c$ 反射点,依此类推。对于隔离段上部壁面的反射点,第一个点由分离激波入射形成;第二个点由唇罩激波的第一道反射激波入射形成;剩下的由合并的反射激波形成。对于隔离段下部壁面,第一个点由唇罩激波入射形成;第二个点由喉道分离包形成的第一道分离激波的入射形成;余下的由合并的反射激波形成。在隔离段出口附近,最后一个反射激波(可以称 RL7 或 RS8,因为已经合并在一起),入射在隔离段上部壁面的 $P5c$ 点。

表 2.1 背景波系在隔离段上下壁面的反射点的 x 轴坐标位置(单位: m)

反射点	P0	P1	P2	P3	P4	P5
隔离段底部	0.240	0.278	0.315	0.368	0.414	—
隔离段顶部	0.258	0.285	0.299	0.343	0.392	0.436

2. 背景波系下的壁面压力变化规律

完全起动工况下的流场中存在着由唇罩激波、喉道分离激波及它们的反射波系构成的背景波系。图 2.4(a)所示的背景波系包含了激波和膨胀波系的反射,它们入射在隔离段壁面并发生反射,在隔离段中形成了交替上升下降的压力分布,如图 2.4(b)所示。其中,压力以相对于自由来流的压比表示,来流压力为 891.7 Pa。唇罩激波在隔离段中反射了 7 次并在每个反射点形成了激波附面层交互现象,其中最严重的是第一次反射形成的喉道分离包。

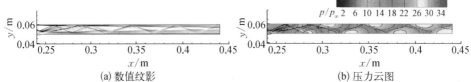

(a) 数值纹影　　　　　　　　　　(b) 压力云图

图 2.4 隔离段数值纹影及压力云图

背景波系(激波及膨胀波系)在上下壁面的交替反射也造成了沿流动方向的马赫数变化,图 2.5(a)展示了背景波系反射引起的局部马赫数分布。唇罩激波的一条反射激波 RL4 入射在隔离段下部壁面并与附面层相互作用。这种激波附面层交互导致了附面层形态变化,附面层分离和再附过程中形成了反射膨胀波和反射激波,于是形成了如图 2.5(a)所示的马赫数云图和如图 2.5(b)所示的压力云图。

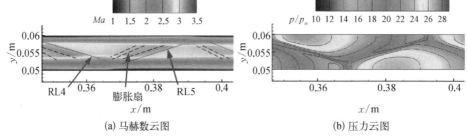

(a) 马赫数云图　　　　　　　　　　(b) 压力云图

图 2.5 背景波系反射引起的局部马赫数分布和压力云图

隔离段下壁面的压力分布曲线如图 2.6 所示,其中,4 条虚线标注了背景波系在隔离段下部壁面的反射点。沿流动方向,局部压力在反射点上游受到膨胀波系作用而呈现顺压力梯度趋势,在反射点附近受到激波作用而呈现逆压力梯度趋势。虽然在本节中进气道模型下,背景波系反射还不能形成大尺度的流动分离,但是,如果在背景波系和反压前传共同作用下,局部逆压力梯度可能会过大而导致严重的向上游发展的流动分离。

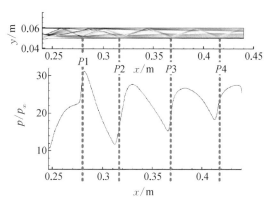

图 2.6　隔离段下壁面压力分布曲线

3. 反压线性变化下的激波串运动特性

完全起动工况的计算结果可作为激波串运动特性仿真的初始条件。为了在隔离段中形成激波串并驱动激波串前移,反压设置为在 50 ms 中线性地从 20 kPa 上升至 141 kPa。其中,最大反压设置为略小于隔离段的最大可耐受反压,以防止进气道进入不起动工况。反压上升到 141 kPa 后保持 1 ms 以等待激波串稳定,再以对称的路径下降回 20 kPa。数值仿真中,反压路径通过 Fluent 的 UDF 代码实现,整个仿真过程的反压路径如图 2.7(a)所示。数值仿真结果的激波串前缘位置路径如图 2.7(b)所示。其中,激波串上侧前缘用点划线曲线标注,激波串下侧前缘用实线标注。激波串前缘位置通过壁面压力分布计算得到。首先,把完全起动工况下背景波系形成的壁面压力分布数组作为模板数组。其次,把各仿真时刻的壁面压力分布数组与模板数组作差,找到差值大于 0 的部分。因为在超声速流场下下游压力无法影响上游,未受到激波串影响的区域会保持背景波系下的壁面压力分布,只有激波串影响区域的压力才会上升。于是,压力上升区域的起始点就是激波串的前缘位置。实际使用时,还设置了一个 5 kPa 的判断阈值,该阈值在与数值纹影图像对照中对应得比较好。图 2.7(b)中,4 条横向虚线标记了背景波系在隔离段下壁面的反射点坐标。在整个仿真过程中,激波串发生了 4 次比较明显的向前突跳运动和 4 次比较明显的向后突跳运动,其中也包含了 35~40 ms 的一个激波串剧烈振荡过程。从图中可以发现,每一次激波串的突跳运动都巧合地发生在其越过虚线,即背景波系在下壁面的反射点时。

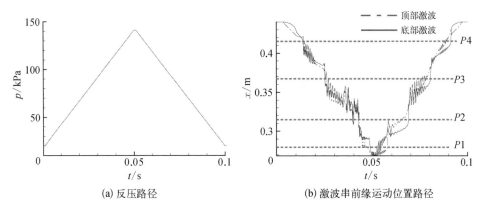

(a) 反压路径   (b) 激波串前缘运动位置路径

图 2.7   激波串运动过程

激波串前移过程中,其运动路径的细节如图 2.8 所示。首先,如图 2.8(a) 所示,激波串上侧前缘前移越过上壁面的背景波系反射点 $P5c$。从 $t=0.005\,0\sim$ $0.009\,7\,s$,激波串上侧前缘的分离激波受到背景波系作用而加速到 $4.0\,m/s$,同时

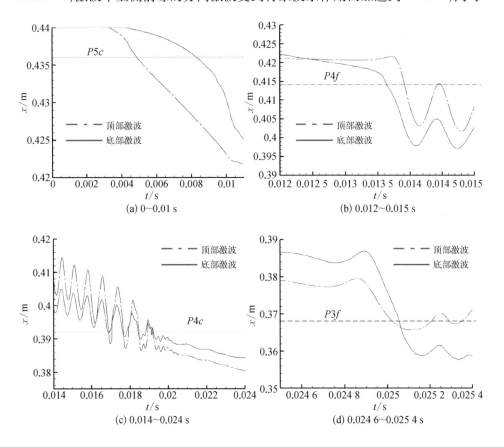

(a) 0~0.01 s   (b) 0.012~0.015 s

(c) 0.014~0.024 s   (d) 0.024 6~0.025 4 s

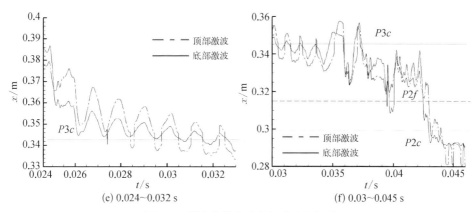

(e) 0.024~0.032 s　　　　　　(f) 0.03~0.045 s

图 2.8　激波串前移过程运动路径细节

下侧前缘也因为上侧前缘的快速移动而加速到 4.7 m/s。其次,如图 2.8(b)所示,从 $t=0.0136$~0.014 0 s,下侧前缘在越过 $P4f$ 反射点时加速到了 41 m/s。激波串下侧前缘的激波也打在隔离段上表面,使激波串上侧前缘的分离包获得增压,因此,下侧前缘可以带着上侧前缘一起发生突跳,该过程的流场结构数值纹影细节如图 2.9 所示。当激波串下侧前缘的一次突跳动作结束以后,其速度又降低到只有 1.7 m/s。再次,从 $t=0.0140$~0.024 s,当上侧前缘经过 $P4c$ 时,有少许加速,追上并超越了下侧前缘,如图 2.8(c)所示。激波串的第二次突跳运动发生在 $t=0.024$~0.025 1 s,如图 2.8(d)所示。下侧前缘以大约 126 m/s 的速度快速越过 $P3f$ 点。从 $t=0.0251$~0.033 0 s,激波串的运动状态又切换到缓慢前移,速度降低到 1.4 m/s。在图 2.8(e)中,从 $t=0.0258$~0.026 5 s,激波串上侧前缘越过了 $P3c$ 点,

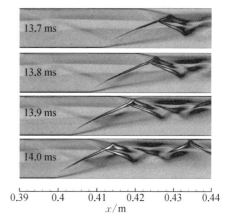

图 2.9　隔离段激波串突跳过程的
流场结构数值纹影细节

但是加速现象非常不明显,图中几乎看不出来。最后,当下侧前缘缓慢往前移动靠近 $P2f$ 点时,激波串发生了剧烈振荡现象。该剧烈振荡过程的激波串前缘路径如图 2.8(f)中 $t=0.0380$~0.042 0 s 的曲线所示。然后,经历若干次剧烈振荡以后,从 $t=0.0422$~0.042 5 s,激波串下侧前缘以大约 109 m/s 的速度快速越过了 $P2f$ 点。经历这一次突跳运动后,激波串的前移速度又下降到约 0.8 m/s。此时,

激波串上侧前缘已经非常靠近上壁面反射点 $P2c$。从 $t=0.045\,2\sim0.045\,6\,\mathrm{s}$，当上侧前缘越过 $P2c$ 点时，它超越了下侧前缘，但并没有带着下侧前缘一起加速。在对称的反压下降路径中，激波串的每一次快速后退运动也在其越过下壁面的背景波系反射点时发生。

通过激波串上下侧前缘的移动路径可以发现，激波串下侧前缘的运动状态对激波串的运动起到决定性的作用，并且当激波串下侧前缘越过背景波系的反射点时总是会伴随有激波串突跳。在激波串的整个前移过程中，该现象在隔离段的不同位置多次复现，有一定的规律性。因此，非常有必要对每一次突跳运动的过程进行更深入的研究以找到其规律。

4. 激波串突跳运动特性的可重复性

前面的研究发现，激波串下侧前缘的运动状态对激波串整体的运动特性起到决定性作用。因此，本小节结合数值纹影和壁面压力曲线对激波串越过 $P4f$、$P3f$ 和 $P2f$ 三个反射点时发生的突跳过程进行更深入的分析。

1）第一次突跳

图 2.10 中的曲线标记了激波串下侧前缘的 x 轴坐标随时间的变化路径。

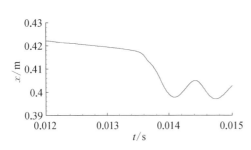

图 2.10　激波串第一次突跳路径

刚开始，激波串先以一个较低的速度大约移动至 $x=0.42\,\mathrm{m}$ 位置，其速度大约是 $2.7\,\mathrm{m/s}$。然后，激波串加速到 $41.9\,\mathrm{m/s}$，其运动状态切换到快速前移。最后，大约到了 $x=0.40\,\mathrm{m}$ 位置，激波串减速至 $1.6\,\mathrm{m/s}$，又恢复缓慢前移状态，并伴随着突跳后的微弱振荡。图 2.10 中对应的激波串突跳过程的纹影序列及突跳前后的壁面压力分布如图 2.11 所示。

在第一阶段，如图 2.11(a)所示，激波串移动至背景波系 RL7 后方，慢慢靠近此处的一个局部壁面压力分布的峰值位置，峰值处压力相对来流压力 p_∞ 的压比为 28。在 $t=12.0\,\mathrm{ms}$，激波串下侧前缘缓慢前移至 $x=0.422\,\mathrm{m}$。激波串前缘的第一道激波是附面层分离引起的分离激波。反压在附面层中前传至激波串前缘，使激波串前缘的分离区压力提高。分离区向内侧推挤主流，这种扰动在超声速的主流区域形成了激波串前缘的第一道激波。因此，激波串前缘第一道激波的前移过程与附面层分离区向上游扩展的过程是一致的。RL7 在壁面上反射，导致激波串上游流场的压力升高，激波串前缘所在的流动分离区域也比较难往上游发展。

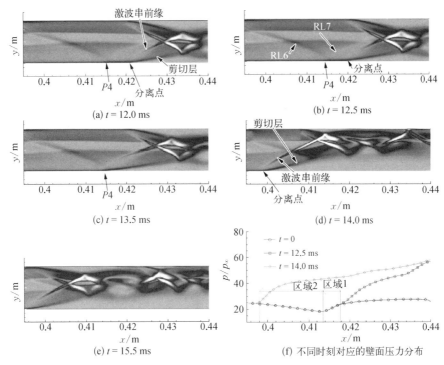

图 2.11　激波串越过 *P4f* 点的过程

在第二阶段,如图 2.11(b)~(d)所示,激波串发生了一次显著的突跳运动。在 *t* = 12.5 ms,激波串下侧前缘前移至 *x* = 0.42 m,达到了壁面压力分布的一个局部峰值点的位置,此刻壁面压力分布如图 2.11(f)所示。由于 RL7 和 RL6 的作用,激波串上游的区域 1 形成了一个局部逆压力梯度区。反压随着激波串前传至激波串前缘点,使局部的逆压力梯度增大。在背景波系反射和反压前传共同作用下,在激波串前缘位置形成了陡峭的局部逆压力梯度,这将导致流动分离向上游发展,于是一个大尺度的流动分离过程发生了。从 *t* = 12.5~14.0 ms,附面层分离形成的滑移线突然向上游快速地扩展。当分离区域发展并刚越过背景波系反射点时,到达了区域 2,这个区域位于背景波系的顺压力梯度区。但是,分离区域的前缘获得背景波系入射的增压后可以继续推挤主流,因此在这个区域里,激波串前缘的快速前移依然可以保持一段距离。随着流动分离快速向上游发展,激波串前缘快速越过了 *P4f* 点,运动到了 *x* = 0.399 m 位置。

在第三阶段,如图 2.11(d)和图 2.11(e)所示,激波串在 *x* = 0.399 m 处发生减速。在激波串上游,由于膨胀波系的作用,背景流场的压力沿流向逐渐降低,处于一个顺压力梯度区域。在该区域里,分离区越往前发展,前方的压力对分离区发展的抑制越大,因此这种压力梯度对流动分离有抑制作用。于是,在 $t = 14.0$ ms 以后,激波串重新恢复到了缓慢前移状态。最后,在 $t = 15.5$ ms,激波串伴随着突跳后的微弱振荡缓慢前移。

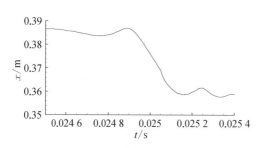

图 2.12　激波串第二次突跳路径

2）第二次突跳

激波串第二次突跳的过程与第一次突跳有相似性,激波串下侧前缘路径如图 2.12 所示。首先激波串以一个较低的速度移动至 $x = 0.386$ m 位置。其次,激波串的运动状态切换到快速前移。最后到了 $x = 0.360$ m 位置发生减速,又恢复回缓慢前移状态,该突跳过程的纹影序列及突跳前后的壁面压力分布如图 2.13 所示。

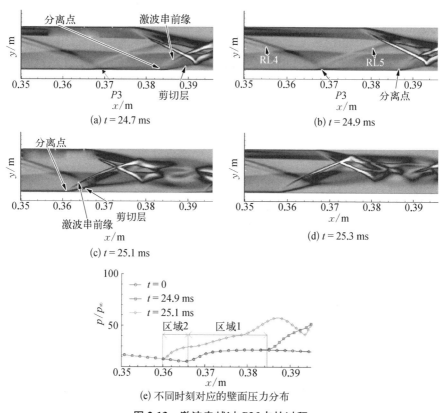

图 2.13　激波串越过 $P3f$ 点的过程

如图 2.13(b) 和图 2.13(c) 所示，从 $t = 24.9 \sim 25.1$ ms，下侧壁面的附面层的分离点快速向上游移动，并导致激波串下侧前缘快速前移了一段距离。背景波系反射和反压前传的共同作用，导致了局部大尺度的流动分离及其向上游的发展过程，该现象与第一次突跳中的第二阶段一致。突跳路径可以分为 1 和 2 两个区域。在区域 1 里，由于背景波系 RL5 和 RL6 的作用，激波串上游是一个局部的逆压力梯度区域。反压的前传使激波串前缘的流动分离点附近的压力上升更严重，于是局部流场发生大尺度的流动分离并快速向上游传播。在区域 2 里，激波串前缘刚越过背景波系的反射点 $P3f$ 时，流动分离区域获得背景波系反射的增压，于是其向上游的扩展可以保持一段距离。最后激波串前缘在一次突跳过程中快速前移至 $x = 0.360$ m 位置。

3) 第三次突跳

第三次突跳过程的激波串路径如图 2.14 所示。从 $t = 38.0 \sim 42.0$ ms，当激波串前缘前移至 $x = 0.330$ m 附近时，激波串先发生了剧烈的振荡现象。然后在 $t = 42.0$ ms，激波串发生了一次向前的突跳运动。最后在 $x = 0.295$ m 附近减速并切换回了稳定

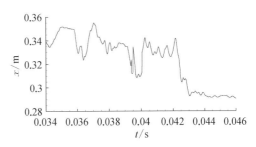

图 2.14　激波串第三次突跳路径

前移状态。激波串突跳过程的纹影序列及突跳前后的壁面压力分布如图 2.15 所示，激波串振荡过程的纹影序列如图 2.16 和图 2.17 所示。

从 $t = 39.25 \sim 41.50$ ms，激波串一边前移一边伴随着剧烈振荡，如图 2.16 和图 2.17 所示。首先，如图 2.16(a) 所示，从 $t = 39.25 \sim 39.37$ ms，当激波串前缘准备越过背景波系反射点 $P2f$ 时，附面层分离区域向上游发展并带着分离激波运动到 $P2$ 点的上游。然后，激波串并没有继续前移，而是后退了，过程如图 2.16(b) 所示。由于反压还不是足够高以维持激波串前缘的第一道分离激波挂载在反射点 $P2$ 处，在 $t = 39.41$ ms，激波串前缘后退，并且激波强度降低，如图 2.16(b)1 所示。然后，在 $t = 39.45$ ms，第一道分离激波随着自激振荡后退与背景波系的反射激波融合，如图 2.16(b)2 所示。接着，如图 2.16(b)3 ~ 5 所示，从 $t = 39.49 \sim 39.57$ ms，融合激波的强度不断降低，其纹影图像不断减淡至与背景波系相同。随后，为了平衡下游激波串分离区域与主流区域的压力，第二道分离激波在下游形成，并且其强度不断增加，如图 2.16(b)4 所示。如图 2.16(c) 所示，从 $t = 39.61 \sim 39.65$ ms，第二道分离激波向上游移动并越过前面的融合激波

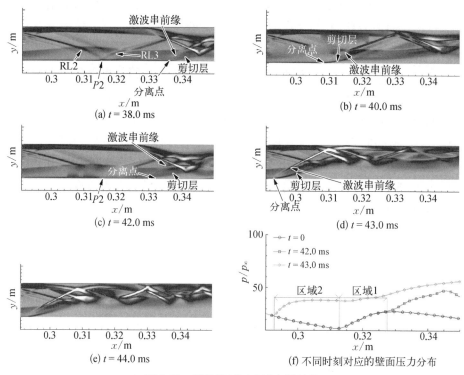

(a) $t = 38.0$ ms

(b) $t = 40.0$ ms

(c) $t = 42.0$ ms

(d) $t = 43.0$ ms

(e) $t = 44.0$ ms

(f) 不同时刻对应的壁面压力分布

图2.15　激波串越过$P2f$点的过程

（现在已经退化到背景波系）。从$t = 39.69\sim40.00$ ms,第二道分离激波在自激振荡中后退并与背景波系的反射激波融合,如图2.16(d)1和2所示。接着,从$t = 40.00\sim40.20$ ms,新的融合激波的强度再次降低。为了平衡下游分离区域与主流区域的压力,下游又出现了第三道分离激波以作为激波串新的前缘,如图2.16(d)2~4所示。最后从$t = 40.20\sim40.24$ ms,第三道分离激波缓慢前移并伴随着微弱的自激振荡,如图2.16(d)4和5所示。从$t = 41.26\sim41.50$ ms,第三道分离激波与前方反射激波融合,然后融合激波的强度降低,最后一道新的分离激波再次在下游产生的过程如图2.17所示。

　　总的来说,激波串与背景波系的交互过程可能会引起剧烈的自激振荡。如果反压上升比较快,激波串的前移运动要比其自激振荡中的前后移动更显著,激波串快速越过反射点后不再后退。如果反压上升速度比较慢,激波串有可能在某个点在自激振荡下发生局部的前后移动。当激波串前缘缓慢移动至靠近区域1边界但还没有达到时,激波串的微弱自激振荡可能让其前缘进入区域1,激波串前缘会向前快速移动一段距离并越过反射激波。由于此时反压还没上升到足

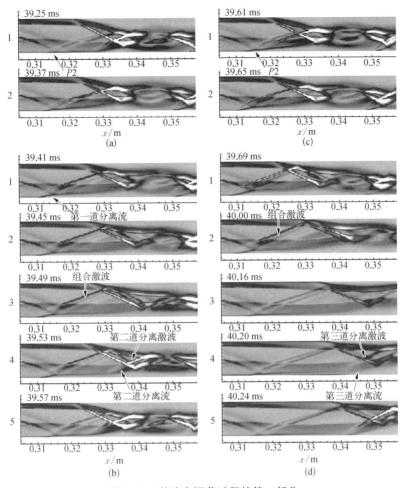

图 2.16　激波串振荡过程的第一部分

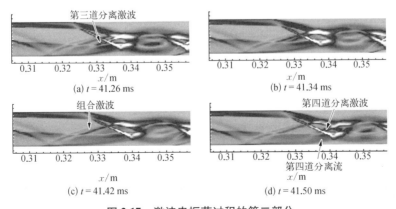

图 2.17　激波串振荡过程的第二部分

够高,激波串前缘会在背景波系的反射激波前后振荡,当它后退时会与反射激波融合。从纹影序列上看,融合过程是流动分离区域失去反射激波增压的一个过程,随着分离包缩小,融合激波的强度降低,最后退化为背景波系的反射激波。为平衡下游激波串分离区域与主流区域的压力,下游激波串区域会形成一道新的分离激波并快速前移代替原激波串前缘,这个过程导致了激波串与背景反射激波交互过程中的剧烈振荡。

4) 突跳发生位置的规律总结

通过固定背景波系下的激波串运动数值模拟可以发现,激波串前缘第一道激波的本质是分离激波。激波串的宏观运动特性主要是由其前缘流动分离趋势所主导的。在隔离段的某些区域里,激波串前缘处于稳定运动状态。在另一些区域里,激波串前缘无法稳定,会随着流动分离区域的迅速扩展而发生突跳现象。在图 2.18 中,纹影图和壁面压力分布图共用了相同的 x 轴。其中,背景波系在下壁面处的反射点都用横向虚线做了标注。激波串发生突跳的位置都有共同的特点,它们都位于背景波系在下壁面的反射点附近。更进一步说,附面层的流动分离趋势是由沿流动方向的压力梯度影响的,而背景波系反射和反压前传共同形成了隔离段的压力分布。显然,在一些反压与波系反射引起的压力急剧上升过程中,附面层的流动趋向于发生大尺度的流动分离,导致压力较高的分离区域推挤主流区域,并快速向上游发展。

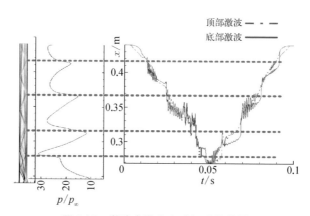

图 2.18　激波串发生突跳运动的位置

基于超声速流动的特性,在激波串上游还未受到激波串影响的区域,流场参数依然保持与完全起动状态一致。因此,完全起动状态的流场计算结果可用于预估背景波系的反射点及其形成的局部逆压力梯度区。对于特定的进气道-隔离段构型,在固定的背景波系下,可以把激波串突跳将会发生的位置定位在背景流场的局部压力峰值点到就近的背景波系反射点之间。

2.3.3　变化背景波系下的激波串突跳运动特性

2.3.2 小节的研究中通过数值模拟手段,使用了固定的来流条件,然后通过提高反压让激波串向前运动,已经证实了激波串在背景波系下运动时有可能发生突跳,并对突跳机理做了初步的总结。然而,很少有实验在反压固定的条件下通过背景波系变化来驱动激波串运动。背景波系变化能否引起激波串突跳,这还没有被验证过,并且其特性也有待进一步认识。因此,本小节使用数值方法对反压固定后的背景波系变化诱导的激波串运动特性展开研究。

1. 背景波系变化下的数值模拟

本小节所使用的进气道模型及其网格数量与 2.3.2 小节一致。数值模拟中,通过来流攻角变化间接改变隔离段内的背景波系。入口边界条件列于表 2.2 中,其中 T_∞、p_∞、Ma_∞、α、p_b 分别表示来流静温、来流压力、来流马赫数、来流攻角和反压。表 2.2 中的反压和来流攻角随时间的变化过程分别如式(2.1)和式(2.2)所示。

表 2.2　入口边界条件

Case	T_∞/K	p_∞/Pa	Ma_∞	α/(°)	p_b
1	101.7	891.7	5.9	0	$p_b(t)$
2	101.7	891.7	5.9	$\alpha_2(t)$	$p_b(t)$
3	101.7	891.7	5.9	$\alpha_3(t)$	$p_b(t)$

从 $t = 1 \sim 24$ ms,先用一个增长的反压把激波串推到一个适合观测的位置,然后保持反压不变,改变背景波系,背景波系变化通过改变来流攻角来实现。本节使用 3 个算例,Case 1 作为对照组,它的背景波系保持不变。Case 2 和 Case 3 是实验组,从 $t = 25 \sim 45$ ms,来流攻角线性地降低到 $-5°$ 或增大到 $5°$ 来使背景波系伸展或压缩。

$$\begin{cases} p_b(t) = 20\,000 & (t \leqslant 0.001) \\ p_b(t) = 20\,000 + 123\,758 \times (t - 0.001)/0.05 & (0.001 < t \leqslant 0.024) \\ p_b(t) = 76\,928.68 & (0.024 < t \leqslant 0.045) \end{cases}$$

$$(2.1)$$

$$\begin{cases} \alpha_2(t) = 0, \ \alpha_3(t) = 0 & (t \leqslant 0.025) \\ \alpha_2(t) = -5 \times (t - 0.025)/0.02, \ \alpha_3(t) = 5 \times (t - 0.025)/0.02 & (0.025 < t \leqslant 0.045) \end{cases}$$

$$\tag{2.2}$$

2. 反压上升突然停止对激波串运动的影响

数值模拟结果的瞬态纹影及壁面压力分布变化分别如图 2.19 和图 2.20 所示。图 2.20 中,箭头标记了两个区域,区域 1 是背景波系反射形成的局部逆压力梯度区,激波串前缘一旦接触区域 1 的边界,反压前传和背景波系反射共同形成的逆压力梯度诱导流动分离快速向上游发展,于是引起激波串向前突跳。当激波串刚越过一个反射点,进入区域 2 时,激波串前缘下部的流动分离区突然获得背景波系反射的增压,更容易推挤主流并向上游发展,所以激波串的快速前移运动可以在这个区域里保持一段距离,直至它移动到区域 2 的上游。

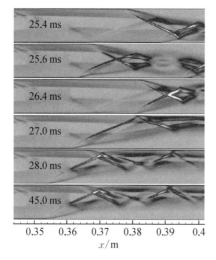

图 2.19　反压上升突然停止
条件下的瞬态纹影

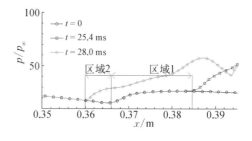

图 2.20　激波突跳前后的壁面压力分布

从 $t = 24.0$ ms 时刻开始,虽然反压停止了上升,但是激波串前移运动还具有惯性。因为激波串前缘太靠近区域 1($x = 0.366 \sim 0.384\ 5$ m 这个区域),随着激波串以惯性继续缓慢地前移了一段距离,到 $t = 25.4$ ms 时刻,激波串接触到区域 1 的边界。然后,从 $t = 25.4 \sim 27.0$ ms,激波串发生了两次快速的向前运动,最后越过了反射点。激波串在越过反射点时有时会发生振荡,这种激波串与背景波系之间的交互过程中的振荡现象在 2.3.2 小节的数值模拟中也发现过。如果反压上升得比较快,激波串的前移运动要比其自激振荡中的前后移动更显著,激波串快速越过反射点后不再后退。但是在这个算例中,反压上升已经停止,并且激波串的自激振荡又正好使其越过和退回背景波系的一个反射点。激波串前缘向后退并与背景反射激波融合时,是流动分离区域失去反射激波增压的一个过程。随着分离包缩小,融合激波的强度降低最后退化到背景系的反射激波。为了平衡下游激波串分离区域和主流区域的压力,下游会鼓起一个新的分离包,推挤主流并形成新的分离激波,然后分离激波并快速前移代替原激波串前缘。$t=28.0$ ms 以后,激波串位置保持不变,激波串前缘稳定地挂载在一个背景波系反射点的上游。背景波系打在激波串前缘处的流动分离区域,对其进行了增压,形成了图 2.20 壁面压力分布中 $t=28.0$ ms 曲线在区域 2 里的凸起。

3. 背景波系伸展条件下的激波串流动特性

背景波系伸展工况的数值模拟过程中,激波串共发生了三次向前突跳。第一次突跳主要是因为激波串前缘太靠近突跳区域的边界,第二次和第三次突跳过程的数值纹影分别如图 2.21(a)和图 2.21(b)所示,对应的壁面压力分布变化分别如图 2.22 和图 2.23 所示。这两次突跳的特性是相似的,随着背景波系结构伸展,背景波系角度减小、强度降低,其形成的有效压缩比减小,激波串上游区域的来流压力持续降低,激波串本身也会随着来流压力降低缓慢地前移。背景波系形成的局部逆压力区也在这种伸展过程中向下游运动,一旦会引起突跳的区域 1 的边界与激波串前缘接触,激波串的急剧前移就会发生。图 2.22 和图 2.23 中用箭头标注了上下壁面中区域 1 的移动情况。

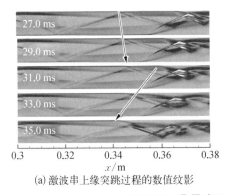 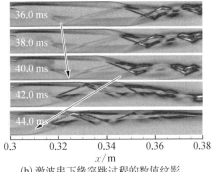

(a) 激波串上缘突跳过程的数值纹影　　　　(b) 激波串下缘突跳过程的数值纹影

图 2.21　背景波系伸展工况的数值纹影

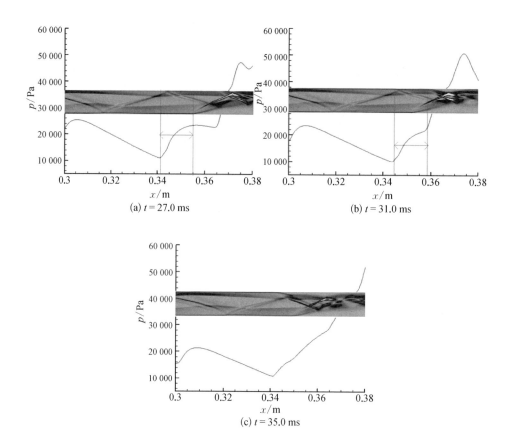

图 2.22 激波串上缘突跳过程的壁面压力分布及纹影图

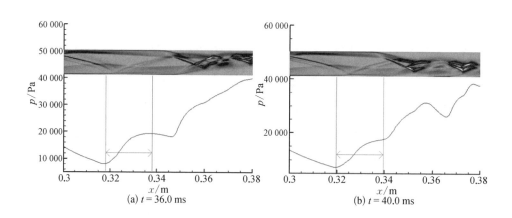

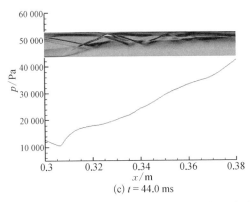

(c) $t = 44.0$ ms

图 2.23　激波串下缘突跳过程的壁面压力分布及纹影图

4. 背景波系收缩条件下的激波串流动特性

随着背景波系收缩,波系角度增加、强度提高,激波串上游的来流压力提高,激波串向下游缓慢运动。该过程中共有三次明显的向后突跳,该过程的瞬时数值纹影分别如图 2.24(a)~(c)所示。在图 2.24(a)中,当 $t = 27.0$ ms 时,反射点即将前移并离开激波串前缘。在随后 $t = 28.0$ ms 时,激波串前缘下方的流动分离区失去背景波系反射的增压,局部逆压力梯度降低,流动分离急剧减弱,于是引起了向后突跳。

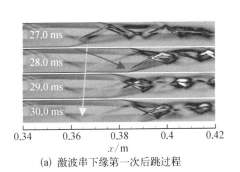

(a) 激波串下缘第一次后跳过程

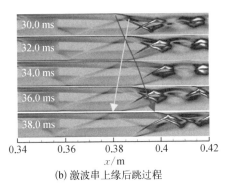

(b) 激波串上缘后跳过程

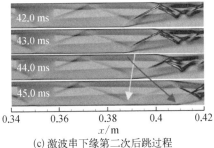

(c) 激波串下缘第二次后跳过程

图 2.24　激波串后跳过程的瞬时数值纹影

激波串也不是一直都后退的,随着上游压力提高,在 $t = 28.0 \sim 30.0$ ms 过程中,激波串上缘不但没有后退,还跟着背景波系发生了前移。背景波系反射的增压作用,正好可以把激波串上缘稳定一段距离。这个逆压力梯度只能维持其前移有限的距离。随着激波串往前移动,上缘分离点处的逆压力梯度降低,直到不能维持继续前移为止。当激波串上缘跟不上背景波系反射点的前移时,如图2.24(b)所示,在失去背景波系增压的瞬间,激波串上缘发生后跳。在图2.24(c)中,激波串前缘下缘在退过一个反射点的过程中,下缘流动分离区失去背景波系反射的增压,局部逆压力梯度降低。从 $t = 43.0 \sim 45.0$ ms,流动分离急剧减弱,于是再次引起了激波串向后突跳。

2.3.4   小结

由数值模拟结果可以发现,无论是反压把激波串前缘推至背景波系结构的逆压梯度区,还是背景的逆压梯度区向后移动使激波串前缘能接触上,都能导致前缘下方的流动分离的快速向前发展,进而引起激波串突跳。研究中所使用的构型的背景波系较强,波系反射的增压作用也较强。在背景波系的压缩过程中,激波串前缘并不是一直后退。当条件合适时,激波串还可以短暂地随反射点稍微前移一定距离。激波串的这种运动特性是流动分离主导的,其特性可以用比较普适的动量方程来解释,然而,目前并不能定量地描述激波串前缘的流动分离趋势与此处局部压力梯度之间的关系,所以后续的研究可以从分离极限的角度对突跳准则展开定量的研究。

2.4   激波串突跳极限存在性的数值仿真验证

2.4.1   激波串前缘的等效喉道流场结构

通过激波串流场的数值模拟结果可以发现,隔离段上下壁面的附面层在激波串前缘处发生了显著的流动分离,分离的气流的压力较上游主流大,导致分离流气流向内推挤主流区域的超声速气流,于是形成了分离激波,即激波串前缘上下两道激波,这两道激波交互,然后在附面层上反射,图2.25(a)的纹影图可以显示激波串前缘附近的流线和流场结构。从流线上看,在激波串前缘,由于分离边界层的推挤作用,超声速主流的流线会偏折一个角度。区别于常规的固体壁面的斜坡,亚声速区与超声速区之间并不是一个坚实的界面,而是一个可以互相

推挤的滑移层。然后随着分离区域继
续向内推挤,主流区域的截面积缩小
并最终形成了一个局部的"类似喉道"
的流场结构。为了区别固体壁面喉道
形成的收缩,该流场结构可称为等效
喉道。图 2.25(b)的简图描绘了该流
场结构,其中 β 是激波角,δ 是主流受
推挤后的偏转角。激波串前缘开始的
附面层发生流动分离,分离区的流速

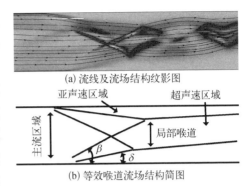

(a) 流线及流场结构纹影图

(b) 等效喉道流场结构简图

图 2.25　等效喉道流场结构

较低,与超声速主流形成了一个滑移分界线。流动分离区的压力大于超声速来
流区域,于是超声速来流受到分离附面层推挤后向内偏折 δ 角度并增压。这种
压力变化的扰动在超声速区域以激波的形式传播,于是形成了激波串前缘的两
道分离激波。上下两道激波相交后使对侧区域的超声速流获得第二次增压,使
超声速区域可以向外推挤分离区域,于是收缩停止。对超声速主流区域来说,在
收缩结束处形成了一个等效的喉道。

　　既然确定了等效喉道的存在,激波串前缘的第一道初始斜激波是否可以稳
定地挂载在分离流形成的斜坡前缘? 该问题可以等效为该斜激波是否可以稳定
挂载在一个等效变截面管道的入口,这里可能存在一个局部等效喉道的收缩比
的最小值,该值或可以作为激波串无法稳定并要进入突跳的触发条件,即"突跳
极限"。这个猜想可以描述为,等效喉道收缩到一个最小值,激波串即将突跳
时,突跳结束后等效喉道变大。虽然隔离段"突跳极限"中的等效喉道的收缩过
程并不等同于固体壁面的收缩,但它仍然可能与用来描述超声速进气道收缩比
的"起动极限"(Kantrowitz 极限)具有相同的物理机制,因为它们涉及流动截
面的收缩。"突跳极限"这一猜想很可能成为解释激波串突跳触发问题的突破
点。当然,在猜想获得证实前,在此基础上的推论都是脱离实际的空想。为了防
止后续的研究变成"空中楼阁",在后面章节里对"怎么分析突跳极限"进行探索
之前,先要在下面的研究内容里对"突跳极限是否存在"进行具体的验证。

2.4.2　等效喉道收缩比与运动状态转换的规律

　　过去的研究中,众观察者从未有意识地去捕捉"激波串前缘可能存在的等效
喉道的收缩比变化"这一现象。以前的研究都过度地关注着"激波串的突跳",因
为纹影图片序列中的激波位置的突然变化实在是太吸引观察者的眼球了。另外,

从发动机设计者立场上看,该现象对隔离段安全保护控制的影响也非常大。为了弥补过去工作的遗漏,并验证等效喉道收缩比变化的现象在激波串突跳运动的转换过程中真实存在,我们需要先给出反压上升(Case 1)和反压不变而来流攻角下降(Case 2)下的数值仿真结果,带着问题重新分析一下纹影序列。

在 Case 1 中,激波串在隔离段中的前移过程中发生了三次突跳运动,其中第一、二次都是比较典型的突跳,第三次是带有振荡过程的突跳。通过纹影序列的对比,可以明显地发现激波串突跳前后,其等效喉道的收缩比确实是变化的。图 2.26(a)~(d)的数值纹影序列选取了第二次突跳过程的结果,其中突跳前有两张纹影图像,间隔 0.2 ms。在 $t = 24.7$ ms,激波串前缘下缘移动至一个背景波系反射点后方。在 $t = 24.7 \sim 24.9$ ms,激波串前缘即将发生突跳,可以观察到激波串前缘的等效喉道收缩得比较严重,如图 2.26(a)和图 2.26(b)所示。从 $t = 24.9 \sim 25.1$ ms,激波串突跳发生得非常突然,其前缘快速地从 $x = 0.386$ m 位置跳跃到 $x = 0.361$ m 位置。突跳后,在 $t = 25.1 \sim 25.3$ ms,激波串又恢复了稳定前移状态,位置变化非常小。其中,激波串突跳后的两张间隔 0.2 ms 的纹影图像如图 2.26(c)和图 2.26(d)所示,可以明显地观察到,当激波串从突跳状态变成稳定

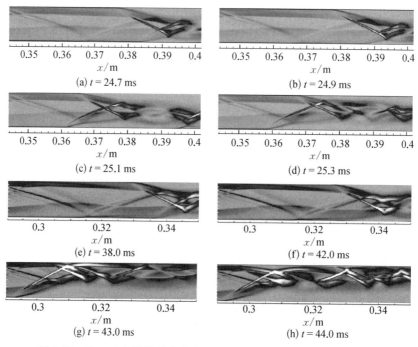

图 2.26 **Case 1** 中的等效喉道收缩比随着激波串突跳过程变化情况

状态后,其前缘等效喉道的收缩程度要比突跳即将发生时弱很多。第三次突跳过程的数值纹影序列如图 2.26(e)～(h)所示,其中因为临近突跳时伴随有激波串剧烈振荡现象,所以把采样时间间隔设置稍大以过滤中间的振荡过程。在 $t=$ 38.0～42.0 ms 这段时间间隔里,激波串处于一个即将发生突跳的状态,可以观察到激波串前缘的等效喉道缩得比较小,如图 2.26(e)和图 2.26(f)所示。接着,激波串前缘突然从 $x=0.335$ m 位置跳跃到 $x=0.293$ m 位置,然后又恢复稳定。比较图 2.26(f)和图 2.26(g)的数值纹影图像可以发现,激波串前缘等效喉道在突跳结束后明显比即将突跳时的要大一些。

在 Case 2 中,随着来流攻角持续降低,背景波系的反射点随着背景波系伸展而缓慢地向下游移动。并且当背景波系反射点靠近激波串前缘时,激波串突跳也同样会发生。其中的一次突跳发生于 $x=0.350$ m 附近,在 $t=31.0$ ms 时激波串处于一个即将进入突跳运动的状态,如图 2.27(b)所示。从 $t=27.0$～31.0 ms 的这段时间里,激波串的前缘的上缘一直缓慢地向上游移动,它从 $x=0.365$ m 移动到 $x=0.359$ m,而上壁面处的一个背景波系反射点缓慢地往下游靠近激波串前缘。然后,从 $t=31.0$～35.0 ms,激波串上缘位置发生了一次较大的变化并运动到 $x=0.342$ m,这是一次比较明显的突跳运动。比较图 2.27(b)中的即将突跳时和图 2.27(c)中的突跳结束后的激波串前缘等效喉道,可以发现与 Case 1 中一致的结果,即等效喉道收缩比会在激波串即将突跳时缩减至最小,然后在突跳结束后恢复。

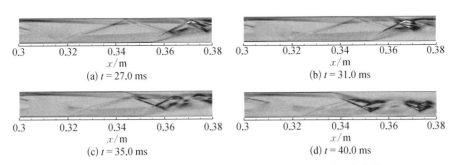

图 2.27　Case 2 中的等效喉道面积随着激波串突跳过程变化情况

本小节通过有意识地重新审视数值纹影序列,验证了激波串等效喉道的收缩比变化与激波串突跳触发之间的规律确实存在,并且该现象可以多次重复出现。“突跳极限”可以描述为当等效喉道收缩比缩小到某个最小值时,激波串突跳运动发生。这种现象给激波串控制提供了一种思路,因为激波串前缘的等效喉道收缩是一种比较宏观并且明显的变化,它很适合用计算机视觉技术进行采集和分析。这给激波串控制提供了一种思路,在激波串即将突跳但还没突跳时,前缘等效喉道的收缩比可以被检测到,并用于突跳预估。只要计算机的处理速度足够快,完全可以在突跳还未发生时就预先做出控制,这样就不用等到激波串位置已经发生变化后才对其进行反馈控制了。

2.5　激波串突跳触发条件的无黏分析方法

2.5.1　最小收缩比分析方法的可行性验证

在激波串前缘流场中,超声速主流区域受到亚声速的分离附面层的推挤而向内偏折,并且主流区域的截面不断缩小。随着超声速主流面积收缩,超声速流动区域形成了一个类似进气道的收缩结构,如图 2.28 所示。这个收缩过程在管道内部发生,没有溢流的空间。从管道流量角度,当激波串前缘等效喉道达到收缩管道的壅塞条件,即喉道截面气流马赫数为 1 时,激波串前缘流场处于一种即将从稳定到不稳定的临界状态。

理论上,当等效喉道以一个等熵曲面收缩时,将在马赫数下降为 1 时达到临界状态,等熵压缩条件下临界状态的流场结构如图 2.29 所示。激波串上游的主流从分离附面层推挤形成的收缩管道的入口以超声速进入,然后等熵压缩到局部喉道并在喉道处减速至马赫数 1,该过程的最小收缩比可定义如下:

$$\frac{A_{\text{t, Isentropic, min}}}{A_i} = \frac{Ma_i}{\left(\dfrac{2}{\gamma + 1} + \dfrac{\gamma - 1}{\gamma + 1}Ma_i^2\right)^{\frac{\gamma+1}{2(\gamma-1)}}} \tag{2.3}$$

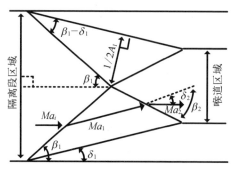

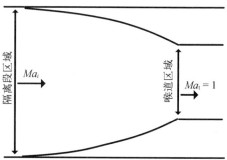

图 2.28　激波串前缘流场结构　　　　图 2.29　等熵压缩条件下临界状态的流场结构

其中,A_i 为主流区域面积;$A_{\text{t, Isentropic, min}}$ 为等熵压缩条件下激波串前缘局部喉道最小面积;Ma_i 为激波串上游的局部马赫数。

对于实际的隔离段流场,激波串上游的壁面附近也存在附面层低速流动。如果考虑超声速区域与亚声速区域的掺混,激波串上游局部马赫数可以取管道截面上的质量加权平均马赫数。比热比 γ 的值与温度有关,本算例中比热比 γ 暂取为 1.4。

当局部喉道达到壅塞时,可通过的流量只与来流总压、总温和喉道面积有关。实际的等效喉道达不到等熵压缩,其收缩过程如图 2.28 所示存在激波压缩,而激波压缩必然引起总压降低和总温升高,因此可以假设一种最保守的情况,使喉道入口有一道引起较大总压损失的正激波封口,如图 2.30 所示。正激波在图 2.30 中用实线表示,超声速气流经过正激波压缩后,发生较严重的总压损失,然后主流速度降低到亚声速。假设亚声速气流在喉道收缩过程中是等熵的,最后在喉道恢复到马赫数 1。在该假设下的局部喉道的最小收缩比可以通过式(2.4)给出:

$$\frac{A_{\text{t, normal\_shock, min}}}{A_i} = \left[\frac{\gamma - 1}{\gamma + 1} + \frac{2}{(\gamma + 1) Ma_i^2} \right]^{\frac{1}{2}} \left[\frac{2\gamma}{\gamma + 1} - \frac{\gamma - 1}{(\gamma + 1) Ma_i^2} \right]^{\frac{1}{\gamma - 1}}$$

$$(2.4)$$

图 2.31 展示了等熵压缩极限和正激波极限下等效喉道的最小收缩比随马赫数变化的曲线。其中,式(2.4)的实线是正激波假设下的收缩比极限,它的上部区域是激波串可以稳定的区域。当等效喉道的收缩比从该实线上部边缘进入

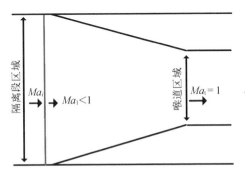

图 2.30　假设的正激波封口条件下的临界状态

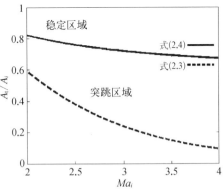

图 2.31　等效喉道最小收缩比与隔离段局部马赫数的关系

其下部区域时,代表激波串进入了一种不稳定的状态,会发生突跳。式(2.3)用虚线表示,代表等熵压缩极限,由于激波和壁面摩擦力引起的熵增,其下部的区域是不可能达到的。虚线与实线之间的区域是隔离段流场可以达到的区域,但是该区域的状态下,激波串前移并不稳定,会以突跳的方式向上游运动。如果要让激波串在隔离段内一直稳定而缓慢地从下游运动到上游,需要让其前缘等效喉道收缩比保持在图 2.31 中的实线以上的稳定区域里。以上就是本节提出的第一种分析激波串突跳触发极限的方法。

当隔离段马赫数约为 3 时,如果使用该方法估计,当激波串前缘等效喉道收缩比小于 0.7 时,激波串会发生突跳。但是,参考前面的数值纹影序列,如图 2.26 和图 2.27 所示,激波串前缘等效喉道的收缩比可以一直收缩到 0.5 左右,激波串才发生突跳。显然,估计值需要修正约 29% 才能与数值模拟结果匹配。所以,第一种分析激波串突跳触发极限的方法还不够完美。

综上所述,通过设计激波串前缘等效喉道最小收缩比极限来估计激波串是否即将触发突跳的方法有可能实现。但是,假设一道正激波封口于激波串前缘等效收缩喉道的分析方法过于保守,接下来的方法设计中将对其进一步改进。

2.5.2 均匀来流下的最小收缩比分析方法

为了让激波串突跳触发极限的分析更加精确,需要设计一种更符合实际波系压缩过程的分析模型。前一个模型之所以有较大误差,主要是因为对第一道激波的正激波假设过高地估计了总压损失,最后估计的喉道面积不能缩减得较小。因此,在本小节的分析方法中,假设激波串前缘附面层分离推挤形成的第一道激波为斜激波,且推挤形成的激波角在激波公式的弱解区寻找。另外,设第一道激波后参数仍然为超声速流动,以保证第二道激波能正常形成。假设第二道激波为正激波,超声速气流经历第二道正激波压缩后降低到亚声速。然后亚声速气流在喉道中继续等熵收缩到喉道,恢复到马赫数 1,达到壅塞的临界状态。此时,喉道主流的面积缩减到了触发激波串突跳的最小值。假设的临界状态的流场结构如图 2.32 所示,其中第二道正激波使用点划线在图中

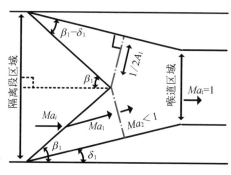

图 2.32 假设的由一道斜激波加一道正激波压缩达到的临界状态

标出。该过程的总压损失要比第一种假设中直接经历一道正激波压缩的情况小一些,所以最后估计得到的等效喉道也可以比第一种假设更小,这样更接近数值模拟结果。

在函数推导过程中,先将第一道激波的激波角以变量 β_1 表示。波后气流偏转角为 δ_1,它的值由激波角 β_1 决定。激波角的取值需要大于马赫角,但又要使其小于具体马赫数下最大偏转角所对应的激波角,以保证激波角不是在强解区找到解。

$$\tan \delta_1 = \frac{2\cot \beta_1 (Ma_i^2 \sin^2 \beta_1 - 1)}{(\gamma + \cos 2\beta_1) Ma_i^2 + 2} \wedge \sin^{-1} \frac{1}{Ma_i} \leqslant \beta_1 \leqslant \beta_1(\delta_{\max}) \quad （2.5）$$

各马赫数下,第一道斜激波激波角与超声速主流的气流偏转角的关系如图 2.33(a)中的 δ_1 曲面所示。在绘制 δ_1 曲面时,δ_1 在数值上是关于 Ma_i 和 β_1 两个维度的二维矩阵,而在式(2.5)中,激波角 β_1 小于马赫角的区域在物理上是不存在的,让偏转角 δ_1 在该区域等于 0° 只是为了防止绘图函数的输入矩阵有"非数",并无实际的物理意义。隔离段的其中一个截面上的质量加权平均马赫数为 2.712,该截面气流流入等效喉道后,偏转角 δ_1 随激波角 β_1 变化的关系曲线如图 2.33(b)所示。曲线中的最小激波角即马赫角,为 0.378 rad。当 $\beta_1 = 1.134$ rad 时,偏转角 δ_1 存在一个最大值 $\delta_{\max} = 0.556$ rad,这意味着一个偏转角可以在 $\delta_{\max}$ 的左侧和右侧对应两个激波角。不过在 $\delta_{\max}$ 的右侧,随着偏转角降低,激波角增加,这与主流受推挤后扰动以激波形式向主流中心传播的物理过程不符。因此,对于激波串前缘第一道斜激波的求解,只有 $\delta_{\max}$ 左侧的激波弱解区域是有效的。

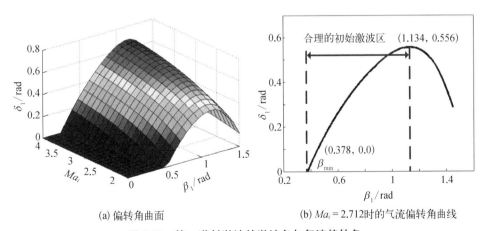

(a) 偏转角曲面　　　　　　　　(b) $Ma_i = 2.712$ 时的气流偏转角曲线

图 2.33　第一道斜激波的激波角与气流偏转角

超声速主流经过激波串前缘第一道斜激波后的马赫数可以通过斜激波公式求解如下：

$$Ma_1^2 = \frac{1}{\sin^2(\beta_1 - \delta_1)} \times \frac{1 + \dfrac{\gamma - 1}{2}Ma_i^2\sin^2\beta_1}{\gamma Ma_i^2\sin^2\beta_1 - \dfrac{\gamma - 1}{2}} \wedge Ma_1(\beta_1) > 1 \quad (2.6)$$

超声速主流经过第一道斜激波波后的马赫数与激波角的关系如图 2.34(a) 中的 Ma_1 曲面所示。绘制 Ma_1 曲面时，由于 Ma_1 也是关于 Ma_i 和 β_1 两个维度的矩阵，而 Ma_1 在激波角 β_1 小于马赫角的区域是无法通过式(2.6)求解的，作者为这一段物理上不存在的区域定义了 $Ma_1 = Ma_i$，这里只是因为绘图函数不能输入含有"非数"的矩阵。以上操作导致 Ma_1 矩阵的左侧存在一段如图 2.34(a) 所示的线性平面，该区域在最后的分析中是需要剔除掉的。另外，为了使第二道激波正常产生，就不能让 Ma_1 变成亚声速。因此，只有 Ma_i 大于 1 的左侧区域是有效的。举例来说，如图 2.34(b) 所示，当等效喉道入口马赫数为 2.712 时，激波角 β_1 的取值范围在 $0.378\sim1.102\ \text{rad}$。

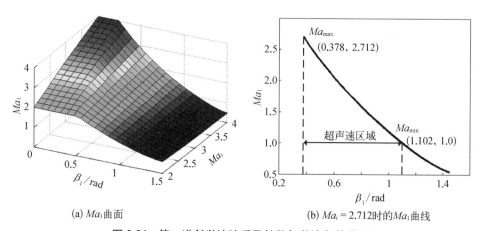

(a) Ma_1 曲面　　　　　　(b) $Ma_i = 2.712$时的Ma_1曲线

图 2.34　第一道斜激波波后马赫数与激波角的关系

经过第一道斜激波后，主流面积缩减至 A_1。A_1 与 A_i 的关系可以利用三角函数通过流场结构的几何关系求解，A_1 与 A_i 处于两个共用斜边的直角三角形，其中斜边是第一道斜激波，A_1 与 β_1 的关系如下：

$$\frac{A_1}{\sin(\beta_1 - \delta_1)} = \frac{A_i}{\sin\beta_1} \quad (2.7)$$

对于第二道正激波压缩及其波后的亚声速气流在喉道中继续等熵收缩到喉道恢复到马赫数 1 并达到壅塞的过程,可以通过正激波关系式和等熵关系式求解。于是,喉道面积 A_t 相对于主流区域面积 A_1 的最小值可以用式(2.8)表示:

$$\frac{A_{t,\ \text{normal\_shock}}}{A_1} = \left[\frac{\gamma-1}{\gamma+1} + \frac{2}{(\gamma+1)Ma_1^2}\right]^{\frac{1}{2}} \left[\frac{2\gamma}{\gamma+1} - \frac{\gamma-1}{(\gamma+1)Ma_1^2}\right]^{\frac{1}{\gamma-1}}$$

$$(2.8)$$

式(2.8)中,可以将式(2.7)代入 A_1 ,将式(2.6)代入 Ma_1 ,于是局部喉道喉道与入口的面积比可以表示如下:

$$\frac{A_t}{A_i} = \frac{\sin(\beta_1-\delta_1)}{\sin\beta_1} \left[\frac{\gamma-1}{\gamma+1} + \frac{2}{(\gamma+1)Ma_1^2}\right]^{\frac{1}{2}} \left[\frac{2\gamma}{\gamma+1} - \frac{\gamma-1}{(\gamma+1)Ma_1^2}\right]^{\frac{1}{\gamma-1}}$$

$$(2.9)$$

式(2.9)中,激波角 β_1 的最小边界是激波串上游来流的马赫角。当激波角 β_1 取最小边界上的值时,式(2.9)将与式(2.4)等效。因为此时的波后偏转角 δ_1 为 0,且 A_1 等于 A_i ,即第一道斜激波压缩不存在。激波角 β_1 的上边界可以这样分析:对于正常工作的隔离段,随着激波角 β_1 不断增大,其波后马赫数不断降低,当激波后方的气流马赫数正好为 1 时, β_1 触及上边界。

通过式(2.9)计算各马赫数和第一激波角下的最小收缩比 A_t/A_i ,可以绘制出如图 2.35(a)所示的曲线,收缩比 A_t/A_i 的曲面是一个中间凹陷的形状。为了保证第一道激波后仍然是超声速,各马赫数下 A_t/A_i 的最小值需要在超声速解的

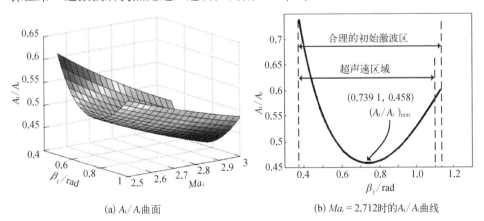

(a) A_t/A_i 曲面　　　　　　(b) $Ma_i = 2.712$ 时的 A_t/A_i 曲线

图 2.35　面积收缩比变化规律

区域里寻找。显然地,第一道斜激波波后为超声速解的区域小于激波弱解区域。在超声速解的区域里,每个入口马赫数 Ma_i 都可对应于一个 A_t/A_i 的最小值。举例来说,如图 2.35(b)所示,在 $Ma_i = 2.712$ 条件下,A_t/A_i 是一条下凹的曲线,当第一道激波的角度 $\beta_1 = 0.739\ 1$ rad 时,A_t/A_i 达到了最小值 0.458。

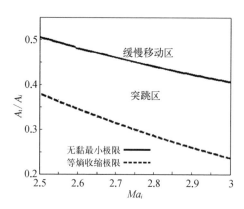

图 2.36　当地马赫数下触发激波串突跳的最小收缩比

通过提取式(2.9)曲面在每个入口马赫数 Ma_i 下的最小值,可以绘制出如图 2.36 所示的实线,即 A_t/A_i 最小值边界。这条边界可以描述为:激波串即将突跳时,其前缘等效喉道可达到的最小收缩比。随着马赫数提高,A_t/A_i 可以降低得更小而不触发最小值边界,该趋势与外进气道设计中的不起动极限的规律一致。通过图 2.36 可发现,在马赫数为 2.5～3 的区域里,最小收缩比的估计值在 0.4～0.5,该结果也与数值模拟的实践经验相符。

有一点需要强调的是,虽然最后估计得到的等效喉道收缩比的最小值是有效的,但是第一道激波角度和第二道激波角 90°只是本方法中通过假设的壅塞临界状态得到的中间结果,这并不是对真实激波串前缘的两道激波角进行的估计。另外,由于这个分析激波串突跳触发条件的方法是基于理想的无黏方法设计的,肯定不能完全复现实际进气道中的复杂流动情况。对于激波串上游入射背景波系引入的影响,本方法只能对入口质量加权平均马赫数做出响应,但丢失了近壁面来流的流动分离状态。显然地,即使来流的质量加权平均马赫数相同,近壁面流速高的来流要比近壁面流速低的来流更能抵御逆压力梯度。考虑到这种不可避免的误差,为了提高无黏分析方法在不同条件下的鲁棒性,设计系数 R_t 用来修正触发激波突跳的最小收缩比,修正公式如下所示:

$$\begin{cases} \mathrm{CR}_{\mathrm{jump\_limits}} = R_t\ \dfrac{A_{t,\ \min}}{A_i} \\[3mm] R_t = \dfrac{A_{t,\ \mathrm{actual},\ \min}}{A_{t,\ \min}} + 1\% \end{cases} \qquad (2.10)$$

其中,$\mathrm{CR}_{\mathrm{jump\_limits}}$ 为修正后的等效喉道收缩比的估计值,当实际的收缩比小于它时,激波串将发生突跳;R_t 为修正系数,需要通过具体的实验结果来修正,其中提高 1% 是为了让 CR_{jump_limits} 的边界略高于实际触发突跳的收缩比;$A_{t, min}$ 是无黏方法估计的最小喉道面积;$A_{t, actual, min}$ 是实验测量的激波串即将突跳时的喉道面积。

2.5.3　最小收缩比的数值仿真验证

如果是处理实验数据,因为测量设备的局限,只能估计隔离段内激波串上游平均马赫数为尾喷管马赫数,即马赫数 3。而处理数值仿真结果时,由于数值计算本身的特性,可以比较方便地提取激波串上游流道截面的各种流动参数。对该截面提取质量加权平均马赫数 Ma_i 后,代入式(2.5)~式(2.9),提取 A_t/A_i 的最小值后可得估计的最小喉道面积 $A_{t, min}$。实际的最小喉道面积 $A_{t, actual, min}$ 可以通过测量数值纹影序列的激波和附面层图像得到。其中,用于捕捉喉道滑移层的数值纹影是通过密度梯度的可视化图像得到的。虽然数值网格的理论捕捉精度只有 0.2 mm,但通过图像差值平滑后可以得到较流畅的滑移层边界曲线,如图 2.25(a)所示。在测试 1 中,激波串分别在 $t = 25.0$ ms 和 $t = 42.4$ ms 时刻发生了两次突跳,测量可得这两个时刻的喉道面积分别缩减至 3.6×10^{-3} m^2 和 3.5×10^{-3} m^2。在测试 2 中,在 $t = 25.0$ ms 时刻,激波串前缘等效喉道的喉道面积缩减至 4.3×10^{-3} m^2 时,突跳发生。测试 1 和测试 2 中,从突跳触发到恢复的过程的数值模拟结果列于表 2.3。

表 2.3　突跳触发到恢复过程的数值模拟验证结果

实　验	t/ms	运动状态	$A_{t, actual}/10^{-3}$ m^2	Ma_i	$A_{t, min}/10^{-3}$ m^2
测试 1	20.0	慢	5.2	2.712	4.58
测试 1	25.0	向上游跳跃	3.6	2.712	4.58
测试 1	30.0	慢	4.6	2.712	4.58
测试 1	42.4	向上游跳跃	3.5	2.839	4.34
测试 1	46.0	慢	4.8	2.851	4.32
测试 2	27.0	慢	4.8	2.806	4.40
测试 2	29.0	慢	4.6	2.836	4.34
测试 2	31.0	慢	4.4	2.863	4.29
测试 2	32.0	向上游跳跃	4.3	2.876	4.27
测试 2	33.0	慢	4.7	2.888	4.25
测试 2	35.0	慢	5.1	2.913	4.21

图 2.37 展示了激波串突跳触发与恢复过程的喉道面积变化曲线,其中实线为数值模拟的实际结果,虚线为无黏分析方法的估计值。在图 2.37(a)中,实线

发生了两次下降,激波串突跳运动发生于实线下降至最小值,且越过虚线标注的突跳触发边界时。而在图 2.37(b)中,激波串突跳确实是在实线下降至最小值时发生的,但是其与虚线标注的突跳触发边界还有一定的距离。这说明无黏分析方法确实存在误差,因此还需要引入式(2.10)对估计结果进行适当的修正。

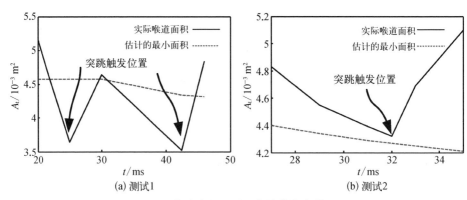

图 2.37 激波串突跳过程中的等效喉道面积

将表 2.3 中实时的实际喉道面积 $A_{t, actual}$ 转化为实际收缩比 CR_{actual} 列于表 2.4。其中,某一时刻的修正系数 R_t 通过数值实验结果中就近选取的触发突跳的最小喉道面积 $A_{t, actual, min}$ 除以估计的最小喉道面积 $A_{t, min}$ 得到。举例来说,测试 1 中 $t = 20.0$ ms 时刻估计的 $A_{t, min} = 4.58 \times 10^{-3}$ m^2,就近的一次突跳中的实际喉道面积在 $t = 25.0$ ms 最小收缩为 $A_{t, actual, min} = 3.6 \times 10^{-3}$ m^2,通过式(2.10)可得,修正系数 $R_t = 0.79 + 0.01$,即 $R_t = 0.8$。

表 2.4 突跳触发条件的系数修正

实 验	$t/$ms	运动状态	CR_{actual}	R_t	CR_{jump_limits}
测试 1	20.0	慢	0.51	0.80	0.37
测试 1	25.0	向上游跳跃	0.36	0.80	0.37
测试 1	30.0	慢	0.46	0.80	0.37
测试 1	42.4	向上游跳跃	0.35	0.82	0.36
测试 1	46.0	慢	0.48	0.82	0.35
测试 2	27.0	慢	0.48	1.01	0.44
测试 2	29.0	慢	0.45	1.01	0.44
测试 2	31.0	慢	0.43	1.01	0.43
测试 2	32.0	向上游跳跃	0.43	1.02	0.44
测试 2	33.0	慢	0.46	1.02	0.43
测试 2	35.0	慢	0.51	1.02	0.43

各时刻下修正后的触发突跳的收缩比估计值 $\mathrm{CR_{jump\_limits}}$ 如表 2.4 最后一列所示,修正后的突跳触发边界的收缩比估计值如图 2.38 中虚线所示。当激波串突跳触发时,实线标记的实际喉道面积正好不断缩小并越过了突跳触发边界。综上所述,无黏分析方法经修正系数处理后的估计结果与数值模拟结果吻合,实时测量激波串前缘等效喉道的喉道面积 $A_{\mathrm{t,\,actual}}$ 或等效喉道实际收缩比 $\mathrm{CR_{actual}}$,可以作为一种检测激波串临近突跳的手段。

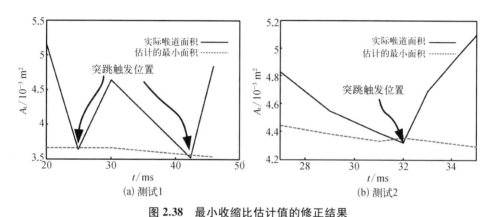

图 **2.38**　最小收缩比估计值的修正结果

2.6　对等效喉道收缩比变化是否存在的实验验证

前面通过数值模拟验证了激波运动模式在稳定与突跳状态之间切换时其等效喉道收缩比会随之发生变化,并在缩减至某个最小值时触发突跳。本节以超声速风洞实验台为主要手段,对激波串前缘等效喉道在其突跳过程中的收缩比变化规律开展实验研究,验证“突跳极限”在真实世界的存在性。

2.6.1　实验条件与测量设备

实验采用直连式风洞,高压气源由 $10\ \mathrm{m^3}$ 的高压储气罐提供,最大压力为 13 MPa,风洞下游通过 400 mm 直径管道与大气相连,形成风洞起动时候的上下游压差条件。实验台有三套模块化尾喷管,分别为马赫数 2.0、马赫数 2.5 和马赫数 3.0。尾喷管模块的长度相同,出口都是相同的尺寸(宽 50 mm、高 30 mm),并有统一标准的安装接口,可根据实验需要选择并固定于实验段上游。在本实验中,将马赫数 3.0 的尾喷管安装在实验台上,其中来流总温等于室温,管道入口总压设置为 0.5 MPa,尾喷管出口静温约为 104 K。实验段为长 300 mm 的矩形等直隔离段。因为这是个直连风洞,没有进气道前体压缩斜面和进气道外侧唇罩的入射波系,所以使用一个对称的高 2 mm 的 14°对称斜劈来形成入射激波,以此形成类似二元压缩高超进气道-隔离段内部的背景波系。为了在冷流条件下形成激波串,下游使用一个可旋转的机械斜面作为堵块来截流。斜面的角度变化由伺服电机驱动(扭矩 15 N·m,功率 2.3 kW)并使用行星减速器减速(减速比为 6),斜面的角度控制步进是 0.006°。风洞实验台的结构简图如图 2.39 所示。

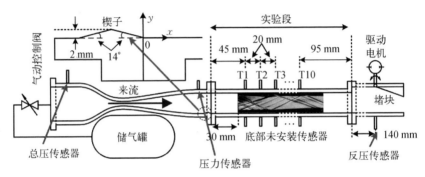

图 2.39　风洞实验台结构简图

为了以较高的解析度捕获瞬时流场结构,使用高速相机(型号 Phantom V2)记录可视化流场。相机曝光时间设置为 100 μs,帧率为 10 kfps(1 fps = 3.048×10^{-1} m/s),为了节省数据储存空间,每张照片的分辨率设置为 800 像素×300 像素。观察窗长度为 260 mm,在纹影图中的成像宽度是 790 像素,于是可得图像像素的空间解析度为 0.329 mm/像素。实验段上壁面的中轴线上布置了 10 个高速压力传感器(TMNS-2),量程为 0~100 kPa,最高动态响应频率为 20 kHz,上壁面传感器编号与布置位置如图 2.39 所示。实验段下壁面有传感器安装位置,但在本次实验中未使用。压力信号变换为电压信号后由两台多通道高速电压采集模块(IOtech 6220)记录,采样频率设置为 5 kHz。为了高精度同步控制高压阀、驱动堵块的伺服电机、高速相机快门触发等,风洞控制板一代(HITWCB V1)被二次开发出来,它基于开源硬件(Arduino Mega 2560 Rev3),并使用第三方驱动库(fast digital input/output (I/O))将 I/O 延迟降低到小于 1 μs。为了同步摄像机帧画面和实验控制时序,HITWCB V1 会把一个 5V 发光二极管(light emitting diode,LED)灯按时序点亮并让摄像机拍摄到。然后,为了使摄像机帧画面的时序与多通道电压采集模块的时序保持一致,LED 灯的 5V 信号也被连接到其中一台多路电压采集器的一个通道上。

为了验证激波串突跳现象及突跳过程中等效喉道收缩比变化现象的可复现性,设计两组不同的线性反压路径进行测试。两组路径中比较关键的堵块起始角度、结束角度和角度变化率都不相同。堵块路径包含一段台阶上升和一段线性上升,其中堵块角度的台阶上升段只是为了让激波串运动到观察窗下游边界附近,实验关注的区域是在堵块线性上升的过程。测试中发现激波串对堵块偏转的响应比较敏感,为了使堵块角度的线性上升段驱动激波串从观察窗下游边界移动到上游边界,在每组正式实验前需要对堵块路径中的线性上升段的起止角度进行现场调试,两组测试所用的堵块路径如图 2.40(a)和图 2.40(c)所示。其中,实验时间的原点设置于控制信号输出给高压阀的时刻。在实验 1 中,当高压阀在实验时间的 $t=0$ s 开启以后,最开始的 12 s 什么都不做,等待风洞压力稳定。通过测试发现,风洞起动 5 s 后压力趋于稳定,图 2.40(b)显示了实验段靠近下游的 T10 测点在风洞起动瞬间的压力变化过程。接着,在 $t=12\sim16$ s 这段时间,现

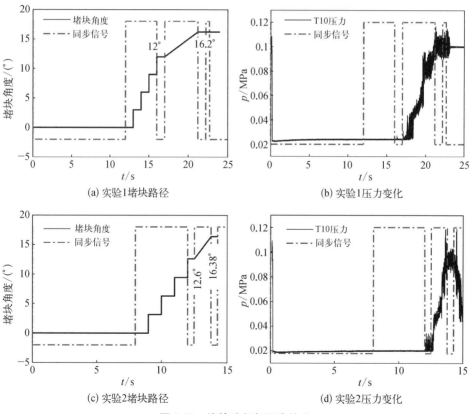

(a) 实验1堵块路径　　　　　　　　　　(b) 实验1压力变化

(c) 实验2堵块路径　　　　　　　　　　(d) 实验2压力变化

图 2.40　堵块路径与同步信号

场调试用于实际测试的堵块线性上升段的起始角度。期间,堵块以台阶方式动了4次(每次3°),把激波串推至观察窗的下游边界,距离T10测点下游不远处。然后等待1 s,确保激波串稳定,防止最后一个台阶上升引入的瞬态干扰。实际的有效测试时间段是在 $t=17\sim21.22$ s,堵块从12°线性而缓慢地运动到16.2°,驱动激波串运动到观察窗的上游边界。时间同步信号在图2.40各分图中用虚线表示,每次动作状态改变时都会发生电平切换,如图2.40(a)中的实验1过程,风洞开启瞬间,同步信号转换为低电平;12 s后进入台阶上升段,同步信号拉高;到 $t=16$ s,台阶段结束并等待1 s至 $t=17$ s,期间同步信号为低电平;在 $t=17\sim21.22$ s的堵块线性上升段里,同步信号电平再次拉高;线性上升段结束后信号拉低等待1 s;同步信号拉高并启动高速相机快门的后触发。其中,后触发信号是一个维持0.5 s的信号,高速相机会检测信号开始的边缘进行触发,把后触发点以前的数据进行储存。

有了实验1的经验后,实验2中设置的测试时间可以缩短,其堵块路径如图2.40(c)所示。因为风洞压力在启动5 s后就会稳定,所以最开始等待的时间被设置为8 s,从图2.40(d)来看这个等待时间也是足够的。从 $t=8\sim12$ s,堵块做了4次台阶上升(每次3.15°)。接着,从 $t=12.0\sim12.5$ s,等待最后一个台阶变化后的瞬态干扰消失,耗时0.5 s。由于此时的堵块角度相对于实验1中的线性段开始角度多了0.6°,激波串前缘刚好达到T10测点,测点的压力脉动如图2.40(d)所示。接下来,实际有效的实验时间是从 $t=12.50\sim13.78$ s,堵块角度呈线性增长并将激波串推至观察窗的上游边界。

在两组实验的设置中,风洞高压阀开启后都有较长的稳定等待时间和堵块角度台阶上升时间,导致实验时间较长。但是,实际可用于分析的"有效时间"只有从激波串从观察窗下游边界进入到它运动到观察窗上游边界的短短数秒,与实验时间相差一个数量级。因此,直接用实验时间作为数据处理分析的时间轴并不合理,后续的实验数据处理将采用"有效时间"作为时间轴,它由实验时间平移得到。实验中已经对纹影采集系统和压力采集系统设置了同步信号,后期的处理都将以同步信号的出现点为时间基准。LED灯给纹影采集系统提供了同步信号,激波串进入观察窗后,堵块角度进入线性增长的时刻被点亮。对于实验1,这个时间点是实验时间的 $t=17$ s;对于实验2,这个时间点是实验时间的 $t=12.5$ s。当纹影采集系统采集到激光点亮起时,压力采集系统也会采集到一个与LED灯并联的高电平信号。然后,采集到的压力数据也可以以此为基准对时间轴进行平移。这样就解决了采集到的无效数据在总实验时间里过多的问题,同时也实现了压力数据时间与纹影图像的帧编号之间的时间同步。在后续的分析中,这个同步时间点就作为压力和纹影数据处理分析的时间原点,即"有效时间"的 $t =$ 0 点。

实验段内部的背景波系及流场结构纹影图像如图 2.41 所示,其中图 2.41(a)是当尾喷管与实验段之间不安装斜劈时的纹影图像,由于尾喷管与观察窗处都有非常小的接缝,流场中存在一些比较弱的波系。波系的角度通过图像测量约为 20°,这与马赫数 3 下的马赫角 19.47°基本一致。当激波串在这样的流场中往上游爬行时,激波串前缘形状是对称的,如图 2.41(b)所示。显然,传统的尾喷管-实验段直连的风洞实验台,是不存在类似高超声速进气道-隔离段的较强背景波系的。因此,本实验设计了如图 2.39 所示的斜劈,安装斜劈后的背景波系如图 2.41(c)所示。图 2.41(d)展示了激波串在背景波系下的形态,显然,激波串前缘的上下缘第一道激波的位置和角度并不是对称的。在背景波系反射点附近的诱导区域,附面层趋于分离,导致其抵抗逆压力梯度能力降低,流动分离角度和分离激波角度也都降低。而在远

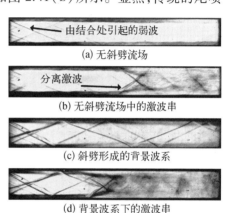

(a) 无斜劈流场

(b) 无斜劈流场中的激波串

(c) 斜劈形成的背景波系

(d) 背景波系下的激波串

图 2.41　实验段内部背景波系及流场结构纹影图像

离反射点下游的背景波系顺压力梯度区,激波串前缘的分离角度和分离激波角度都可以为较大值。

2.6.2　等效喉道收缩比变化现象的实验验证

纹影采集系统导出的流场可视化图片序列以图像帧的编号命名,每一帧之间的时间间隔为 1.0×10^{-4} s。因为 LED 灯会在"有效时间"的原点被点亮,所以可将检测到红点亮起的帧的时间定义为 $t = 0$ 时刻。举例来说,对于实验 1,在第 9 809 帧中没有检测到红点,而在第 9 810 帧中检测到红点,于是第 9 810 帧的时间被定为 $t = 0$ 时刻,如图 2.42(a)所示。然后把后续图像每隔一帧增加 1.0×10^{-4} s,可得如图 2.42(b)所示的纹影序列。实际的数据处理过程中要检测的图片较多,由于高速相机快门后触发的机制,编号为 0 的图像与 $t = 0$ 时刻所在帧之间隔了 9 810 张图像,所以时间同步的工作是用基于开源计

(a) 时间原点的确定

(b) 后续帧的时间定义

图 2.42   实验 1 纹影图像的时间同步

算机视觉库(OpenCV)二次开发的检测算法自动完成的。

即使通过"有效时间"对总的纹影图片数量做了缩减,在激波串前移的短短一瞬,仍然存在着一万多张图像等待处理和分析。于是,继续基于 OpenCV 二次开发了激波串前缘的捕捉算法,算法中捕获的是激波串前缘的下缘激波串的发生点,原理是首先减去所有纹影图像背景波系,目的是只保留激波串图像,然后在下壁面附近流场沿 x 轴找到像素变深的第一个点,即激波串前缘下缘的起始点。然而图像噪点的存在是不可避免的,这会导致程序误判。另外,激波串前缘的颜色深度也是变化的。当分离角度较小时,激波引起的密度梯度比较弱,成像颜色也就浅一些。而且不同场次实验中的图像亮度和对比度也是不一样的(实验 1 纹影就比实验 2 纹影亮一些)。所以,对像素颜色深度变化检测的阈值,需要根据图片亮度手动调整。最后,图像算法成功捕获了激波串前缘的位置和激波串突跳现象,从两组实验结果捕获的激波串路径分别如图 2.43(a)和图 2.43(b)所示。在实验 1 中,路径曲线的 x 轴坐标在 $t = 2.54$ s 处发生一次剧烈变化,这表明此时发生了一次激波串突跳现象。在实验 2 中,通过路径曲线也能发现一次激波串突跳发生在 $t = 0.42$ s 附近。其中,背景波系的纹影图像分别位于两幅图片上方,纹影图像与激波串路径曲线使用相同的 x 轴。即使两次实验中的堵块路径有较大差别,在位置坐标约 $x = 0.18$ m 的背景波系反射点附近的激波串突跳现象也都能在两组实验中得到复现。上壁面压力分布随时间变化的过程如图 2.43(c)和图 2.43(d)所示,其中背景波系图像位于图片下方。在未受到激波串扰动的上游区域,每个压力传感器采集到的压力都没有改变,保持与背景波系时一致。当激波串前缘向上游移动到达某个压力传感器时,压力传感器捕获到压力升高,这可以间接描述激波串突跳的发生位置,如图 2.43(c)和图 2.43(d)中,在 $x = 0.15 \sim 0.20$ m 处,存在着多个压力传感器数值突然升高的现象,该区域与图 2.43(a)和图 2.43(b)中激波串路径中的突跳位置一致。但是,由于压力传感器的布置间距为 20 mm,压力数据的空间分辨率与纹影图片相比差了两个数量级。

因此压力数据只是作为参考,后面的激波串前缘形态分析主要是基于纹影图像数据。

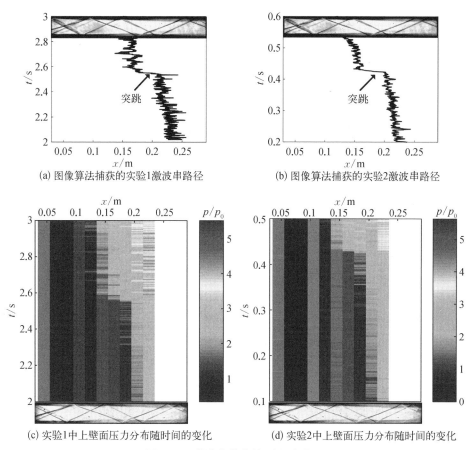

(a) 图像算法捕获的实验1激波串路径　　　　(b) 图像算法捕获的实验2激波串路径

(c) 实验1中上壁面压力分布随时间的变化　　(d) 实验2中上壁面压力分布随时间的变化

图 2.43　激波串前缘检测实验结果

从图 2.42(b)所示的一系列瞬态纹影图像中可以发现,在激波串初始区域,边界层分离并形成分离激波,因为上下壁面都有分离,所以上下各有一道激波。上下两道激波相互作用后在隔离段顶部和底部边界层上多次反射并把扰动向下游传播。实验 1 得到的激波串前缘的典型流场结构纹影图像如图 2.44(a)所示,图 2.44(b)对其进行简化,红色表示壁面,蓝色表示边界层,用符号 C 标记的黑色线表示激波,δ 是主流的偏转角。超声速主流经过斜激波的压缩,发生气流角度折转,通过 0—1—3 或 0—2—4 路径从区域 0 流入区域 3 和区域 4。例如,在 0—1—3 路径里,主流经过激波 C_1 后,气流角度变为 δ_1。然后继续经过激波 C_3 后,气流角度变为 δ_3。最后,在区域 3 和区域 4 里,上下两路气流角度相等,但它们的速度可以不相等,中间可以形成一条滑移线。主流在折转和压缩的过程中,流通面积减小,形成了一个局部的喉道结构,即等效喉道。在收缩入口,主流的流通面积可以定义为 A_0,当收缩到局部的喉道区域时,其面积为 A_t。

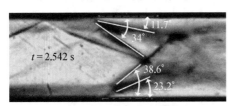

| (a) 激波串前缘纹影图像 | (b) 流场结构简图 |

图 2.44   激波串前缘波系结构

对比激波串突跳前后纹影序列,可以发现激波串前缘的等效喉道的收缩比在突跳前后是动态变化的。在实验 1 中,先通过图 2.43(a)的激波串前缘捕获轨迹确定激波串突跳发生于 $t = 2.54$ s 附近,然后截取该处的纹影序列观察等效喉道变化,如图 2.45(a)所示。图 2.45(a)的前两张图像中,激波串前缘处于稳定前移状态。因为移速比较低,所以在 $t = 2.540 \sim 2.541$ s 的时间间隔里没有明显变化。后四张图像中,激波串运动状态从稳定突然切换到突跳($t = 2.542 \sim 2.543$ s),然后又恢复到稳定状态($t = 2.543 \sim 2.545$ s)。该过程纹影序列的等效喉道收缩比经过图像测量后可得到如图 2.45(c)所示的变化折线。激波串从缓慢前移转换为突跳发生于收缩比降低到 0.41 时,而当其从突跳状态恢复到缓慢前移,该转换发生于收缩比从 0.41 扩张到 0.50 时。同样的现象也在实验 2 的实验结果中得到复现,先通过图 2.43(b)的捕获轨迹确定激波串突跳发生于 $t = 0.42$ s 附近,然后截取该处的纹影序列,观察等效喉道变化,如图 2.45(b)所示。在 $t = 0.421 \sim 0.422$ s 的前两张图像中,激波串前缘还处于稳定前移状态。其后的两幅图像中,在 $t = 0.423 \sim 0.424$ s,激波串突然发生一次突跳,然后又恢复到稳定前移状态。由实验 2 中的收缩比变化可提取出时间历程的折线图,如图 2.45(d)所示。其中,激波串在等效喉道收缩比缩减至 0.41 时发生突跳,然后当其再次恢复稳定时,收缩比为 0.56。

通过实验结果,可以总结出一个规律,对于本实验段的背景流场,激波串会在越过 $x = 0.15 \sim 0.20$ m 处的一个背景波系反射点时发生突跳,并且激波串前缘等效喉道收缩比也会在突跳前后发生明显变化。当收缩比降低到 0.41 时,激波串进入突跳状态。然后当收缩比扩大到超过 0.50 时,激波串又从突跳恢复到稳

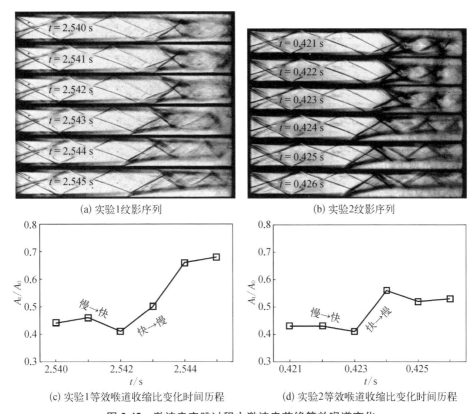

(a) 实验1纹影序列　　　　　　　　(b) 实验2纹影序列

(c) 实验1等效喉道收缩比变化时间历程　　　(d) 实验2等效喉道收缩比变化时间历程

图 2.45　激波串突跳过程中激波串前缘等效喉道变化

定状态。当然,触发突跳的收缩比 0.41 和触发突跳恢复的收缩比 0.50 只对具体的隔离段流场情况有效。对于不同的马赫数和不同的壁面分离状态,它们并不具有普适性。所以,接下来的工作将设计一种普适的有黏分析方法,并对触发收缩比是 0.41 和 0.50 这两个数值的原因进行解释。

2.7　隔离段激波串突跳特性的有黏分析方法

之所以要对 2.5 节中的无黏分析方法的估计结果进行系数修正,是因为分析模型本身的局限性,它让第一道激波角自由变化,然后假设第二道激波为正激波来模拟整个过程的总压损失,最后收缩到喉道达到壅塞的临界状态。这个收缩过程对总压损失的估计比较粗糙,且忽略了壁面摩擦条件下激波串前缘初始激波下方附面层的分离条件。作为进一步的改进方案,本节采用一种有黏分析方法。

2.7.1 考虑壁面摩擦系数的激波串前缘流动参数分析方法

超声速主流通过四道斜激波压缩至局部的喉道截面,如图 2.44(b)所示。如果可以确定激波串前缘初始激波的激波角,则可以通过激波极线图求解上下两道前缘激波 C_1 和 C_2 相互作用形成的下游流动参数,然后 C_3 和 C_4 下游流场可以用新的激波极线分析得到。因此对初始激波角度的准确估计是设计激波串前缘压缩过程分析方法的关键。为了分析第一道激波可达到的最大偏转角及其对应的激波角,首先要讨论的是超声速流动分离的起始点附近允许的最大压升,即附面层可承受的最大压比,然后才能再用激波极线图分析方法通过压升反推偏转角和激波角。

在附面层发生分离的起始点,基于超声速自由相互作用理论,由黏性附面层区域向内推挤超声速主流区域所形成的压力上升,可以用如下关系式表示:

$$\frac{p - p_0}{q_0} = \frac{2}{\sqrt{Ma_0^2 - 1}} \frac{\mathrm{d}\delta^*}{\mathrm{d}x} \tag{2.11}$$

其中,下标 0 表示的是相互作用起始点的位置,即在激波串上游但又距离激波串前缘最近的位置,此处还未受到激波串的扰动;$\mathrm{d}\delta^*$ 为附面层的位移厚度。

对于黏性流体,附面层的动量方程可以表示如下:

$$\rho u \frac{\partial u}{\partial x} + \rho v \frac{\partial u}{\partial y} = -\frac{\mathrm{d}p}{\mathrm{d}x} + \frac{\partial \tau}{\partial y} \tag{2.12}$$

其中,x 轴和 y 轴分别为沿流动的切向和法向;u 和 v 分别为沿 x 轴和 y 轴的速度分量;p 为压力;τ 为切应力。

对于壁面压力,因为 $y = u = v = 0$,所以附面层动量方程变为

$$\frac{\mathrm{d}p}{\mathrm{d}x} = \left(\frac{\partial \tau}{\partial y}\right)_w \tag{2.13}$$

其中,下角标 w 表示壁面处。

从自由相互作用的起始点开始的壁面压力上升大小可以通过式(2.13)沿 x 轴积分得到,如式(2.14)所示:

$$p(x) - p(x_0) = \int_{x_0}^{x} \left(\frac{\partial \tau}{\partial y} \right)_w \mathrm{d}x \tag{2.14}$$

为了将物理量转换为无量纲量,以下变量通过无量纲转换生成:

$$\bar{p} = \frac{p}{q_0}, \quad \bar{\tau} = \frac{\tau}{\tau_{w,0}}, \quad \bar{y} = \frac{y}{\delta_0^*}, \quad \bar{x} = \frac{x - x_0}{L} \tag{2.15}$$

在自由相互作用的起始点,壁面摩擦系数 $C_{f,0}$ 可以用式(2.16)表示:

$$C_{f,0} = \frac{\tau_{w,0}}{q_0} \tag{2.16}$$

为式(2.14)定义一个如下的无量纲函数:

$$f_1(\bar{x}) = \int_{\bar{x}_0}^{\bar{x}} \left(\frac{\partial \bar{\tau}}{\partial \bar{y}} \right)_w \mathrm{d}\bar{x} \tag{2.17}$$

把式(2.15)~式(2.17)代入式(2.14),可得到描述边界层位移厚度与压力增加互相反馈关系的第一个无量纲函数:

$$\frac{p(\bar{x}) - p(\bar{x}_0)}{q_0} = C_{f,0} \frac{L}{\delta_0^*} f_1(\bar{x}) \tag{2.18}$$

为式(2.11)定义一个无量纲函数:

$$f_2(\bar{x}) = \frac{\mathrm{d}\bar{\delta}^*}{\mathrm{d}\bar{x}} \tag{2.19}$$

把式(2.15)和式(2.19)代入式(2.11),可得到描述边界层位移厚度与压力增加之间相互关系的第二个无量纲函数:

$$\frac{p(\bar{x}) - p(\bar{x}_0)}{q_0} = \frac{2}{\sqrt{Ma_0^2 - 1}} \frac{\delta_0^*}{L} f_2(\bar{x}) \tag{2.20}$$

把式(2.18)与式(2.20)相乘,并定义一个无量纲函数 $F(x)$,可得式(2.21):

$$\frac{p - p_0}{q_0} = F(\bar{x}) \sqrt{\frac{2C_{f,0}}{(Ma_0^2 - 1)^{1/2}}}, \quad F(\bar{x}) = \sqrt{f_1(\bar{x}) f_2(\bar{x})} \tag{2.21}$$

在自由相互作用的起始点,气流动量可以用超声速流动公式表示如下:

$$q_0 = \frac{\gamma}{2} p_0 Ma_0^2 \tag{2.22}$$

对于典型的超声速进气道-隔离段流场,由于唇罩激波串入射及其在隔离段上下壁面的多次反射,隔离段中的附面层大多数情况下是呈现完全湍流流动的[30,31]。我们也可以假设隔离段里的附面层的流动形态为完全湍流[32],在隔离段流场分析里,这是个非常有用的假设[33,34]。对于湍流附面层,从分离的起始点到压力平台区域的 $F(x)$ 为 6。然后,分离点下游的平台压力 p_1 与自由相互作用起始点压力 p_0 的比值(压比)可通过以下关系式得到:

$$\frac{p_1}{p_0} = 1 + 6 \frac{\gamma}{2} Ma_0^2 \sqrt{\frac{2C_{f,0}}{(Ma_0^2 - 1)^{1/2}}} \tag{2.23}$$

式(2.23)中,压比也是自由相互作用过程中,附面层稳定流动分离可承受的最大平台压比。其中的壁面摩擦系数 $C_{f,0}$ 可以参考 Hopkins 和 Inouye[35]建议的基于附面层动量厚度的雷诺数公式求解:

$$\frac{1}{C_{f,0}} = 17.08 (\lg Re_\theta)^2 + 25.11 \lg Re_\theta + 6.012 \tag{2.24}$$

显然,分离点下游的平台压力就是激波串前缘的第一道激波压升后可达到的最大压力。如果激波串角度进一步增大,将超出当地附面层可承受的最大压比,于是导致分离区域急剧向上游发展。激波串前后压比的最大值求出之后,可以反推激波角度,于是第一道激波的最大允许角度可以得解。

2.7.2 触发突跳时的激波串前缘流场结构

对于等效喉道收缩过程中两道斜激波交互反射的流动问题,可以通过激波极线图分析,以确定气流多次经过斜激波后的流动参数变化。

$$\begin{cases} \dfrac{p_d}{p_u} = \dfrac{2\gamma}{\gamma + 1} Ma_u^2 \sin^2\beta - \dfrac{\gamma - 1}{\gamma + 1} \\[3mm] \tan\delta = \dfrac{2\cot\beta (Ma_u^2 \sin^2\beta - 1)}{(\gamma + \cos 2\beta) Ma_u^2 + 2} \end{cases} \tag{2.25}$$

其中,p_u 和 p_d 分别为斜激波上、下游压力;Ma_u 为上游马赫数;γ 为比热比。

式(2.25)的第一式可求解各马赫数下激波角与压比的关系,式(2.25)的第二式是各激波角下的偏转角。于是可得到由气流偏转角表示激波前后压比的激波极线图,各马赫数下的激波极线图如图 2.46 所示。对于每个马赫数下的每条激波极线,每个偏转角都对应于两个压力上升值,较小的为弱解,较大的为强解。

当附面层形成一个等效喉道时,主流的偏转角是由附面层推挤作用形成的,因此实际有效的区域是弱解区。当主流通过路径 0—2—4 或 0—1—3 到达喉道时,区域 3 与区域 4 的压力需要相等。压力值可以通过激波极线分析来确定,两道激波交互可能形成规则反射,也可能形成马赫反射。分析这个问题,需要在第一条激波的极线上画出后续激波的极线。

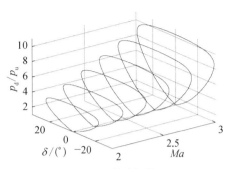

图 2.46 激波极线图

激波极线分析方法以实验中的一个纹影图为例,如图 2.44(a)所示,在隔离段顶部,第一道激波引起的气流偏转角度是 11.7°;在隔离段底部,第一道激波引起的气流偏转角度是 23.2°。这两道激波都属于同一条激波极线,如图 2.47 中最底下的曲线围成的圈所示。激波角度及波后流动参数都可以确定。对于反射激波,可以在 11.7°点和 23.2°点上各自画出新的激波极线,如图 2.47 中上部的两个曲线围成的圈所示。左边的圈代表气流先偏转 11.7°后再次偏转某个角度形成的压力上升,右边的圈代表气流先偏转 23.2°后再次偏转某个角度形成的压力上升。因为在区域 3 和区域 4 中,上下气流的压力要一致,所以两道反射激波的极线所形成的压力

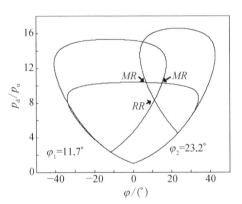

图 2.47 马赫数 3 下激波交互的
激波极线图分析

相同的交点就是解。在图 2.47 中,两道反射激波的极线交于一点,标记为 RR。反射激波与第一道激波的交点也分别在图 2.47 中标记,它们被标记为 MR。RR 点处是可以形成规则反射的压比,而 MR 点处是形成马赫反射,即形成 λ 激波的压比。由于 RR 点位于比 MR 点更低的位置,可以确定激波交互是一个稳定的规则反射情况,可以判断激波串前缘的激波交互是一个规则反射过程。

基于规则反射的流场结构,可以建立激波串前缘的流场结构,如图 2.48 上部所示。当激波串即将进入突跳状态时,其前缘等效喉道达到最小收缩比。其

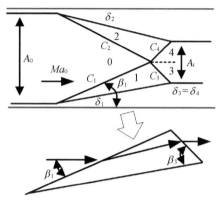

图 2.48 突跳触发状态下激波串前缘流场结构假设

中,超声速来流从区域 0 进入区域 1,经过角度为 β_1 的第一道激波 C_1 压缩后,气流角度变为 δ_1。在区域 1 中,气流方向与压缩斜面平行,因此第二道激波的激波角 β_3 也等于该激波与斜面的角度。然后,当气流从区域 1 进入区域 3,经过角度为 β_3 的第二道激波 C_2 压缩后,气流角度反向偏转为 δ_3。当假设激波串上下前缘第一道激波的角度一致时,气流第二次反向偏转 δ_1,最后 $\delta_3 = 0°$,如图 2.48 下部所示。

于是可以得到这样一个喉道结构模型:在喉道入口,主流的流通面积为 A_0。气流先后经过两次斜激波压缩进入喉道,其中第一道激波使其偏转 δ_1,第二道激波使其反向偏转 δ_1 回到 $0°$。在到达局部的喉道区域时,主流的面积变为 A_t。其中,第一道激波压缩的压比通过计算当地附面层可承受的最大压比获得,接着在斜激波关系式的弱解区找到激波角、偏转角和波后马赫数,于是第二道激波的波前参数可以确定。当第二道激波的波后气流偏转回 $0°$ 时,其波前波后压比也可以用斜激波关系式求解,于是激波角度可以确定,收缩入口到喉道的收缩比可以根据气流偏转角和激波角用几何关系求解。

2.7.3　触发突跳的最小收缩比分析方法

当即将触发激波串突跳时,激波串前缘流场结构模型可以用图 2.49 表示,来流通过 0—1—2 路径依次经历两次激波压缩到达等效喉道的喉道。图 2.49 中具体的流场参数还要继续通过后面公式求解,例如,0—1—2 路径上的两道激波的激波角、气流偏转角和激波前后压比在分析前还是未知的。

下面介绍具体的分析过程。式(2.25)中使用了 u 和 d 分别表示上、下游参数,如果把第一道激波具体的下标代入,可以得到表示第一道激波前后压比的激波极线公式:

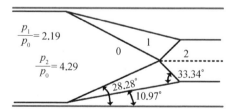

图 2.49 马赫数为 3 时触发激波串突跳的等效喉道的流场结构

$$\begin{cases} \dfrac{p_1}{p_0} = \dfrac{2\gamma}{\gamma + 1} Ma_0^2 \sin^2\beta_1 - \dfrac{\gamma - 1}{\gamma + 1} \\[4mm] \tan\delta_1 = \dfrac{2\cot\beta_1(Ma_0^2\sin^2\beta_1 - 1)}{(\gamma + \cos 2\beta_1)Ma_0^2 + 2} \end{cases} \tag{2.26}$$

超声速气流从区域 0 进入区域 1 的过程中,经过第一道角度为 β_1 的激波压缩后,气流偏转角变为 δ_1,其中激波引起的压力上升与气流偏转角的关系满足式(2.26)。对于来流马赫数 Ma_0,正常情况下应该是取值自最靠近激波串前缘的上游流场截面。对于数值模拟实验,Ma_0 可以直接取值。如 2.5.3 小节的表 2.3 中,激波串的上游流场截面的马赫数可以很方便地从数值结果中获得,也就是表中的 Ma_i,这是因为数值计算中的每个网格都可以作为采样点。对于实际的风洞实验,虽然无法有效测量隔离段内部的马赫数,但尾喷管出口的马赫数是已知的,因此本实验中可以设定 $Ma_0 = 3$ 作为分析条件。于是可绘制第

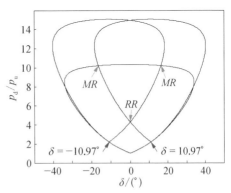

图 2.50　激波串前缘流场的激波极线图

一道激波前后压比随气流偏转角变化的激波极线,如图 2.50 中底部的环线所示。

如果把式(2.26)中的激波前后压比用式(2.23)中的附面层可承受压比代入,可以求解得到附面层可承受最大压比对应的激波角,于是气流偏转角也可以求解得到:

$$\begin{cases} 1 + 6\dfrac{\gamma}{2}Ma_0^2\sqrt{\dfrac{2C_{f,0}}{(Ma_0^2 - 1)^{1/2}}} = \dfrac{2\gamma}{\gamma + 1}Ma_0^2\sin^2\beta_1 - \dfrac{\gamma - 1}{\gamma + 1} \\[4mm] \tan\delta_1 = \dfrac{2\cot\beta_1(Ma_0^2\sin^2\beta_1 - 1)}{(\gamma + \cos 2\beta_1)Ma_0^2 + 2} \end{cases} \tag{2.27}$$

背景波系下的近壁面附面层厚度可以参考图 2.42(a)实验纹影,可测量得到靠近激波串前缘的上游附面层厚度约为 2.0 mm。于是,壁面摩擦系数 $C_{f,0}$ 可以通过式(2.24)计算出约为 1.40×10^{-3}。在过去的数值模拟中,由 CFD 方法获得的隔离段壁面摩擦系数 $C_{f,0}$ 约为 2.0×10^{-3},并在背景波系的反射位置急剧降低,

这与本实验中的估计值 1.40×10^{-3} 处于相同的数量级,因此可以认为这个估计值是基本合理的。把 $C_{f,0}$ 代入式(2.27)后可得附面层分离可承受最大压比为 2.19,对应的第一道激波的角度 β_1 为 28.28°,引起的偏转角 δ_1 为 10.97°。如果定义气流偏转方向逆时针为正,顺时针为负,则底部激波串前缘使气流偏转 10.97°,顶部激波串前缘使气流偏转 -10.97°。式(2.27)确定的是马赫数 3 激波极线上正负 10.97° 的两个气流偏转点,即第一道激波的波后参数。

第二道激波的波前马赫数即第一道激波的波后马赫数,可以通过式(2.28)求解:

$$Ma_1^2 = \frac{1}{\sin^2(\beta_1 - \delta_1)} \times \frac{1 + \dfrac{\gamma - 1}{2}Ma_0^2\sin^2\beta_1}{\gamma Ma_0^2\sin^2\beta_1 - \dfrac{\gamma - 1}{2}} \tag{2.28}$$

第二道激波前后压比的激波极线,通过式(2.29)求解:

$$\begin{cases} \dfrac{p_2}{p_1} = \dfrac{2\gamma}{\gamma + 1}Ma_1^2\sin^2\beta_2 - \dfrac{\gamma - 1}{\gamma + 1} \\[3mm] \tan\delta_2 = \dfrac{2\cot\beta_2(Ma_1^2\sin^2\beta_2 - 1)}{(\gamma + \cos2\beta_2)Ma_1^2 + 2} \end{cases} \tag{2.29}$$

如果把第二道激波的激波极线与第一道激波的激波极线画于同一坐标系,需要把压比与气流偏转角换算到与第一道激波一致的坐标系上,如式(2.30)所示。

$$\begin{cases} \dfrac{p_2}{p_0} = \dfrac{p_2}{p_1} \times \dfrac{p_1}{p_0} = \left(\dfrac{2\gamma}{\gamma + 1}Ma_1^2\sin^2\beta_2 - \dfrac{\gamma - 1}{\gamma + 1}\right)\dfrac{p_1}{p_0} \\[3mm] \delta_{1,\,trans} = \delta_1 + \delta_2 \end{cases} \tag{2.30}$$

其中,$\delta_{1,\,trans}$ 为转换到与第一道激波相同坐标系后的气流偏转角。

式(2.30)中,p_1/p_0 通过式(2.27)可以确定为 2.19。δ_1 分别用正负 10.97° 代入,可得两条对称的激波极线,即图 2.50 中上部的两条环线,这两条环线分别从第一条环线的坐标点(10.97, 2.19)和坐标点(-10.97, 2.19)出发,相交于(0°, 4.29)点,这个点可以标记为 RR,即规则反射解。在 RR 点上,气流经过第二道激波压缩后,气流角度转回到 0°,此时的 p_2/p_0 为 4.29。在压比更高的位置,第一道激波的极线与后一道激波的极线交于 MR 点,该处的解是马赫反射的压比。

对于第一道激波角为 28.28°、偏转角为 10.97°的情况,因为 RR 点的压比位于比 MR 点更低的位置,所以激波交互结果是规则反射。第二道激波前后压比 p_2/p_1 为 1.96,此时的激波角为 33.34°。

以上由激波极线图分析得到的激波角和气流偏转角可以通过波系结构图 2.49 中的几何关系求解。喉道收缩比是受几何条件完全约束的,当代入第一道激波角度、第一道激波波后偏转角、第二道激波角度后,可得马赫数 3 下的最小收缩比为 0.43。这是在附面层能承受的压比下,等效喉道可达到的最小收缩比。于是,触发激波串从稳定状态切换到突跳状态的等效喉道收缩比可以表示如下:

$$\frac{A_t}{A_0} \leqslant 0.43 = \left(\frac{A_t}{A_0}\right)_{\text{min1}} \qquad (2.31)$$

其中,A_t 为喉道收缩到局部最小点处的喉道面积;A_0 为等效喉道入口截面的面积;下标 min 表示触发突跳的最小值。

2.7.4　突跳恢复的激波串前缘流场结构假设

如果要分析收缩喉道在什么情况下才能从不稳定压缩状态恢复到稳定压缩状态,可以参考 2.5 节中的压缩稳定性分析方法。为了分析激波压缩稳定性,可以假设一道正激波来形成一定的总压损失,以获得局部喉道在最恶劣情况下达到喉道壅塞时的收缩比。当建立正常的斜激波流场结构时,因为其总压损失比正激波小,所以在相同的收缩比下,斜激波流场的喉道流速会大于马赫数 1,流场结构将处于一种稳定的激波压缩状态。通过 2.5.1 小节中的研究可以发现,直接假设一道正激波的分析方法与实际的数值模拟结果相比过于保守,而 2.5.2 小节中假设第一道激波为斜激波,第二道激波为正激波的分析方法可以获得一个与数值模拟结果接近的最小收缩比,还是存在一定误差,所以需要用系数修正。过去的探索与尝试为如何确定最小收缩比开辟了一条有可能走通的道路,但无黏分析方法忽视了附面层流动分离可承受的最大压比,于是留下了可以继续改进的空间。因此本小节的研究将在 2.5.2 小节的基础上予以改进,使原来的分析方法更接近实际流场。

在图 2.49 中所示的激波串前缘流场结构中,超声速气流先后经过两次激波压缩,经由 0—1—2 路径到达局部的喉道区域。流场压缩过程分两段进行,分别是 0—1 路径的压缩过程和 1—2 路径的压缩过程。对于第一段的 0—1 路径,第一道激波的压比可以参考 2.7.3 小节通过附面层可承受的最大压比求解,使激波角度达到允许的最大值,使该处的流道截面收缩角度即气流偏转角度达到允许的最大值。对于第二段的1—2路径的压缩过程,假设达到正激波收缩极限时的

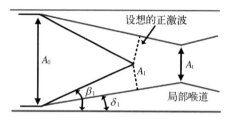

图 2.51　假设第二道激波收缩条件达到正激波极限时的流场结构

等效喉道流场结构如图 2.51 所示,其中第二道正激波位于 A_1 截面入口,垂直于第一道斜激波后的气流流动方向。气流经过正激波后,速度降低到亚声速,并产生较严重的总压损失。然后亚声速气流从 A_1 到 A_t 的收缩过程中达到喉道壅塞的临界状态,喉道马赫数为 1。

显然,只要喉道收缩比大于该临界状态的最小喉道,即使在发生正激波的情况,流场依然保持不发生壅塞,以上就是对激波串从突跳状态恢复到稳定状态的前缘流场结构的假设。当两道激波压缩并使喉道 A_t 处达到壅塞条件时,其临界状态如图 2.51 所示。

2.7.5　突跳恢复的最小收缩比分析方法

对于图 2.51 所示的流场结构,从入口截面 A_0 到 A_1 的收缩比可以用第一道激波的激波角与气流偏转角通过几何关系求解,如式(2.32)所示。其中,第一道激波的参数可以由式(2.27)获得。

$$\frac{A_1}{A_0} = \frac{\sin(\beta_1 - \delta_1)}{\sin\beta_1} \tag{2.32}$$

把式(2.27)获得的激波角 β_1 28.28°、偏转角 δ_1 10.97°代入式(2.32)即可得解,这也是在附面层可承受反压下第一道激波可形成的最大收缩比。

第一道激波的波后马赫数 Ma_1 可以通过式(2.28)求解。A_1 截面入口有一道假想的正激波,马赫数 Ma_1 的气流穿越截面 A_1 后,速度降低到亚声速,然后再在收缩管道里等熵收缩并提速,最后在 A_t 截面提速至马赫数 1,达到壅塞的临界条件。此时 A_t 达到最小值,其与 A_1 的关系可通过式(2.33)表示。

$$\frac{A_{t,\,min}}{A_1} = \left[\frac{\gamma-1}{\gamma+1} + \frac{2}{(\gamma+1)Ma_1^2}\right]^{\frac{1}{2}} \left[\frac{2\gamma}{\gamma+1} - \frac{\gamma-1}{(\gamma+1)Ma_1^2}\right]^{\frac{1}{\gamma-1}}$$

$$\tag{2.33}$$

把式(2.32)和式(2.28)代入式(2.33),可以得到喉道收缩比的最小值如式

（2.34）所示。

$$\frac{A_{t,\,\mathrm{min}2}}{A_0} = \frac{\sin(\beta - \delta)}{\sin\beta}\left[\frac{\gamma - 1}{\gamma + 1} + \frac{2}{(\gamma + 1)Ma_1^2}\right]^{\frac{1}{2}}\left[\frac{2\gamma}{\gamma + 1} - \frac{\gamma - 1}{(\gamma + 1)Ma_1^2}\right]^{\frac{1}{\gamma - 1}}$$
$$= 0.48$$

$$(2.34)$$

　　于是可得，对于喉道入口马赫数 3 条件，在附面层能承受的最大压比下，激波串是否能恢复稳定，需要满足的收缩比条件如式（2.35）所示。

$$\frac{A_t}{A_0} \geqslant 0.48 = \left(\frac{A_t}{A_0}\right)_{\mathrm{min}2}$$

$$(2.35)$$

　　激波串一旦在式（2.31）条件下从稳定状态切换到突跳状态，它将快速地向上游移动，只有当其前缘的等效喉道的收缩比扩大至超过 0.48 以后，激波串的运动状态才能再次切换回稳定。

　　以上的分析虽然忽略了激波串前缘上下第一道激波非对称的情况，但因为引入了壁面摩擦系数，所以也可以间接地反映由背景波系反射引起的局部的附面层流动分离趋势加强的现象，附面层分离会导致激波串前缘的压缩稳定性降低。根据 Li 等的研究[36]，由于背景波系在隔离段内部多次反射，壁面摩擦系数沿流动方向不是均匀的，存在局部的峰值点和低谷点，这是引发激波串前移过程中发生突跳的非常关键的因素。

　　典型的存在背景波系的隔离段流场及其壁面摩擦系数分布如图 2.52 所示。在波系反射诱导下，壁面摩擦系数 $C_{f,0}$ 会在反射点处趋向于 0，而在反射点下游区域，存在一个壁面摩擦系数的局部峰值点。通过式（2.27）分析可发现，随着壁面摩擦系数降低，如果要避免激波串突跳，必须削弱喉道的收缩，因为此处的附面层将无法承受激波串

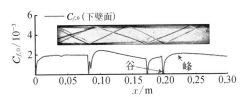

图 2.52　典型的存在背景波系的隔离段流场及其壁面摩擦系数分布

前缘波系压缩形成的压比。当激波串前缘往这种壁面摩擦系数趋向于 0 的区域靠近但还没到达时，其前缘处于一个流动分离被抑制的区域，因为此处的壁面摩擦系数达到一个局部峰值点，略大于 2.0×10^{-3}，所以激波串前缘收缩比也可以降到比平均值更低。当激波串继续前移越过壁面摩擦系数峰值点后，马上进入了

一个壁面摩擦系数趋向于 0 的区域，由于激波串前缘的原收缩比过强，超过当地附面层可承受压比后，突跳将会发生。直到激波串前缘移动至上游的壁面摩擦系数较高的区域，且激波串前缘收缩比满足式（2.35）时，激波串才能再次恢复稳定。

2.8 无黏与有黏分析方法的实验验证

2.8.1 触发突跳的无黏分析方法的实验验证

在 2.5 节中，已通过数值模拟结果对无黏分析方法进行了验证，但是风洞实验验证也是必不可少的。2.6 节的两组风洞实验使用了与 2.5 节的数值模拟完全不同的工况，但两组实验都成功复现了激波串突跳。这两组实验的堵块路径也完全不同，它们的实验结果可以在本小节中用于无黏分析方法的验证。实验结果中的激波串前缘等效喉道的实际收缩比的测量值随激波串运动状态变化的时间历程如表 2.5 所示。参考 2.5 节的结论，通过无黏分析方法可以估计触发激波串突跳的最小收缩比的值约为 0.458。对于这两组实验的结果，通过表 2.5 列出来的数值，并不能明显看出收缩比的实际值与估计值之间是否有明确的联系。

表 2.5 风洞实验结果中激波串前缘等效喉道的实际收缩比变化

实验编号	时间/ms	激波串状态	实际收缩比	最小收缩比估计值
1	2 540	稳定	0.44	0.458
1	2 541	稳定	0.46	0.458
1	2 542	突跳	0.41	0.458
1	2 543	稳定	0.50	0.458
1	2 544	稳定	0.66	0.458
1	2 545	稳定	0.68	0.458
2	421	稳定	0.43	0.458
2	422	稳定	0.43	0.458
2	423	突跳	0.41	0.458
2	424	稳定	0.56	0.458
2	425	稳定	0.52	0.458
2	426	稳定	0.53	0.458

图 2.53 展示了风洞实验中测量得到的等效喉道收缩比随时间变化的折线，其中触发突跳的估计值也在图中用虚线标出。当激波串突跳被触发时，实际的激波串前缘等效喉道的收缩比下降到一个最小值，而虚线标记的估计值与实际实验结果的最小值之间大约有 10% 的误差。估计值与实际结果差别并不大，接下来需要通过式(2.10)对估计值进行修正。

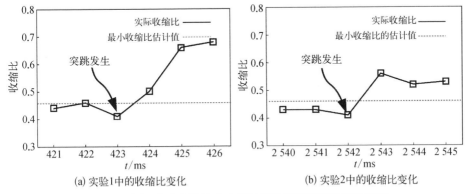

图 2.53　风洞实验中激波串突跳过程的等效喉道收缩比变化

修正公式[式(2.10)]中需要通过系数 R_l 对最小收缩比的估计值进行修正。激波串在隔离段不同位置触发突跳时，R_l 都需要通过实验数据计算。通过式(2.10)与实验 1 的结果可以确定 R_l 的值为 0.91，改进后的触发激波串突跳的收缩比的最小极限值为 0.417，如图 2.54 所示。图 2.54(a)中的突跳触发值是根据实验 1 自身的结果修正的，与实验 1 的结果相符是理所当然的。图 2.54(b)中的突跳触发值是根据实验 1 修正的，但依然能与实验 2 的结果对应得较好。当

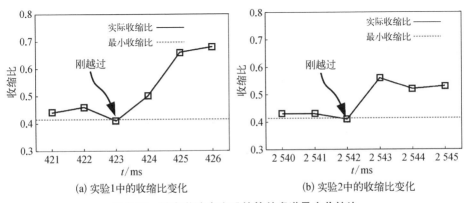

图 2.54　触发激波串突跳的等效喉道最小收缩比

激波串突跳被触发时,等效喉道的实际收缩比降到最低,并越过了虚线标注的最小极限。用实验 1 结果修正的收缩比最小极限,之所以也同样可适用于实验 2 中的突跳,可能是因为突跳的位置相同,两组实验都是在 $x=0.15$ m 到 $x=0.20$ m 附近的一个背景波系反射点处发生突跳。以上结果也证明了激波串在特定位置当等效喉道收缩到某个值时会发生突跳的可复现性。

通过实验结果的对比可以发现,无黏分析方法能大致地分析等效喉道的收缩比降低到某个最小值时触发激波串突跳的客观现象。但是估计值的误差还是存在的,以至于在结果表格里看不出明显的关联性。改进后的修正方法使估计值可以通过其中一次实验的测量值进行修正,使其适用于具体位置的突跳,提高了无黏方法分析特定位置下激波串突跳触发的鲁棒性。

2.8.2   突跳触发与恢复的有黏分析方法的实验验证

有黏分析方法完全是通过理论方法推导的,推导过程只参考了实验 1 和实验 2 中激波串前缘的两激波压缩流场结构,并没有使用实验 1 和实验 2 中具体的等效喉道收缩比的值建立经验公式。因此,实验 1 和实验 2 中测量得到的收缩比变化时间历程也同样适用于对有黏分析方法的验证。另外,又附加了两组堵块路径与实验 1 和实验 2 不同的实验,并关注了激波串在不同位置触发突跳时的等效喉道收缩比,用于进一步验证有黏分析方法的有效性。

实验 3 和实验 4 的纹影序列如图 2.55 所示。在实验 3 中,在 $t=0.369$ s 时刻发生了一次激波串突跳现象,激波串前缘的下部激波发生一次显著的前移并越过了背景波系在隔离段底部的反射点,但是激波串前缘的上部激波并没有较大距离的突跳。在实验 4 中,在 $t=1.836\,6$ s 和 $t=1.840\,6$ s 各发生了一次激波串突

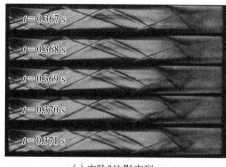
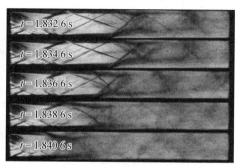

(a) 实验3纹影序列   (b) 实验4纹影序列

图 2.55   验证实验工况纹影序列

跳,第一次是越过上壁面的一个反射点,第二次是突然的一个长距离突跳,同时越过上下壁面的反射点。通过测量实验纹影序列的等效喉道面积变化,可以得到激波串突跳前后收缩比变化的时间历程,如表 2.6 所示。

表 2.6　实际收缩比与触发及恢复条件的分析结果

数据编号	实验组	t/ms	运动状态	实际收缩比	说明	是否验证
1	1	2 540	稳定	0.44		是
2	1	2 541	稳定	0.46		是
3	1	2 542	触发突跳	0.41	<0.43	是
4	1	2 543	恢复稳定	0.50	>0.48	是
5	1	2 544	稳定	0.56		是
6	2	1 421	稳定	0.43		是
7	2	1 422	稳定	0.43		是
8	2	1 423	触发突跳	0.41	<0.43	是
9	2	1 424	恢复稳定	0.56	>0.48	是
10	2	1 425	稳定	0.52		是
11	3	367	稳定	0.47		是
12	3	368	稳定	0.45		是
13	3	369	触发突跳	0.41	<0.43	是
14	3	370	恢复稳定	0.50	>0.48	是
15	3	371	稳定	0.52		是
16	4	1 832.6	稳定	0.44		是
17	4	1 834.6	触发突跳	0.41	<0.43	是
18	4	1 836.6	恢复稳定	0.51	>0.48	是
19	4	1 838.6	稳定	0.53		是
20	4	1 840.6	触发突跳	0.41	<0.43	是

根据 2.7 节的有黏分析方法的推导结果,当激波串前缘等效喉道的收缩比小于 0.43 时,将会触发激波突跳;当突跳发生后,激波串恢复到稳定状态需要的条件是收缩比增大到大于 0.48。表 2.6 中的结果与有黏分析方法的估计结果一致。对于数据编号为 3、8、13、17 和 20 的实验结果,确实是在实际收缩比减小到低于 0.43 时触发了激波串突跳,可以判断验证通过。对于数据编号为 4、9、14、18 的实验结果,当激波串从突跳恢复回稳定状态时,其前缘等效喉道的收缩比也确实都是大于 0.48,因此验证通过。综上所述,有黏分析方法的理论结果与实验结果相比具有很好的一致性。

2.9   本章小结

本章通过固定背景波系流场的数值仿真和风洞实验发现激波串的突跳运动是流动分离主导的。激波串前移过程中发生突跳的位置有一定的规律,它们都是在壁面压力分布的局部峰值点到背景波系的反射点之间。激波串前缘的第一道激波是流动分离引起的分离激波,而背景波系反射诱导的激波串前缘流动分离区域向上游的快速伸展过程直接导致了分离激波的快速前移。

对于变化的背景波系,激波串突跳发生的位置会随着背景波系改变,但其发生位置与背景波系结构的相对位置具有明显的规律性。无论是反压把激波串前缘推至背景波系结构的逆压力梯度区,还是背景波系的逆压力梯度区向后移动使激波串前缘进入逆压力梯度区,都能导致前缘下方的流动分离的快速向前发展,进而引起激波串突跳。

本章在数值模拟结果的基础上通过现有的超声速流动的理论经验,对激波串突跳影响因素进行了比较和分析,把无关紧要的因素排除,提炼出激波串突跳的普遍规律和因果关系。另外,从压缩稳定性的角度对激波串突跳特性开展了研究,并给出了一种可以描述激波串突跳触发的定量分析方法,提出了分析收缩比最小值的无黏和有黏分析方法。

有黏分析方法可定量地描述隔离段激波串进入突跳和从突跳恢复的机制,需要的输入参数是隔离段入口马赫数和壁面摩擦系数,其中壁面摩擦系数可以根据实验纹影图中的附面层厚度估计。有黏分析方法允许在获得激波串运动状态的实验结果之前,就对触发激波串突跳和突跳恢复的收缩比进行理论预测,且预测结果与实验结果相符较好。

第 3 章

亚额定工况下高超声速进气道不起动模式

3.1 引言

高超声速进气道不起动是超燃冲压发动机的重要流动现象。当进气道处于不起动状态时,其流量捕获系数和总压恢复系数急剧减小,造成发动机性能急剧下降。因此,在理论上应该尽量避免进气道不起动状态出现。然而由于高超声速进气道运行过程中受到多种因素的影响,实际飞行实验中进气道不起动状态往往难以避免,并在为数不多的飞行实验中出现,有几次飞行实验还因进气道不起动问题而出现故障[1,6,11]。

国内外众多学者针对亚额定工况进气道不起动现象开展了大量研究工作。导致进气道不起动的影响因素有很多,包括进气道设计(如内收缩比过大、激波/附面层相互作用处理不当)、来流条件(如飞行马赫数过低、来流攻角过大、来流扰动)、发动机工作条件(如燃烧释热量过大、燃烧室反压过高)等。不同因素引起的进气道不起动流场模式不尽相同。Benson 和 Mcrae[37] 将进气道不起动分为如下两类:全局不起动是由正激波跑出进气道引起的不起动;斜激波不起动是由于分离流的影响,最终在唇口外面形成一道斜激波引起的不起动。van Wie 等[14] 将进气道不起动分为如下两类:硬不起动是由进气道喉道壅塞造成的;软不起动是进气道内大规模分离气流导致的。Hawkins 和 Marquart[38] 将进气道不起动分为如下两类:收缩比不起动和反压不起动。Rodi 等[39] 将进气道不起动分为如下两类:唇口不起动和反压不起动。总的来看,进气道不起动可以分为如下两类:来流条件引起的进气道不起动和下游燃烧室反压引起的进气道不起动。

本章通过理论分析、数值模拟和实验研究详细介绍亚额定工况下高超声速进气道不起动模式及其特性。

3.2 亚额定工况下高超声速进气道不起动无黏理论分析

由于存在内收缩通道,高超声速进气道存在着不起动问题。假设进气道中的气体为量热完全气体,并且气流为一维稳定、无摩擦、无热交换。本节介绍高超声速进气道不起动特性的无黏理论分析。

3.2.1 低马赫数不起动和大来流攻角不起动

本节采用的高超声速进气道模型如图 3.1 所示,外压缩段采用三级楔面压缩,其与水平方向的夹角分别为 $7°(Q_1)$、$16°$ 和 $27°$,唇罩与水平方向的夹角为 $15°$,进气道内收缩比为 1.512,其他详细几何参数见图 3.1。

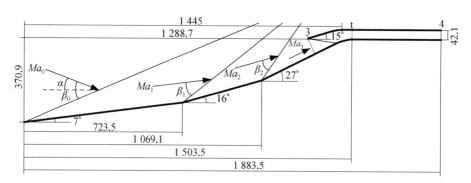

图 3.1　高超声速进气道模型(单位: mm)

内压缩通道进口截面 3 将进气道分为内压段和外压段。外压段有三道斜激波,根据斜激波关系式,有

$$\tan \delta_0 = \delta(Ma_0, \beta_0) = \frac{(Ma_0^2 \sin^2 \beta_0 - 1) \cot \beta_0}{Ma_0^2 [(\gamma + 1)/2 - \sin^2 \beta_0] + 1} \tag{3.1}$$

$$Ma_1^2 = Ma(Ma_0, \beta_0) = \frac{2 + (\gamma - 1) Ma_0^2}{2\gamma Ma_0^2 \sin^2 \beta_0 - (\gamma - 1)} + \frac{2Ma_0^2 \cos^2 \beta_0}{2 + (\gamma - 1) Ma_0^2 \sin^2 \beta_0} \tag{3.2}$$

其中,气流偏转角 $\delta_0 = \alpha + \theta_1$, $\theta_1 = 7°$。

根据气流偏转角 δ_0 和来流马赫数 Ma_0，由式（3.1）可反解第一道斜激波的激波角 β_0。求解出激波角 β_0 后，由式（3.2）进而可求解第一道斜激波后气流马赫数 Ma_1。

以此类推，可求解内压段入口前气流马赫数 Ma_3。

$$\begin{cases} \tan\delta_1 = \delta(Ma_1,\beta_1), & Ma_2^2 = Ma(Ma_1,\beta_1) \\ \tan\delta_2 = \delta(Ma_2,\beta_2), & Ma_3^2 = Ma(Ma_2,\beta_2) \end{cases} \tag{3.3}$$

其中，气流偏转角 $\delta_1 = \theta_2 = 16° - 7° = 9°$，$\delta_2 = \theta_3 = 27° - 16° = 11°$。

内压段喉道截面气流马赫数 $Ma_t = 1$ 时，进气道处于由起动转变为不起动的临界状态。由流量守恒公式，有

$$K\frac{p_3^*}{\sqrt{T_3^*}}A_3 q(Ma_3) = K\frac{p_t^*}{\sqrt{T_t^*}}A_t q(Ma_t) \tag{3.4}$$

只考虑唇罩激波引起的总压损失，后续反射激波不计，则有 $p_t^* = \sigma p_3^*$。其中，

$$\sigma = \sigma(Ma_3,\beta_3)$$
$$= \left[\frac{(\gamma+1)Ma_3^2\sin^2\beta_3}{2+(\gamma-1)Ma_3^2\sin^2\beta_3}\right]^{\gamma/(\gamma-1)}\left(\frac{2\gamma}{\gamma+1}Ma_3^2\sin^2\beta_3 - \frac{\gamma-1}{\gamma+1}\right)^{-1/(\gamma-1)} \tag{3.5}$$

经过唇罩激波气流的偏转角 $\delta_3 = 12°$，由激波关系式 $\tan\delta_3 = \delta(Ma_3,\beta_3)$，求解唇罩激波的激波角 β_3 后，即可求解唇罩激波总压损失。因为气流经过唇罩激波后偏转角是固定的，唇罩激波的激波角 β_3 由激波前马赫数 Ma_3 确定，所以唇罩激波引起的总压损失仅由激波前马赫数 Ma_3 确定，即 $\sigma = \sigma(Ma_3,\beta_3) = \sigma[Ma_3, \delta^{-1}(Ma_3,\delta_3)] = \sigma'(Ma_3)$。

由于气流绝热，总温不变，$T_t^* = T_3^*$。

根据式（3.4）和式（3.5）可得

$$\frac{A_t}{A_3} = \frac{q(Ma_3)}{\sigma'(Ma_3)} \tag{3.6}$$

联立式（3.1）~ 式（3.6），可得高超声速进气道不起动临界来流马赫数和来流攻角，如图 3.2 所示。从图 3.2 中可以看出，来流马赫数减小或来流攻角增加都可能引起高超声速进气道由起动转变为不起动。当来流攻角为 0° 时，高超声速进气道不起动马赫数为 3.09；当来流马赫数为 5 时，进气道不起动来流攻角为 16.17°。

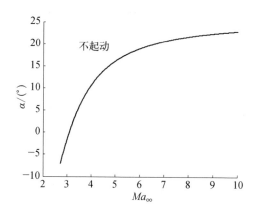

图 3.2　高超声速进气道不起动临界来流马赫数和来流攻角

3.2.2　高反压不起动

高超声速进气道下游反压较高时会出现激波系来匹配上下游压升。当下游反压增加到进气道喉道气流马赫数对应的正激波后压力时,进气道处于由起动转变为不起动的临界状态,继续增加反压,将会有一道正激波从进气道喉道向外移动,导致进气道不起动。

进气道处于临界状态时,进气道入口和喉道截面流量相等,根据流量守恒公式可得式(3.4)。另外考虑唇罩激波引起的总压损失,$p_t^* = \sigma(Ma_3, \beta_3)p_3^*$,总压恢复系数 σ 可由式(3.5)计算。由于气流绝热,总温不变,$T_t^* = T_3^*$。联立式(3.4)和式(3.5)可得

$$q(Ma_t) = \frac{A_3}{A_t} \frac{q(Ma_3)}{\sigma'(Ma_3)} \tag{3.7}$$

下游临界反压:

$$\frac{p_4}{p_0} = \frac{p_{ns}}{p_0} = \frac{p_{ns}^* \pi(Ma_t)}{p_0^* \pi(Ma_0)} = \frac{p_t^*}{p_0^*} \frac{p_{ns}^*}{p_t^*} \frac{\pi(Ma_t)}{\pi(Ma_0)}$$

$$= \sigma(Ma_0, \beta_0)\sigma(Ma_1, \beta_1)\sigma(Ma_2, \beta_2)\sigma(Ma_3, \beta_3)\sigma(Ma_t) \frac{\pi(Ma_t)}{\pi(Ma_0)}$$

$$\tag{3.8}$$

其中,$\sigma(Ma_0, \beta_0)$、$\sigma(Ma_1, \beta_1)$、$\sigma(Ma_2, \beta_2)$、$\sigma(Ma_3, \beta_3)$ 可由式(3.5)计算;p_{ns}^* 为正激波后气流总压;p_t^* 为正激波前气流总压;$\pi(Ma)$ 为压力与总压之比;

$\sigma(Ma_\mathrm{t})$ 为喉道正激波总压恢复系数。

$\pi(Ma)$ 计算公式为

$$\pi(Ma) = \left(1 + \frac{\gamma - 1}{2}Ma^2\right)^{\gamma/(1-\gamma)} \tag{3.9}$$

$\sigma(Ma_\mathrm{t})$ 计算公式为

$$\sigma(Ma_\mathrm{t}) = \frac{p_\mathrm{ns}^*}{p_\mathrm{t}^*} = \frac{\left[\dfrac{(\gamma + 1)Ma_\mathrm{t}^2}{2 + (\gamma - 1)Ma_\mathrm{t}^2}\right]^{\frac{\gamma}{\gamma - 1}}}{\left(\dfrac{2\gamma}{\gamma + 1}Ma_\mathrm{t}^2 - \dfrac{\gamma - 1}{\gamma + 1}\right)^{\frac{1}{\gamma - 1}}} \tag{3.10}$$

将此时 p_4/p_0 值记作 π_cr，在来流攻角为 0°时，高超声速进气道不起动临界压比与来流马赫数的关系如图 3.3 所示。从图 3.3 中可以看出，高超声速进气道不起动临界压比随来流马赫数增加而增加，即进气道抗反压能力随来流马赫数增加而增强。在来流马赫数为 5、来流攻角为 0°时，高超声速进气道不起动临界压比为 182.5。

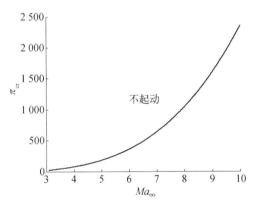

图 3.3　高超声速进气道不起动临界压比与来流马赫数($\alpha = 0°$)

3.3　亚额定工况下高超声速进气道不起动数值模拟

3.3.1　无黏数值模拟

利用无黏定常数值模拟来求解高超声速进气道不起动临界马赫数、来流攻角。在来流攻角为 0°时，逐渐减小来流马赫数，发现进气道在 $Ma_0 = 3.15$ 时处于起动状态,在 $Ma_0 = 3.1$ 时转变为不起动状态,如图 3.4 所示。在 $Ma_0 = 5$ 时,逐渐增加来流攻角,发现进气道在 $\alpha = 17°$ 时处于起动状态,在 $\alpha = 17.5°$ 时转变为不起动状态,如图 3.5 所示。对比无黏数值模拟结果与无黏理论分析结果,二者吻合很好。

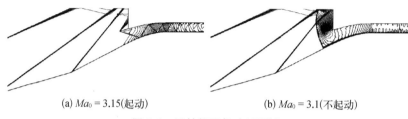

(a) $Ma_0 = 3.15$(起动)   (b) $Ma_0 = 3.1$(不起动)

图 3.4   马赫数不起动(无黏)

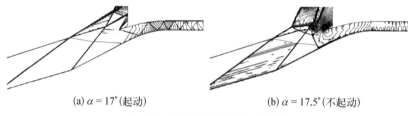

(a) $\alpha = 17°$(起动)   (b) $\alpha = 17.5°$(不起动)

图 3.5   来流攻角不起动(无黏)

利用无黏定常数值模拟来求解高超声速进气道不起动临界压比。在 $Ma_0 = 5$、来流攻角为 $0°$ 时,逐渐增加进气道出口反压,发现进气道在 $p_b = 180p_0$ 时处于起动状态,在 $p_b = 185p_0$ 时转变为不起动状态,如图 3.6 所示。对比无黏数值模拟结果与无黏理论分析结果,二者吻合很好。

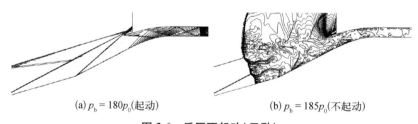

(a) $p_b = 180p_0$(起动)   (b) $p_b = 185p_0$(不起动)

图 3.6   反压不起动(无黏)

3.3.2   有黏数值模拟

实际进气道流动是有黏的,黏性效应对进气道特性会产生较大影响,本节利用有黏定常数值模拟来求解高超声速进气道不起动临界马赫数、来流攻角、压比。在来流攻角为 0°时,逐渐减小来流马赫数,发现进气道在 $Ma_0 = 3.8$ 时处于起动状态,在 $Ma_0 = 3.75$ 时转变为不起动状态,如图 3.7 所示。在来流马赫数为 5 时,逐渐增加来流攻角,发现进气道在 $\alpha = 11°$ 时处于起动状态,在 $\alpha = 11.5°$ 时转变为不起动状态,如图 3.8 所示。在来流马赫数为 5、来流攻角为 0°时,逐渐增加进气道出口反压,发现进气道在 $p_b = 125p_0$ 时处于起动状态,在 $p_b = 130p_0$ 时转变为不起动状态,如图 3.9 所示。对比有黏数值模拟结果与无黏理论分析结果,发现二者差别较大。

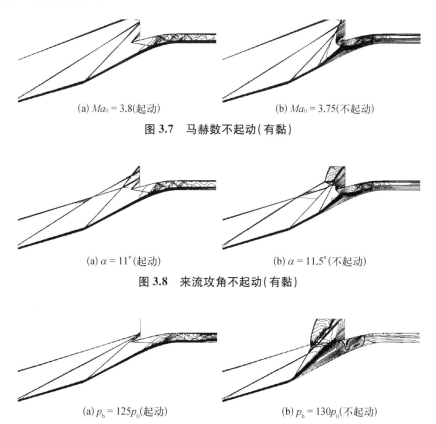

(a) $Ma_0 = 3.8$(起动)　　　　　　(b) $Ma_0 = 3.75$(不起动)

图 3.7　马赫数不起动(有黏)

(a) $\alpha = 11°$(起动)　　　　　　(b) $\alpha = 11.5°$(不起动)

图 3.8　来流攻角不起动(有黏)

(a) $p_b = 125p_0$(起动)　　　　　　(b) $p_b = 130p_0$(不起动)

图 3.9　反压不起动(有黏)

通过观察数值模拟流场结构可以发现,无黏流动下,高超声速进气道不起动时入口前有一道弓形激波,这与无黏理论分析所假设的流场结构相同,因此,无黏数值模拟结果与无黏理论分析结果吻合很好。而有黏流动下,在壁面附近出现边界层,唇口激波/边界层干扰引发边界层分离,高超声速进气道入口前出现一道分离诱导斜激波而不是弓形激波。大面积分离包使得进气道内通道流通能力减弱,需要通过溢流来缓解进气道入口流量与进气道内通道最大流通流量之间的矛盾,这导致进气道不起动提早发生。

3.4　亚额定工况下高超声速进气道反压不起动实验研究

3.4.1　地面实验系统

1. 实验模型

实验模型采用的是一个完整的高超声速飞行器,其示意图如图 3.10 所示。飞行器和发动机采用一体化设计,超燃冲压发动机位于飞行器下部,包括混压式的高超声速进气道、等截面的隔离段、突扩式的燃烧室和尾喷管。高超声速进气道的设计马赫数和起动马赫数分别为 7.0 和 4.0。飞行器前体的三道压缩斜面,与来流的角度分别为 4°、11° 和 14°,长度分别为 150.9 mm、136.3 mm 和 103.1 mm,实现了进气道对来流的外部压缩。进气道入口宽度为 126.8 mm,因此进气道最大捕获面积为 84.4×126.8 mm^2。气流在风罩内部拐角为 13°。进气道总压缩比为5.0,其中内部压缩比为 1.8。进气道喉道后面紧接着是一个等横截面积的隔离段,其尺寸为: 长 117 mm、高 17 mm。隔离段下游是一个简单的突扩式燃烧室,长 95 mm、高 20 mm,紧接着是一个与飞行器机体集成的尾喷管。

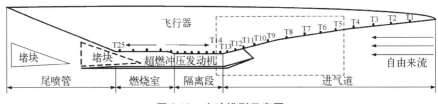

图 3.10　实验模型示意图

不起动的诱导因素很多,进气道反压(即燃烧室压力)过高是最重要的因素。在实验中,为了模拟燃烧室压力的变化,在尾喷管下游放置了一个伺服电机驱动的堵块,它能在来流方向上水平移动。堵块移动到尾喷管内时,会对燃烧室出口流量造成堵塞,致使燃烧室内气流量增多,燃烧室内压力升高。燃烧室的压力与堵塞程度有关,所以燃烧室压力变化可以用堵块的堵塞程度表征,因此根据堵塞面积定义节流比 TR,即

$$\mathrm{TR} = (1 - A_{\mathrm{plug}} / A_{\mathrm{combustor}}) \times 100\% \tag{3.11}$$

其中,A_{plug} 表示堵块在燃烧室出口截面上的横截面积;$A_{combustor}$ 表示燃烧室的横截面积。

堵块能够将燃烧室出口完全堵死,所以在实验测试过程中,节流比 TR 可以从 0%(完全打开)到 100%(完全关闭)连续变化。并且,节流比的变化速率也可以通过调节伺服电机的转速来改变。

整个飞行器的实验是在高超声速风洞里进行的,该高超声速风洞运行方式为下吹式,其有效运行时间超过 2 min。风洞实验段上游是一个可更换的拉伐尔喷管,其出口直径为 500 mm,通过更换喷管能够为实验段提供较大的马赫数范围:4.0~8.0。

2. 采集系统

飞行器模型内部是空心的,里面安装了压力传感器。为了监测进气道的不稳定流型,在压缩斜面和内流通道(隔离段和燃烧室)的中心线上放置了 25 个压力测点小孔,小孔直径 2.5 mm。压力测点与快速响应压力传感器(传感器的自然响应频率为 50 kHz)通过很短的金属管连接。这 25 个传感器从上游向下游方向依次命名为 T1~T25,其具体位置如图 3.10 所示,所有压力传感器的测量范围都是 0~300 kPa。这些传感器在使用前都已经过校准,其中温漂误差低于0.05% F·S/℃,非线性误差为±0.1% F·S,重复性误差为±0.1% F·S,综合误差为±1% F·S。值得提出的是,传感器内部及金属管有一定的容积,削弱了传感器的实际响应频率。对于本次实验,这个容积很小(小于 10 mm³),所以压力测试系统的奈奎斯特频率大于 1 kHz。根据目前报道的振荡结果,喘振的主频低于300 Hz。因此,这个压力系统满足测试需要。传感器的输出信号是一个电压信号,电压值在 0~100 mV。这些信号分别通过一个直流放大器,然后通过一个低通滤波器,滤波器低通频率为 10 kHz。压力传感器的数据采样频率为 5 kHz,这个频率远远高于目前已报道的喘振频率。

同时,为了记录流场结构的变化,实验中使用了纹影技术。高速摄像机拍摄过程中设定为 2 000 帧每秒,实验过程中,高速摄像机拍摄的纹影图片存储在计算机中,其存储量有限。为了确保纹影仪能在整个工作流程中使用,在实验中采用较小的纹影窗口(如图 3.10 中所示的虚线框),来记录进气道入口处激波系的变化情况。

3. 实验过程及结果

为了研究高超声速进气道的不起动特性,一共在来流马赫数分别为 4.5、5.0和 6.0 三种来流条件下进行了六次实验。实验中堵块的移动采用了间断移动和连续移动两种方式,每次实验具体的移动规律是不同的。三种来流条件的具体参数及堵块的移动方式见表 3.1。

表 3.1 高超声速风洞来流参数及堵块移动方式

实　验	来流马赫数	来流总温/K	来流总压/MPa	堵块移动方式
1	4.5	350	1.0	连续移动
2	4.5	350	1.0	间断移动
3	5.0	450	1.5	间断移动
4	5.0	450	1.5	间断移动
5	6.0	600	3.0	连续移动
6	6.0	600	3.0	间断移动

　　每次实验,堵块先位于其最下游的位置,此时堵块对流场没有影响,以保证进气道能正常起动。当流场建立以后,堵块从最下游的位置开始向上游移动,对应节流比由 0 变化到 90%,然后再以相同的方式向下游移动,对应的节流比从 90%变化到 0。

　　图 3.11 给出了六次实验中传感器 T25 压力信号及相应节流比 TR 的变化情况,从图中可以看出六次实验结果类似,只是节流比 TR 的变化规律不同,所以压力变化情况不同,具体的节流比变化规律见表 3.2。这里以实验 1 和实验 2 分

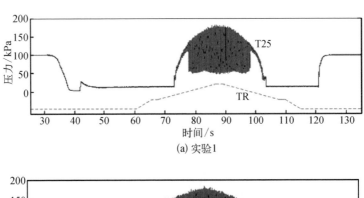

(a) 实验1

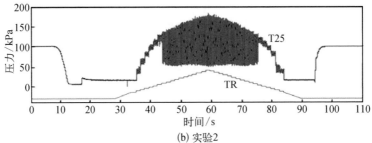

(b) 实验2

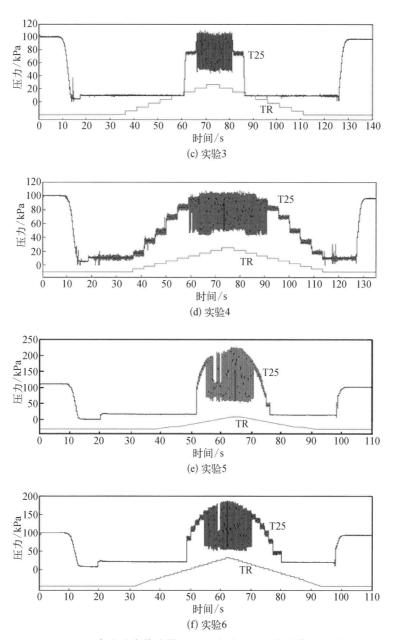

(c) 实验3

(d) 实验4

(e) 实验5

(f) 实验6

图 3.11　六次实验中传感器 T25 压力信号及相应的节流比变化

别作为连续移动和间断移动的典型例子,对实验结果和实验过程进行简单的说明。由于传感器 T25 位于燃烧室出口,反压一旦发生变化,T25 压力信号就能感受到,下面以 T25 压力信号来说明实验过程及实验结果。

表 3.2　节流比的变化规律

实　验	节　流　比　变　化
1、5	0→53.5%→90%→53.5%→0
2、6	0→61.4%→63.0%→⋯→85.2%→88.4%→87.6%→86.0%→⋯→ 63.8%→62.2%→0
3	0→36.0%→45.6%→65.1%→64.6%→74.1%→83.7%→90%→83.7%→ 74.1%→64.6%→65.1%→45.6%→36.0%→0
4	0→68.7%→71.0%→73.3%→75.7%→78.1%→80.5%→82.8%→ 90%→82.8%→80.5%→78.1%→75.7%→73.3%→71.0%→68.7%→0

如图 3.11(a)所示,风洞起动以前(33 s 以前),T25 压力约为一个大气压。然后风洞开始供给高压气体,T25 压力开始下降,这是超声速气流的引射作用导致的。在 $t=42$ s 左右时,T25 压力开始维持一个稳定值,高超声速风洞完成起动过程。因为堵块初始位置离燃烧室出口很远,所以堵块先开始快速向上游移动,当 $t=60$ s 时,堵块前端进入燃烧室,综合表 3.2 可知,节流比增大到 53.5%。然后堵块再慢速向上游移动,直至节流比为 90%,停止大约 1 s,之后,堵块按相同的移动规律向下游移动。实验 1 中,根据 T25 压力变化情况可以看到,当节流比 TR 大于 64.1%时,T25 压力突然升高并开始持续增加,这表明此时堵块才开始对燃烧室气流造成影响,燃烧室内形成了激波串。随着节流比继续增大,燃烧室内压力升高,导致激波串不断向上游移动。当节流比大约为 72.2%时,T25 压力出现了大幅度的强烈振荡,说明此时不起动发生。在堵块向下游移动过程中,节流比大约为 70.7%时,压力大幅振荡现象结束,说明进气道实现了再起动。T25 压力随节流比减小逐渐降低,并在 TR=63.1%时,压力恢复最初状态,说明堵块对燃烧室流场的影响消失。在 $t=121$ s 时,T25 压力开始升高到大气压力,这是风洞停止运行的表征。

对于堵块间断移动的实验 2,T25 压力信号如图 3.11(b)所示。风洞的起动和停止过程与实验 1 相同,不同之处只是堵块从 TR=61.4%以后不是连续移动,而是移动到预定的位置后停 1 s(实验 3 和实验 4)或者 0.5 s(实验 2 和实验 6),然后又快速移动到下一个指定位置。随着堵块的台阶式移动,T25 压力也呈现出台阶式的升高或降低。当 TR 从 61.4%变化到 63.0%时,T25 压力开始升高,说明在此节流比下,堵块对燃烧室流场造成影响,燃烧室内形成激波串。同样,当 TR 从 72.5%变化到 74.1%时,T25 压力出现大幅振荡,表明不起动现象的出现。

3.4.2 进气道起动流场特性分析

为了确认测试的高超声速进气道模型能够自起动,十分有必要分析进气道起动流场结构。另外,进气道起动流场结构与不起动流场结构的比较对进气道不起动的分析也是很有帮助的。图 3.12(a)给出的纹影图展示了进气道起动时在其入口外部形成的斜激波系,从图中可以看到,在压缩斜面上形成了三道压缩激波系。第一道激波系(纹影图中"Ⅰ")包含几道微弱的斜激波,这几道斜激波是飞行器头部宽度逐渐增加造成的。为了更好地理解激波系结构,图 3.12(b)给出了整个外压缩激波系的示意图,被虚线包围的区域是纹影的拍摄区。

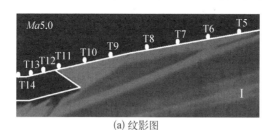

(a) 纹影图

(b) 外压缩激波系示意图

图 3.12 $Ma = 5.0$ 时外压缩激波系纹影图及其示意图

由于来流马赫数低于设计马赫数,外部斜激波没有相交到进气道唇口。图 3.13 中分别为来流 $Ma = 4.5$ 和 $Ma = 6.0$ 的纹影结果。从三个来流条件的纹影图对比可以发现,随着来流马赫数增大,斜激波偏转角减小,逐渐向唇口靠近,进气道溢流量也因此减小。

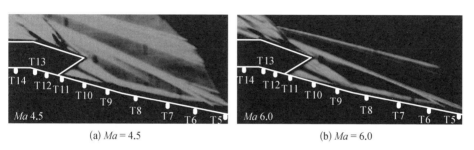

(a) $Ma = 4.5$ (b) $Ma = 6.0$

图 3.13 不同来流马赫数时的外压缩激波系纹影图

需要说明的是,纹影图中的激波和附面层都很厚,并且很难辨认进气道入口处的激波和超声速流特征,一个最有可能的原因是高速摄像机的分辨率较低(为了减小摄像机的存储量)。从纹影图中,无法得到内流通道的流场特性,因为进气道起动状态下,激波串随反压变化在不断移动,其运动特征是超燃冲压发动机起动过程最主要的流动特征,所以本节重点根据压力信号分析激波串特性。

1. 激波串的运动特性分析

超燃冲压发动机隔离段的主要作用是依靠激波串的变化匹配进气道出口和燃烧室入口的压力,因此激波串是隔离段内最主要的流动特征。图 3.14 给出了来流 $Ma = 4.5$ 时不同节流比下的压力分布情况。当节流比 TR 为 0、64.6%、66.2%、67.8%、69.4%、70.9% 和 72.5% 时,高超声速进气道内的传感器 T1~T12 的时均值压力分布重合。传感器 T1~T12 的压力分布受压缩激波系的影响,例如,在传感器 T5、T9 和 T12 处出现上升,分别表示第二道、第三道外部激波和唇罩诱导激波。值得注意的是,唇罩诱导激波的存在表明气流在入口处是超声速的,说明进气道正常起动。

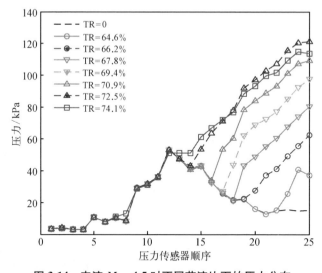

图 3.14　来流 $Ma = 4.5$ 时不同节流比下的压力分布

然而,不同节流比下内流通道的压力分布却不同。当出口完全打开(TR = 0)时,传感器 T15~T25 的压力分布很平坦。直到 TR 增加到 64.6% 时,反压才开始升高,说明内流通道内形成激波串。与 TR = 0 的压力分布相比,其余压力分布存在压力突然升高的点,这些点就是激波串的前缘位置。随着节流比从 66.2%

增大到 72.5%,激波串的前缘位置不断向上游移动。基于这些压力测量值,可以得出结论,当节流比从 0 变化到 72.5% 时,进气道都是工作在起动状态。当节流比增大到 74.1% 时,传感器 T1~T12 的压力分布与 TR 低于 72.5% 的压力分布不同。由于压力分布不能体现出强烈的振荡,图 3.14 中所示的不起动压力分布和起动压力分布相差很小。

图 3.15 给出的是来流马赫数分别为 5.0 和 6.0 的压力分布情况,结果和图 3.14 所示的类似。在完全起动状态下,即没有节流的情况下,压力分布在压缩

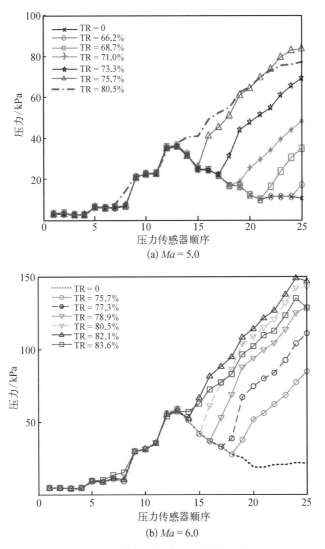

图 3.15　不同马赫数起动时的压力分布

面,有两次压缩斜激波导致的压升和一次唇罩激波导致的压升。在内流通道,压力分布非常平坦。值得注意的是,在不同马赫数下,产生激波串和出现不起动的节流比并不相同,其具体数值列在表 3.3 中。由于实验中节流比是一步一步增大的,表 3.3 中的数据并不是十分准确,但不影响定性分析。可以看到,在来流 $Ma=6.0$ 条件下,节流比大于 75.7% 时才对发动机流场造成影响,而这个节流比对于来流 $Ma=4.5$ 的条件已经造成不起动了,可见来流条件对激波的运动的影响还是比较大的。

表 3.3   不同马赫数下产生激波串和出现不起动的节流比变化规律

Ma	产生激波串的节流比/%	不起动节流比/%
4.5	64.6	74.1
5.0	66.2	80.5
6.0	75.7	83.6

根据三个来流条件下的压力分布对比分析,可以得出激波串在隔离段内移动规律的特性。激波串在隔离段内的作用就是匹配进气道出口和燃烧室入口的压力,因此激波串的形成及激波串的移动都取决于隔离段上下游的压力差。在没有激波串的情况下,来流经过斜面压缩激波系、唇罩诱导激波及其在隔离段内的反射激波系的压缩,隔离段出口压力较高。随着来流马赫数的增大,压缩激波系增强,经过压缩激波系达到的压力也增大,因此对于高马赫数的来流,需要更大的节流比才能使得反压增大至与隔离段出口压力相同。随着节流比的进一步增大,因为反压已经超过来流经过压缩激波系后的压力值,所以在隔离段内将形成激波串。因为上下游的压差较小,所以刚开始激波串很短,只包含一道斜激波。随着节流比的继续增大,激波串为了匹配更高的压差,激波串长度不断增大,激波串内包含了更多的斜激波,观察到的现象就是激波串不断向上游移动。由于隔离段的长度有限,激波串不可能无限增长,当激波串移动到进气道喉道时,会使下壁面的附面层分离,进而引发不起动。因此,在激波串移动规律中,起决定作用的是隔离段上下游的压差,而来流马赫数起到下推的作用,反压起到上推的作用。

2. 激波串振荡特性分析

激波串未影响到压力信号时,压力非常稳定,而激波串出现时,压力振荡强度增强。到目前为止,激波串振荡的原因还没有完全确定,较多学者指出可能的原因有来流的扰动[40]、压力从亚声速区向上游传播的扰动[41,42]、激波根部分离包的不稳定运动[43]。为此,本节的目的是分析激波串的振荡特性。

现在以实验 2 的结果进行分析。为了与激波串的振荡特性做对比,首先给出实验 2 中稳定状态的频谱分析结果,如图 3.16 所示。结果表明,稳定状态下存在一个明显的峰值,其频率为9.156 Hz。这不是稳定流场的振荡特征,而是本次实验中的噪声。当节流比 TR = 72.5% 时,激波串前缘位置已经运动到隔离段入口附近 T14 的位置,所以整个内流通道的压力测点都受到激波串的影响。图 3.17 给出了节流比为 72.5% 时不同传感器的频谱分

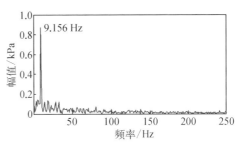

图 3.16　实验 2 中稳定状态时的频谱分析结果

析结果。从图 3.17 中可以看到,所有传感器的压力信号均存在三个主要的振荡频率,分别为 9.156 Hz、37.49 Hz 和 56.66 Hz,其中 9.156 Hz 是噪声的主频,这说明激波串的出现使得内流通道同时振荡。对传感器 T20 在节流比分别为 67.8%、69.4%、70.9% 和 72.5% 的压力信号进行频谱分析,结果表明,激波串随节流比增大而不断向上游移动的过程对激波串自身的振荡频率并没有影响。

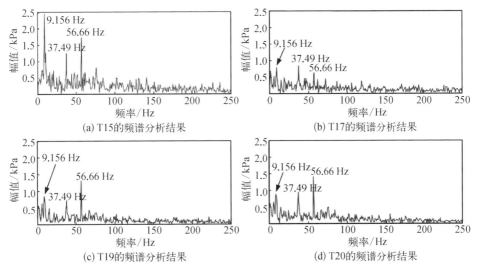

(a) T15的频谱分析结果　　　　　　　　(b) T17的频谱分析结果

(c) T19的频谱分析结果　　　　　　　　(d) T20的频谱分析结果

图 3.17　实验 2 中节流比为 72.5% 时不同传感器的频谱分析结果

然而,只有实验 2 的结果表明激波串振荡存在主频的现象,其余的所有实验结果中激波串的振荡都没有表现出明显的振荡频率。

图 3.18 给出了实验 6 中节流比 TR 为 82.1%时不同传感器的频谱分析结果。实验 6 和实验 2 是在同一天进行的,所以采集到的所有压力信号均含有主频为 9.156 Hz 的干扰信号。从图 3.18 中可以看到,除了噪声的主频,激波串的振荡并没有一个明显的主频。同样,对传感器 T20 在不同节流比下的频谱分析结果表明,随着激波串向上游移动,其振荡特性并没有出现明显的变化特征。

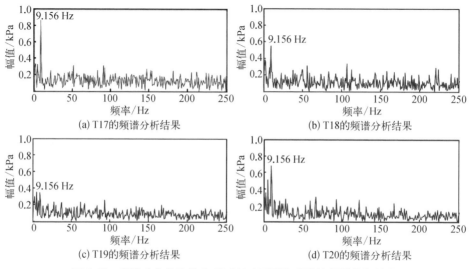

(a) T17的频谱分析结果　(b) T18的频谱分析结果
(c) T19的频谱分析结果　(d) T20的频谱分析结果

图 3.18　实验 6 中节流比为 82.1%时不同传感器的频谱分析结果

前面对激波串的振荡特性进行了频谱分析,根据快速傅里叶变换(fast Fourier transform,FFT)频谱分析的结果,由于没有明显的主频,激波串的能量分散在一个较大的频带内,无法对激波串的强度进行比较。为此,我们计算了不同来流条件下激波串的标准方差,具体数值列在表 3.4 中,表中所有数据为用稳定流场的标准方差值归一化后的结果。实验 2 和实验 6 中,传感器 T20 经历了 4 个不同节流比的激波串,而实验 4 只经历了 3 个节流比下的激波串,所以表 3.4 中实验 4 只有 3 个结果。从归一化后的标准方差值不难看出,随着来流马赫数增大,激波串的标准方差值也随之增大。所有状态中,激波串 1 是最能表示激波串振荡强度的,因为此时激波串前缘位置在传感器 T20 附近,附面层影响作用较小。

表 3.4 不同马赫数下激波串在不同节流比时的标准方差值

激波串状态	激波串 1	激波串 2	激波串 3	激波串 4
实验 2($Ma=4.5$)	5.004	7.227	4.544	9.394
实验 4($Ma=5.0$)	23.204	6.176	12.814	—
实验 6($Ma=6.0$)	44.080	13.914	14.535	20.628

综上所述,本节对激波串的振荡特性进行了详细的讨论。对于大多数实验,频谱分析结果表明激波串的振荡没有主频,不具有明显的周期性。其中一次实验结果表明激波串存在明显的主频,且频率较低,为几十赫兹。

3.4.3 典型的进气道不起动流场特性分析

所有实验结果表明,当反压增大到一定程度时,进气道会出现不起动现象。在不起动状态时,外压缩激波系周期性地被推出和吞入进气道,导致内流场出现强烈的振荡现象。本节重点针对不起动这种强烈的振荡现象进行特性分析。

1. 不起动过程分析

图 3.19 给出了实验 4 中传感器 T8、T14 和 T25 的压力信号在 64~64.05 s 的变化情况,图 3.20 给出了喘振过程中不同时刻的纹影图。从图 3.19 中可以看到,T14 和 T25 的压力振荡相位相同,而与 T8 的振荡相位大约相差 $180°$。

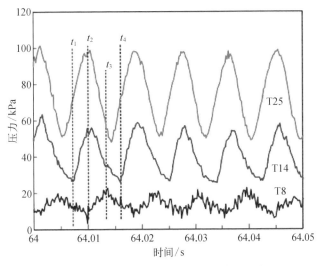

图 3.19 实验 4 中几个典型传感器的压力信号

　　为了分析喘振流场的变化过程,根据记录的纹影,以外压缩激波系恢复时刻作为一个喘振周期的开始时刻 t_1,将一次振荡周期分成三个阶段,根据三个阶段的特征分别定义为:气流填充阶段、激波系推出阶段和激波系恢复阶段,喘振过程中不同时刻的纹影图如图 3.20 所示。

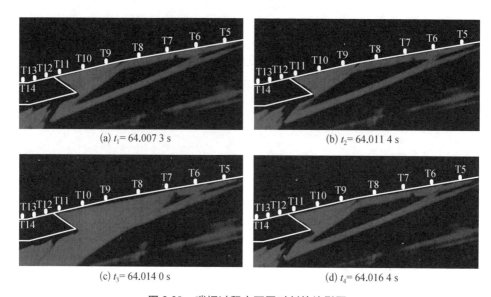

(a) $t_1 = 64.007\ 3$ s　　　　　　　　　　(b) $t_2 = 64.011\ 4$ s

(c) $t_3 = 64.014\ 0$ s　　　　　　　　　　(d) $t_4 = 64.016\ 4$ s

图 3.20　喘振过程中不同时刻的纹影图

　　(1) 气流填充阶段(64.007 3~64.011 4 s)。这个阶段持续的时间最长,大约为 4.1 ms。在这个阶段中,外压缩激波系位于唇罩唇口上,进气道的捕获流量不变,而排气流量减小,使得流量不平衡,于是气流开始在燃烧室和隔离段内累积,燃烧室内压力逐渐升高。图 3.21(a) 中分别给出了 t_1 和 t_2 时刻的压力分布,可以看到,两个时刻的压力分布在进气道入口上游部分与完全起动状态重合,并且激波串的前缘在进气道喉道附近。接着,反压的增大迫使激波串逐渐向上游移动,在 t_2 时刻,激波串前缘位置已经到达进气道喉道上游 T13 处。

　　(2) 激波系推出阶段(64.011 4~64.014 0 s)。这个阶段压力变化非常明显,图 3.21(b) 给出了 t_2 和 t_3 时刻的压力分布。激波串被快速地推出隔离段,外部压缩激波系也被推向上游移动。由于进气道入口型线是渐缩的,逆流的激波串经过入口处被加速,激波串被完全推出隔离段仅用了 2.5 ms。外激波系向上游移动,发生溢流,进气道的捕获流量减小,并且隔离段逆流带走了一部分气流量,所以整个内流通道流量不平衡,使得隔离段和燃烧室内的压力迅速降低。

（3）激波系恢复阶段（64.014 0~64.016 4 s）。这个阶段持续的时间和激波系被推出隔离段阶段相当，大约为 2.5 ms。根据图 3.21（c）的压力分布可以看到，因为激波系移动到最上游的位置时，燃烧室内出现了低压区，所以激波系开始向下游移动，外压缩激波系恢复，并且逆流消失，燃烧室和隔离段内的压力也开始升高。

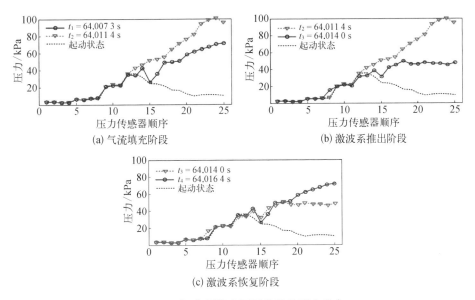

图 3.21 振荡周期中不同阶段的压力分布

2. 不起动振荡特性分析

进气道工作在不起动状态时，不起动的振荡特性与来流和反压有关，下面对不起动的振荡特性进行分析。

图 3.22 给出了实验 4 在不起动状态时的频谱分析结果，从图中可以看到，随着节流比增大，振荡频率也随之增大。节流比从 80.5% 增大到 82.8%，振荡频率增大了 55 Hz 左右，但节流比从 82.8% 增大到 90%，振荡频率仅增大了 13 Hz 左右。可见，节流在刚开始阶段对振荡频率的影响特别大，当节流比趋近 90% 时，影响程度逐渐减小。

对不同节流比下的喘振周期按照前面的划分方法，仍然将喘振周期分为：气流填充阶段、激波系推出阶段和激波系恢复阶段。不同节流比下各阶段占用的时间见表 3.5，从表中可以发现，随着节流比的增大，气流填充阶段所占用的时间越来越少，然而激波系推出和激波系恢复两个阶段占用的时间没有变化，所以

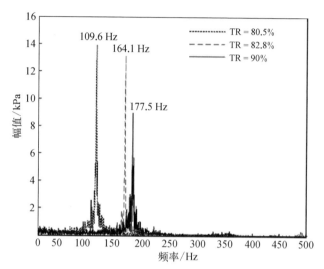

图 3.22　实验 4 中不起动状态的频谱分析

完成一个周期的时间减少,振荡频率增大。值得说明的是,激波系推出阶段和激波系恢复阶段消耗的时间完全是由纹影确定的,误差为±0.5 ms。

表 3.5　不同节流比下喘振周期中不同阶段占用的时间

节流比 TR/%	时间/ms		
	气流填充阶段	激波系推出阶段	激波系恢复阶段
80.5	4.1	2.5	2.5
82.8	1.1	2.5	2.5
90	0.6	2.5	2.5

　　不同马赫数下,不起动喘振的振荡频率也有所不同。实验 2 和实验 6 中,节流比的变化规律相同,以这两次实验结果比较分析来流马赫数对喘振特性的影响。表 3.6 给出了实验 2 和实验 6 中几个相同节流比下的振荡频率,从表中可以看出,马赫数越大,振荡频率越低,但随着节流比增大,不同马赫数下的振荡频率差值随之减小。从图 3.20 可以发现,激波系推出阶段和激波系恢复阶段占用的时间仍然为 2.5 ms 和 2.0 ms 左右,与马赫数无关。而气流填充阶段占用的时间随马赫数增大而增长,这是因为来流对激波串具有下推作用,所以气流需要填充得更多,以使反压增加得更大,激波串才会向上游移动。

表 3.6　相同节流比下的振荡频率

节流比 TR/%	振荡频率（$Ma=4.5$）/Hz	振荡频率（$Ma=6.0$）/Hz
82.6	164	88
83.7	172	111
86.8	175	158
88.4	176	168

由于激波系推出阶段和激波系恢复阶段占用的时间基本不变,大约为 5.0 ms,来流马赫数和反压改变的是气流填充占用的时间,而填充时间至少为 0.6 ms 左右,所以进气道喘振的极限频率大约为 180 Hz。因此,当喘振的振荡频率接近 180 Hz 时,其随马赫数和节流比的变化极小。

3.4.4　特殊的进气道不起动流场特性分析

1. 混合不起动模式

实验 4 中,当节流比 TR 设置为 88.1% 时,高超声速进气道工作在不起动状态。几个典型传感器的压力信号如图 3.23(a)所示,内流通道中的压力传感器 T14~T25 压力振荡比较强烈,压缩斜面上不起动激波根部扫过 T8,所以其振荡也比较强烈。振荡的外压缩激波系并没有影响到 T6,而 T10 位于入口分离包处,所以振荡也比较弱。T14 和 T25 的压力信号尽管振荡强烈,但并不具有明显的周期性。

为了研究流场的振荡特性,在较小时间段 Δt 内的压力信号被放大,如

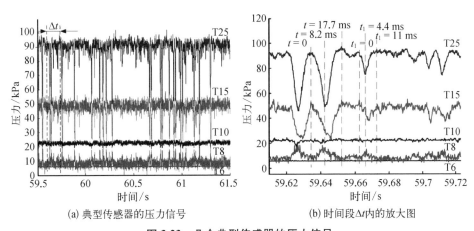

(a) 典型传感器的压力信号　　　　　(b) 时间段 Δt 内的放大图

图 3.23　几个典型传感器的压力信号

图3.23(b)所示。当外部激波系向上游移动时,管道内的压力因为溢流量增加而减小,但 T8 的压力因为诱导激波向上游移动而增大,反之亦然。因此,T8 的压力变化和内流通道的压力变化情况相反。

在 Δt 时间段内,从实验结果可以看到两个连续的强烈振荡周期和三个微弱振荡周期,强振荡周期内几个时刻的纹影图如图3.24所示。在 $t = 0 \sim 8.2$ ms 期间,外部压缩激波系向上游移动,在 $t = 8.2 \sim 17.7$ ms 期间,外部压缩激波系向下游移动。在大约 8.2 ms 时,外部激波系到达它的最上游位置(接近传感器 T7 的位置),产生大量的溢流。在 $t = 0 \sim 17.7$ ms 期间,诱导激波周期性地扫过传感器 T8。而传感器 T9、T10 和 T11 位于第三道斜激波的下游,外部压缩激波系不能周期性地扫过这些传感器,压力测量值相对稳定。

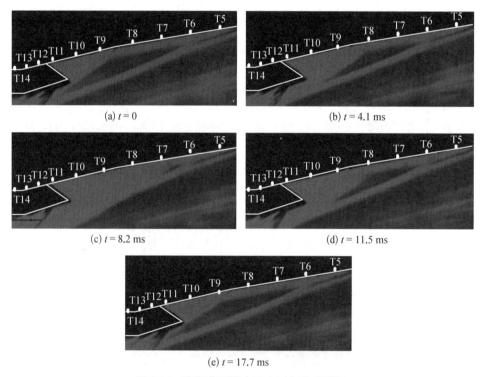

(a) $t = 0$

(b) $t = 4.1$ ms

(c) $t = 8.2$ ms

(d) $t = 11.5$ ms

(e) $t = 17.7$ ms

图3.24 强振荡周期内几个时刻的纹影图

类似地,对一个微弱振荡周期进行分析,相应的纹影图如图3.25所示。外部压缩激波系在 $t_1 = 0 \sim 4.4$ ms 期间向上游移动,在 $t_1 = 4.4 \sim 11.0$ ms 期间向下游移动。在这个微弱的振荡周期内,激波系推出和吞入总共花费的时间将近 11 ms,这个时间比强振荡周期要短。

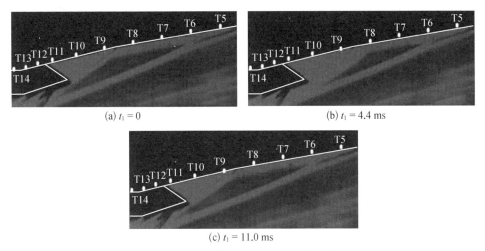

(a) $t_1 = 0$　　　　　　　　　(b) $t_1 = 4.4$ ms

(c) $t_1 = 11.0$ ms

图 3.25　微弱振荡周期内几个时刻的纹影图

经过前面的讨论可以发现,当节流比 TR = 88.1%时,进气道的内外流场振荡,但没有明显的周期性,并且存在振荡频率相近而振幅相差较大的两种振荡周期,因此我们将这种模式定义为混合不起动模式。在混合不起动模式下,在一个或者多个强振荡周期后紧跟着出现几个微弱的振荡周期。根据实验数据,混合不起动模式中,强振荡和微弱振荡的出现非常复杂,其数目不可预测。

2. 非振荡强烈模式

实验 4 中,当节流比增大到 87.4%时,进气道就工作在不起动状态。值得注意的是,如图 3.26(a)所示,在一个相当长的时间段 Δt 内,流场保持相对稳定的状态。虽然振荡中出现间断的现象已被 Wagner 等[44]和 Tan 等[45]观察到,但是他们所报道的流场行为与本次的实验结果不同。Wagner 等和 Tan 等所报道的非振荡流场,相应的反压值很高并且很稳定,分离包诱导的斜激波在进气道唇口附近。然而本次实验结果表明,在间断期间,反压降低并且维持较低的值,这个现象不同于所报道的间断现象,我们将这种模式定义为非振荡强烈模式。为了进一步研究这个间断现象,在时间段 Δt 内的压力信号被放大,如图 3.26(b)所示。

在间断期间,T15 和 T25 的压力信号表明,内流通道内的压力保持较低值。虽然 T8 产生轻微的振荡,但其平均值仍然较高,这说明外部压缩激波系有可能在整个间断期间停留在最上游的位置。为了确认这个猜测,图 3.27 展示了某些时刻[图 3.26(b)中标注的时刻]的纹影图。从纹影图中可以看到,当高超声速进气道工作在非振荡强烈模式时,在整个间断期间,外部激波系几乎位于它的最

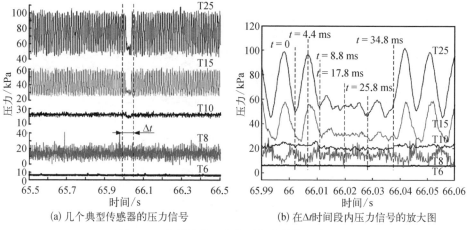

(a) 几个典型传感器的压力信号

(b) 在Δt时间段内压力信号的放大图

图 3.26 大喘阶段几个典型传感器的压力信号

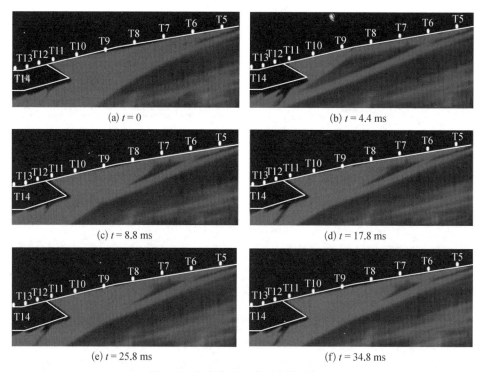

(a) t = 0

(b) t = 4.4 ms

(c) t = 8.8 ms

(d) t = 17.8 ms

(e) t = 25.8 ms

(f) t = 34.8 ms

图 3.27 间断期间几个时刻的纹影图

上游位置,它在最上游处轻微地振荡,分离激波根部的移动距离大约为从 T7 到 T8 距离的一半(14 mm 左右)。T8 压力主要取决于分离包诱导激波的位置,并且 T8 的振荡幅度本来就很小,因此其在间断期间的振荡也还是较强的。而

T15~T25 的压力主要取决于溢流量,激波系在最上游轻微的振荡对溢流影响很小,因此 T15~T25 的压力都很稳定。

在不起动的大喘模式下,气流振荡很强烈并且有一个很明显的周期性。然而,在振荡过程中,间断现象会随机地出现。对于实验 4 的结果,激波系推出和吞入的过程用了 34.8 ms,而一个大喘周期仅用 8.8 ms。值得强调的是,这种间断现象并不是偶然的,在所有的实验中都观察到了这种现象,并且在较高的马赫数下更容易出现。

图 3.28 给出了实验 5 中非振荡强烈不起动模式的压力信号,对于这个实验结果,外部激波系推出和吞入的过程用了大约 151 ms、1 150 ms、265 ms、320 ms 和 380 ms。在实验 4 ($Ma = 5$)中,当节流比为 80.5% 时,只观察到了两次间断,间断时间分别为 34.8 ms 和 26.2 ms。在较高的节流比时,间断时间仍然很短。因此,间断现象在较高的马赫数下更容易出现,并且在大喘阶段才会出现。

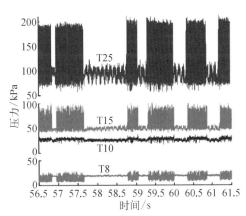

图 **3.28**　实验 **5** 中几个典型传感器的压力信号

3.5　本章小结

本章重点介绍了亚额定工况下高超声速进气道不起动流动模式。

首先基于一维无黏流动理论,分析了高超声速进气道不起动特性,其次结合数值模拟研究发现,无黏流动下,高超声速进气道不起动发生条件与理论分析相符;而有黏流动下,受唇口激波/边界层干扰影响,壁面边界层发生分离导致高超声速进气道不起动提早发生,这使得进气道不起动发生条件变得更难预测。最后介绍了高超声速进气道反压不起动的实验研究,分析了典型的进气道不起动流场特性,发现进气道不起动喘振时,一次振荡周期可分成三个阶段: 气流填充阶段、激波系推出阶段和激波系恢复阶段。不起动的喘振频率随节流比增大而升高,随来流马赫数升高而减小,并且频率的变化主要是因为气流填充阶段所占用时间的变化。另外,研究提出了两种特殊的进气道不起动模式: 一种是混合不起动模式,它混合了强振荡周期和微弱振荡周期,在这种模式下,一个或多个强振荡周期后紧跟着几个微弱振荡周期,强振荡和微弱振荡的精确数目无法预测;另一种模式是非振荡强烈模式,在这种模式下,分离包诱导的斜激波一直处于它最上游的位置,并发生轻微的振荡。

第 4 章
超额定工况下高超声速进气道局部不起动模式

4.1 引言

实际工程应用中,考虑到高超声速进气道在宽马赫数范围内工作,为提高进气道在低马赫数下的流量捕获系数,设计马赫数选取中间值[46],三种典型的进气道工作状况如图 4.1 所示。当来流马赫数大于设计马赫数(即超额定工况)时,外压缩激波系进入进气道内压缩通道,打在唇罩内壁面然后发生反射,如图4.1(c)所示。外压缩激波与唇罩内壁面边界层相互作用,引发边界层分离,当分离包过大时,会堵塞进气道内压缩通道,导致进气道流量捕获系数和气流总压恢复系数下降,使得发动机性能下降。此时,进气道处于不起动状态。我们将超额定工况下的高超声速进气道不起动现象称为局部不起动。

(a) 亚额定工况   (b) 额定工况   (c) 超额定工况

图 4.1 高超声速进气道三种工作状况

目前,关于亚额定工况和额定工况下的高超声速进气道不起动研究已经开展了很多工作,而超额定工况下的高超声速进气道局部不起动现象研究较少。国外学者[47~50]在对轴对称高超声速进气道在非设计工况下流动特性开展数值研究时,最早发现超额定工况下的高超声速进气道局部不起动现象。随后,Mahapatra 和 Jagadeesh[51]在激波风洞实验中,研究不同几何构型进气道起动特性时,也观察到了高超声速进气道局部不起动现象。近几年,国内的一些科研单位也通过实验观察到了高超声速进气道局部不起动现象,此现象引起了研究人员的关注[52~54]。

本章介绍超额定工况下高超声速进气道局部不起动模式流场结构的实验研究和超额定工况下高超声速进气道局部不起动发生特性的无黏及有黏分析。

4.2 超额定工况下高超声速进气道局部不起动模式流场结构

长期以来,对高超声速进气道起动问题的研究都是针对低马赫数,而且高超声速进气道工作马赫数的上限一般到进气道前缘激波封口以前,即进气道前缘激波不会进入进气道内压缩通道唇罩一侧,进气道不会出现超额定工作状态[7~9]。目前对进气道超额定状态的研究主要针对一些弹用超声速进气道,超额定设计能够有效提高进气道流量捕获系数和发动机性能。

进气道流量捕获系数越大,超燃冲压发动机推力性能越好,飞行器的加速性能和机动性能就越好。但是高超声速二元进气道在前缘激波封口以前,随着来流马赫数的下降,流量捕获系数也会大幅下降。所以为了提高进气道流量捕获系数,一种可行的方法是降低进气道前缘激波封口点,但是其带来的问题是进气道需要工作在超额定状态下,即前缘激波进入进气道内压缩通道内,这使得该状态下的进气道流场波系结构较为复杂。

4.2.1 实验装置与测量手段

对一个前缘激波封口点为马赫数 $Ma = 5.5$、来流攻角为 $0°$ 的高超二元进气道进行来流马赫数 $Ma = 7.0$、来流攻角为 $0°$ 的实验,实验几何模型如图 4.2 所示,其中进气道为弯曲激波压缩方式,总收缩比为 6.5,采用能够有效降低进气道内收缩比的前掠侧板。图 4.3 是进气道风洞实验安装图,为提高进气道流量捕获系数并最大程度模拟进气道的二元波系特性,外压缩段两侧加装溢流堵块,堵块位置为进气道在马赫数 $Ma = 7.0$、来流攻角为 $0°$ 时前缘激波的位置。在马赫数 $Ma = 7.0$、来流攻角为 $0°$ 状态下,如图 4.2 所示,进气道前缘激波进入唇口内侧,此时进气道处于超额定工作状态。

实验在高超声速常规风洞进行,实验段尾喷管截面直径 500 mm。风洞在马赫数 $Ma = 7.0$ 下可以连续工作 1 min 以上,来流总压为 5 MPa,总温为 700 K。整个实验模型由进气道模型、出口总压测量段、流量测量段和节流装置四部分组成。

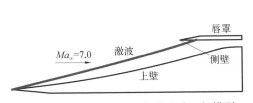

图 4.2　高超声速二元进气道实验几何模型　　　图 4.3　进气道风洞实验安装图

实验中用普通纹影和高速摄影观察进气道唇口位置波系,其中高速摄影频率为 1 500 Hz,大小为 320×280 像素,可以持续拍摄 30 s 以上视频。

4.2.2　局部不起动现象及其讨论

在马赫数 $Ma=7.0$、来流攻角为 0° 状态下,对高超二元进气道进行风洞实验,观测到进气道无法正常起动并进入局部不起动模式。图 4.4 是马赫数 $Ma=7.0$、来流攻角为 0° 时进气道起动过程的高速纹影。在风洞起动正激波运动过程中,图 4.4(a)、图 4.4(b) 和图 4.4(c) 分别给出 93.5 ms、94.1 ms 和 95.5 ms 三个时刻的进气道前缘激波纹影。前缘激波运动过程中形成三波四区的波系结构和随时间变化的趋势,这里采用图 4.5 描述波系结构的位置,图中所示的三波交汇,其中 1 区到 4 区是正激波,1 区到 2 区是前缘激波,2 区到 3 区为进气道内压缩通道,包括侧板形成的堵塞截面产生的反射激波。1 区到 4 区为正激波过程,4 区变成亚声速流动。4 区与 3 区之间形成滑移层,滑移层两侧压力匹配,速度不等,形成剪切层。滑移层与唇口壁面之间的通道内的亚声速流在向前运动的过程中,需要扩张通道匹配其流量。尽管正激波前移时 4 区的亚声速流流量在降低,但是较强的前缘激波与唇口板内侧附面层作用产生的分离区和反射激波与顶板附面层产生的分离区同时壅塞在进气道内压缩段,形成图 4.4(d) 所示的 98.1 ms 时内压缩段无法消失的气动喉道,喉道以后的内压缩段仍然为超声速流动,如图 4.4(d) 所示,隔离段中仍然是斜激波反射,但是进气道侧板两侧存在很大的亚声速溢流,进气道流量捕获系数极低,进气道处于不起动状态。高马赫数下斜激波压升幅度远小于正激波扫过后的压升,所以正激波扫过后在唇口板内侧带来的逆压力梯度远高于当地附面层分离压比极限。在真实飞行条件和超额定状态下,唇口板内侧附面层基本为层流附面层,极高的逆压力梯度和层流附面

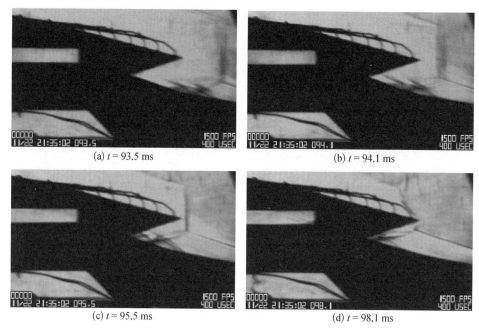

(a) t = 93.5 ms　　　　　　　　　(b) t = 94.1 ms

(c) t = 95.5 ms　　　　　　　　　(d) t = 98.1 ms

图 4.4　风洞起动时进气道前缘激波高速纹影

层作用更加恶化了进气道内压缩段唇口板一侧的流动分离。

　　局部不起动模式下的流场激波结构如图 4.5 所示。尽管飞行器加速过程并不存在正激波扫过的情形,但在高马赫数超额定条件下,当进气道处于亚临界状态时其内压缩段反压很高,压升接近正激波扫过的幅度,即反压导致的亚临界状态首先导致唇口板一侧形成较大的分离区,分离区进一步与前体前缘激波相互作用形成 1 区到 5 区的激波强解甚或正激波,最终导致进气道不起动,而且当反压消失以后进气道仍然无法再起动。

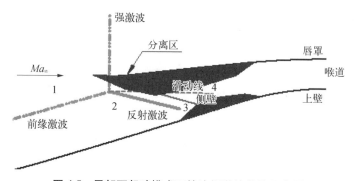

图 4.5　局部不起动模式下的流场激波结构示意图

数值计算可以重现不起动流场图谱,采用 Fluent 软件对流场进行求解,采用 Roe‐FDS 通量格式,控制方程离散选用二阶迎风格式,湍流模型为 k‐e 模型,近壁面处理采用标准壁面函数法。首先计算出一个收敛的通流流场,其次把图 4.6 中点划线的矩形区域参数用来流马赫数的正激波后参数初始化,这样维持了前缘激波的形状和正激波后的亚声速初始计算域,然后使用显式时间推进进行非定常计算,最后流场收敛到如图 4.6 所示的唇口板内侧分离区和顶板分离区同时壅塞的进气道内压缩段的流场形态。从唇口位置到喉道靠近唇口板一侧存在大面积亚声速流动,堵塞了内压缩通道的有效流动区域,致使进气道唇口位置出现正激波“悬挂”现象。

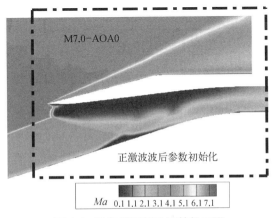

图 4.6　进气道不起动马赫数云图

实验发现在超额定状态下进气道无法起动,通过对高速纹影的分析,主要原因是唇口板内侧激波附面层干扰引起进气道内压缩段靠近唇口板一侧分离严重,壅塞进气道内压缩段,出现声速截面,导致进气道不起动。前掠侧板形式的二元进气道前缘激波随风洞正激波起动的过程中,因为存在侧向溢流,前缘激波形成三波四区的波系结构,在进气道内压缩段唇口板内侧出现强逆压力梯度的亚声速流和一侧为亚声速、另一侧为超声速的滑移层。

4.3　超额定工况下高超声速进气道局部不起动特性无黏分析

4.3.1　膨胀波干扰下的激波反射模式转换

对于无黏流动,当压缩面斜激波打在唇罩内,唇口出现膨胀波,压缩面斜激波首先和唇口膨胀波相交,然后在唇罩内壁面发生反射。激波反射有两种模式:规则反射和马赫反射[55],图4.7所示即压缩面斜激波在唇罩处反射的两种模式。

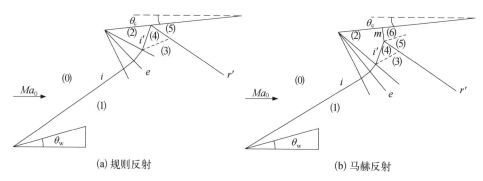

(a) 规则反射   (b) 马赫反射

图 4.7 斜激波反射模式示意图

假设反射激波 r' 的气流偏转角为 θ_5,激波前气流马赫数为 Ma_4,根据分离准则[55],入射激波 i' 在壁面反射由规则反射转变为马赫反射的条件是气流偏转角 θ_5 达到当地气流马赫数 Ma_4 对应的最大偏转角,即 $\theta_5 = \theta_{\max}(Ma_4)$。假设入射激波 i'、反射激波 r'、马赫杆 m 的气流偏转角分别为 θ_4、θ_5、θ_6,根据 von Neumann 准则[55],入射激波 i' 在壁面反射由马赫反射转变为规则反射的条件是 $\theta_4 - \theta_5 = \theta_6 = 0$。

利用斜激波、膨胀波、接触面关系式,可确定压缩面斜激波受唇口膨胀波干扰在唇罩处反射,由规则反射转变为马赫反射的分离准则 θ_{Dw} 和由马赫反射转变为规则反射的 von Neumann 准则 θ_{Nw},如图4.8所示,上面曲线对应分离准则线 θ_{Dw},下面曲线对应 von Neumann 准则线 θ_{Nw}。准则线 θ_{Dw} 和 θ_{Nw} 将 $Ma_0 - \theta_w$ 平面分成三个区域:在 von Neumann 准则线 θ_{Nw} 下方,只存在规则反射;在分离准则线 θ_{Dw} 上方,只存在马赫反射;二者之间的区域,称为双解区,规则反射和马赫反射都可能存在。从

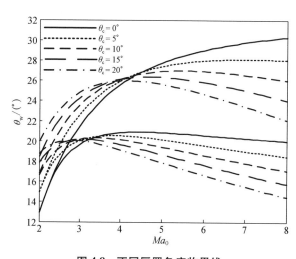

图 4.8 不同唇罩角度临界线

图 4.8 可以看出,固定来流马赫数下,增加压缩面楔角 θ_{w} 或者唇罩角 θ_{c} 都可使激波反射模式由规则反射转变为马赫反射,例如: $Ma_0 = 7$、$\theta_{\mathrm{c}} = 5°$,θ_{w} 从 25°增加至 29°,规则反射会转变为马赫反射;$Ma_0 = 7$、$\theta_{\mathrm{w}} = 25°$,$\theta_{\mathrm{c}}$ 从 5°增加至 15°,规则反射也会转变为马赫反射。

4.3.2　无黏流动下局部不起动发生条件

图 4.9 所示为固定来流马赫数 $Ma_0 = 7$、唇罩角度 $\theta_{\mathrm{c}} = 5°$ 时,增加压缩面楔角 ($\theta_{\mathrm{w}} = 25°$、28°、29°) 的无黏流动数值模拟结果。$\theta_{\mathrm{w}} = 25°$、28°时,压缩面斜激波在唇罩处的反射为规则反射,θ_{w} 增加至 29°,压缩面斜激波在唇罩处的反射转变为

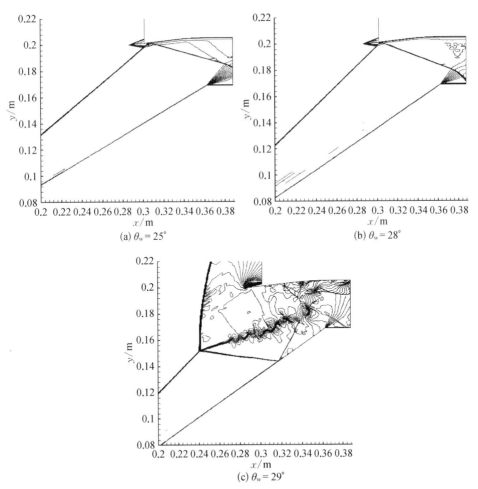

图 4.9　$Ma_0 = 7$, $\theta_{\mathrm{c}} = 5°$, $\theta_{\mathrm{w}} = 25°$、28°和 29°的无黏流动数值模拟结果

马赫反射(最终发展为局部不起动)。而理论上,规则反射转变为马赫反射的临界条件是 $\theta_w = 28.13°$,数值模拟结果与理论分析结果相符。

图 4.10 所示为固定来流马赫数 $Ma_0 = 7$、压缩面楔角 $\theta_w = 25°$ 时,增加唇罩角度($\theta_c = 5°$、$10°$、$15°$)的无黏流动数值模拟结果。$\theta_c = 5°$、$10°$ 时,压缩面斜激波在唇罩处的反射为规则反射,θ_c 增加至 $15°$,压缩面斜激波在唇罩处的反射转变为马赫反射(最终发展为局部不起动)。理论上,规则反射转变为马赫反射的临界条件是 $\theta_c = 15.03°$,数值模拟结果与理论分析结果也是吻合的。

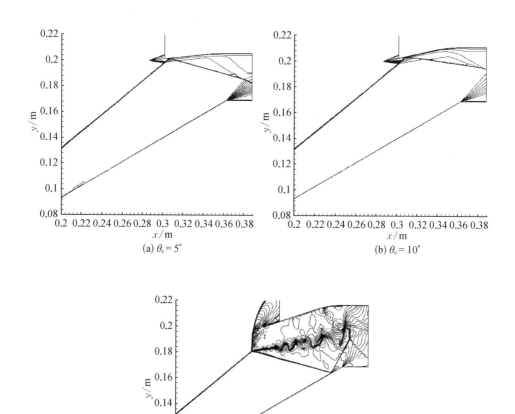

图 4.10　$Ma_0 = 7$，$\theta_w = 25°$，$\theta_c = 5°$、$10°$、$15°$ 的无黏流动数值模拟结果

对于无黏流动,数值模拟结果和理论分析结果均表明,增加压缩面楔角或者唇罩角度,会导致激波反射模式由规则反射转变为马赫反射,由于 Kelvin-Helmholtz 流动的不稳定性,马赫杆向上游传播并在唇罩脱体,最终发展为局部不起动。

4.4　超额定工况下高超声速进气道局部不起动特性有黏分析

4.4.1　非对称激波相互作用下的激波反射模式转换

对于有黏流动,当压缩面斜激波打在唇罩内时,会引起边界层分离,分离诱导激波和压缩面斜激波相交。两道激波是非对称的,二者相互作用会导致两种作用模式:规则反射和马赫反射[55],如图 4.11 所示。

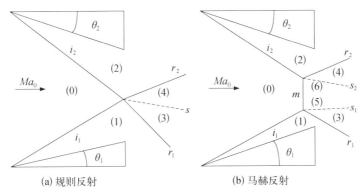

(a) 规则反射　　　　　　　　　　(b) 马赫反射

图 4.11　非对称激波反射示意图

规则反射包含两道入射激波 i_1、i_2,两道反射激波 r_1、r_2 及一道滑移线 s,它们相交于一点。而马赫反射在两道入射激波 i_1、i_2 之间有一道马赫杆 m,马赫杆与两道入射激波及其反射激波的相交点处各有一道滑移线 s_1、s_2。

利用激波极线图[56],可以确定非对称激波相交的作用模式,如图 4.12 所示。

固定来流马赫数 $Ma_0 = 7$,下壁面偏转角 $\theta_1 = 25°$,当上壁面偏转角 $\theta_2 = 35°$时,两个反射激波极线 r_1、r_2 不相交,此时只存在马赫反射。当减小 θ_2 到 32.99°时,r_1、r_2 相切,除了马赫反射,在理论上规则反射也存在,此时对应激波反射转变中的分离准则。当进一步减小 θ_2 到 15.82°,r_1、r_2 相交于一点,此时对应激波反射转变中的 von Neumann 准则。进一步减小 θ_2,r_1 和极线的交点在 r_2 和极线的交点左边,此时马赫反射在物理上是不存在的,即只存在规则反射。从图 4.12 可以

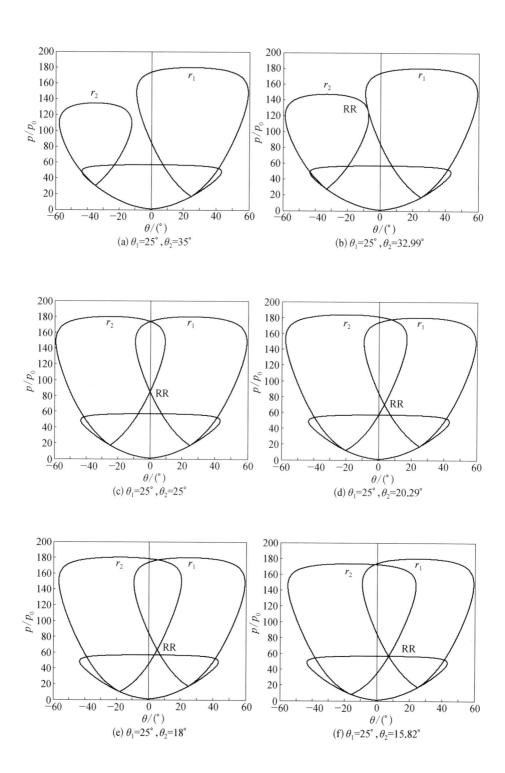

(a) $\theta_1=25°$, $\theta_2=35°$

(b) $\theta_1=25°$, $\theta_2=32.99°$

(c) $\theta_1=25°$, $\theta_2=25°$

(d) $\theta_1=25°$, $\theta_2=20.29°$

(e) $\theta_1=25°$, $\theta_2=18°$

(f) $\theta_1=25°$, $\theta_2=15.82°$

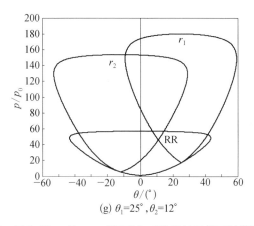

(g) $\theta_1 = 25°$, $\theta_2 = 12°$

图 4.12 固定 $Ma_0 = 7$、$\theta_1 = 25°$ 时非对称激波反射理论解的极线图

看出，在 $Ma_0 = 7$、$\theta_1 = 25°$ 时，$\theta_2 = 32.99°$ 是规则反射转变为马赫反射的临界角，$\theta_2 = 15.82°$ 是马赫反射转变为规则反射的临界角。$\theta_2 > 32.99°$ 时只存在马赫反射，$\theta_2 < 15.82°$ 时只存在规则反射，在这之间则是双解区，规则反射和马赫反射都可能存在。

对于来流马赫数 $Ma_0 = 7$，由壁面偏转角 θ_1、θ_2 确定的非对称激波相交的作用模式转变准则如图 4.13 所示。上面曲线为分离准则线 θ_2^E，下面曲线为 von Neumann 准则线 θ_2^T。在分离准则线 θ_2^E 上方，只存在马赫反射，在 von Neumann 准

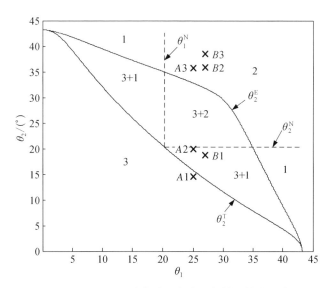

图 4.13 $Ma_0 = 7$ 时非对称激波反射模式转变示意

则线 θ_2^{T} 下方,只存在规则反射,二者之间是双解区,规则反射和马赫反射都可能存在。

4.4.2　有黏流动下局部不起动发生条件

1. 唇罩角度对激波反射模式转变的影响

如图 4.14~图 4.16 所示为固定来流马赫数 $Ma_0 = 7$,压缩面楔角 $\theta_w = 25°$ 时,减小唇罩角度($\theta_c = 15°$、$10°$、$5°$)的有黏流动数值模拟结果。$\theta_c = 15°$、$10°$ 时,激波反射为规则反射;而 $\theta_c = 5°$ 时,激波反射转变为马赫反射,如图 4.16 所示。由

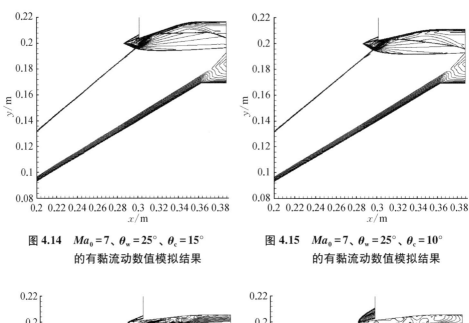

图 4.14　$Ma_0 = 7$、$\theta_w = 25°$、$\theta_c = 15°$
的有黏流动数值模拟结果

图 4.15　$Ma_0 = 7$、$\theta_w = 25°$、$\theta_c = 10°$
的有黏流动数值模拟结果

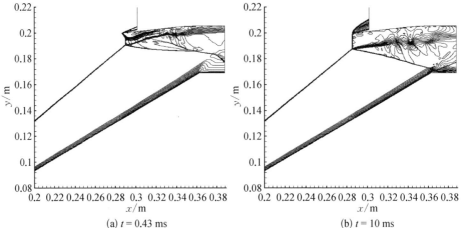

(a) $t = 0.43$ ms

(b) $t = 10$ ms

图 4.16　$Ma_0 = 7$、$\theta_w = 25°$、$\theta_c = 5°$ 的有黏流动数值模拟结果

于 Kelvin-Helmholtz 流动的不稳定性,马赫杆向上游传播并在唇口处脱体,最终发展为局部不起动。

激波反射模式发生转变的原因,可以利用数值模拟获得分离诱导激波气流偏转角,再结合激波极线图来进行分析,如图 4.17 所示。图 4.17(a)对应 $\theta_c = 15°$ 工况,从图 4.14 可以确定分离诱导激波气流偏转角 $\theta_2 = 14.6°$,此时激波极线图表明该工况只能是规则反射。图 4.17(b)对应 $\theta_c = 10°$ 工况,从图 4.15 可以确定分离诱导激波气流偏转角 $\theta_2 = 20°$,此时激波极线图表明该工况处于双解区,规则反射和马赫反射都可能存在。通常情况下,规则反射解更稳定,更容易发生。图 4.17(c)对应 $\theta_c = 5°$ 工况,从图 4.16(a)可以确定分离诱导激波气流偏转角 $\theta_2 = 35.75°$,此时激波极线图表明该工况只能是马赫反射。因此,进气道发生局部不起动。

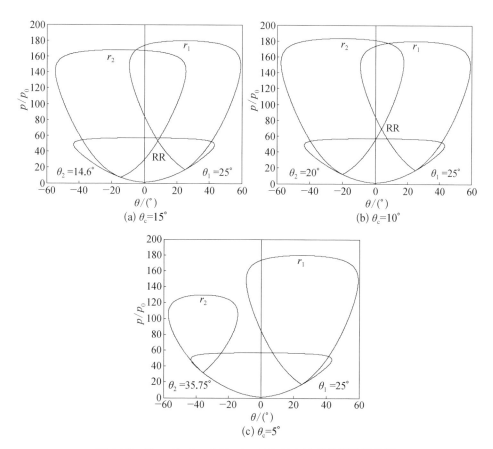

图 4.17　$Ma_0 = 7$, $\theta_w = 25°$, $\theta_c = 15°$、$10°$、$5°$ 时的激波极线图

不同唇罩角度对应的唇罩壁面压力分布如图 4.18 所示,从图中可以看出,随着唇罩角度减小,壁面压力增加,说明压缩面斜激波和唇罩边界层相互作用增强,导致分离诱导激波增强,气流偏转角 θ_2 也随之增加。在压缩面楔角固定的情况下,压缩面斜激波气流偏转角 θ_1 固定,随着唇罩角度减小,唇罩分离诱导激波气流偏转角 θ_2 增加,导致激波反射模式由规则反射转变为马赫反射。唇罩角度 $\theta_c = 15°$、$10°$、$5°$ 分别对应图 4.13 中所示的 A1、A2、A3。从图 4.13 中可见,唇罩角度 θ_c 减小这一过程即 A1→A2→A3 路径,在穿越分离准则线后,必将引起规则反射向马赫反射的转变,导致进气道发生局部不起动。

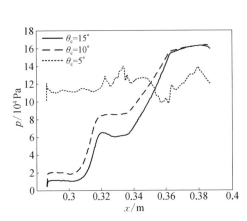

图 4.18　$Ma_0 = 7$、$\theta_w = 25°$ 时不同唇罩角度下唇罩壁面压力分布

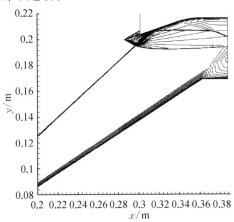

图 4.19　$Ma_0 = 7$、$\theta_w = 27°$、$\theta_c = 15°$ 时的有黏流动数值模拟结果

2. 压缩面楔角对激波反射模式转变的影响

如图 4.19~图 4.21 所示为固定来流马赫数 $Ma_0 = 7$、压缩面楔角 $\theta_w = 27°$ 时,减小唇罩角度($\theta_c = 15°$、$10°$、$5°$)的有黏流动数值模拟结果。$\theta_c = 15°$ 时,激波反射为规则反射;而 $\theta_c = 10°$、$5°$ 时,激波反射转变为马赫反射,分别如图 4.20 和图 4.21 所示。

图 4.22 为对应的激波极线图。对于 $\theta_c = 15°$ 工况,从图 4.19 可以确定分离诱导激波气流偏转角 $\theta_2 = 18.8°$,激波极线图表明该工况处于双解区,规则反射和马赫反射都可能存在,如图 4.22(a) 所示。通常情况下,规则反射解更稳定,更容易发生。对于 $\theta_c = 10°$ 工况,从图 4.20(a) 可以确定分离诱导激波气流偏转角 $\theta_2 = 35.92°$,激波极线图表明该工况只能是马赫反射,如图 4.22(b) 所示。对于 $\theta_c = 5°$ 工况,从图 4.21(a) 可以确定分离诱导激波气流偏转角 $\theta_2 = 38.43°$,激波极线图表明该工况只能是马赫反射,如图 4.22(c) 所示。

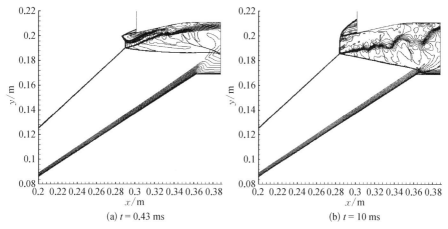

(a) $t = 0.43$ ms　　　　　(b) $t = 10$ ms

图 4.20　$Ma_0 = 7$、$\theta_w = 27°$、$\theta_c = 10°$ 时的有黏流动数值模拟结果

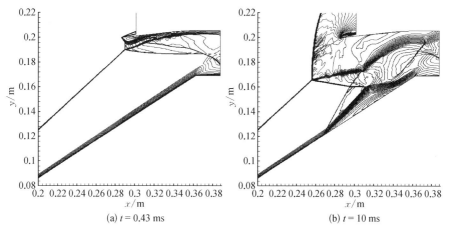

(a) $t = 0.43$ ms　　　　　(b) $t = 10$ ms

图 4.21　$Ma_0 = 7$、$\theta_w = 27°$、$\theta_c = 5°$ 时的有黏流动数值模拟结果

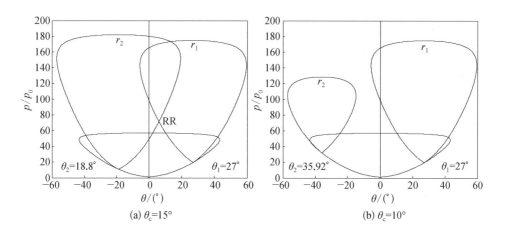

(a) $\theta_c = 15°$　　　　　(b) $\theta_c = 10°$

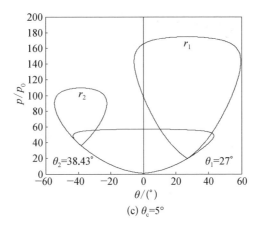

(c) $\theta_c = 5°$

图 4.22 $Ma_0 = 7$，$\theta_w = 27°$，$\theta_c = 15°$、$10°$、$5°$时的激波极线图

对比压缩面楔角 $\theta_w = 25°$ 和 $\theta_w = 27°$ 时不同唇罩角度下的 6 个工况，特别是唇罩角度 $\theta_c = 10°$ 时，可以发现压缩面楔角增加，会导致激波反射模式由规则反射转变为马赫反射。当唇罩角度 θ_c 固定，压缩面楔角 θ_w 增加时，压缩面斜激波气流偏转角 θ_1 增加，压缩面斜激波增强，它和唇罩边界层相互作用增强，导致分离诱导激波增强。气流偏转角 θ_2 增加，导致激波反射模式由规则反射转变为马赫反射。压缩面楔角 $\theta_w = 27°$，唇罩角度 $\theta_c = 15°$、$10°$、$5°$ 分别对应图 4.13 中所示的 $B1$、$B2$、$B3$。从图 4.13 中可见，压缩面楔角 θ_w 增加的这一过程，如 $A2 \rightarrow B2$，也会穿越分离准则线，这必将引起规则反射向马赫反射的转变，导致进气道发生局部不起动。

4.4.3 无黏流动/有黏流动对比分析

随着压缩面楔角增加，无论是无黏流动还是有黏流动，都会导致激波反射模式由规则反射转变为马赫反射。而唇罩角度对激波反射模式的影响，对于无黏流动和有黏流动，则有着完全相反的结果。对于无黏流动，唇罩角度增加，唇口膨胀波增强，导致激波反射模式由规则反射转变为马赫反射，进气道发生局部不起动。而对于有黏流动，唇罩角度减小，压缩面斜激波与唇罩边界层相互作用增强，导致激波反射模式由规则反射转变为马赫反射，进气道发生局部不起动。

对于无黏流动，在唇罩附近发生激波/膨胀波相交，而对于有黏流动，在唇罩附近发生激波/边界层相互作用，二者流场结构不同。唇罩角度变化对两种流场结构的影响不同，影响规律截然相反。总之，对于实际进气道流动，分析局部不起动特性及发生条件必须考虑黏性效应影响。

4.5　本章小结

　　超额定工况下高超声速进气道局部不起动模式不同于亚额定工况下高超声速进气道不起动模式,在进气道内压段压缩面上没有大面积分离包,进气道入口前也没有后倾斜激波,而是在唇口前方有一道弓形激波,唇罩一侧出现大面积亚声速气流,这导致进气道流量捕获系数和总压恢复系数下降,进气道性能降低,但是下降程度较低。

　　本章介绍了超额定工况下高超声速进气道的局部不起动流场结构,基于激波反射理论,分析了高超声速进气道局部不起动特性。研究发现,无黏流动和有黏流动下进气道局部不起动发生条件不同,区别在于前者在唇罩附近发生激波/膨胀波相交,后者在唇罩处发生激波/边界层干扰,两种流场结构不同导致局部不起动发生条件不同。因此,对于实际进气道流动,分析局部不起动特性及发生条件必须考虑黏性效应影响。

第 5 章

反压激励下的高超声速
进气道不起动多模式对比

5.1 引言

除来流条件和进气道几何参数以外,下游燃烧室反压是可能引起高超声速进气道不起动的另一个重要参数。目前,大部分关于高超声速进气道反压不起动的实验研究[44,45,57~62]采用堵块或射流的机械节流作用来模拟燃烧室反压,并且实验在冷态条件下开展(实验来流使用室温气流)。而真实飞行条件下,来流总焓比较高。实验条件和真实飞行条件下来流总焓的差异会导致高超声速进气道不起动特性有所不同。另外,真实燃烧过程产生的反压一方面是靠燃油喷射引起的机械节流效应,另一方面是靠燃烧释热引起的热节流效应,这种差异也会导致高超声速进气道不起动特性发生改变。本章对比分析低总焓和高总焓来流条件对高超声速进气道不起动特性的影响,以及燃料射流作用和燃料燃烧作用对高超声速进气道不起动特性的影响。

此外,根据第3章和第4章分别介绍的亚额定工况下高超声速进气道不起动模式和超额定工况下高超声速进气道不起动模式,对比发现两种不起动模式流场结构完全不同。超额定工况下高超声速进气道局部不起动流场特征表现为:唇罩一侧壁面出现大面积分离流,在进气道入口前存在一道弓形激波。而亚额定工况下高超声速进气道不起动流场特征表现为:进气道内压段压缩面一侧出现大面积分离包,在进气道入口前存在一道后倾斜激波。此外,亚额定工况下高超声速进气道不起动模式引起进气道流量捕获系数和总压恢复系数急剧下降,而超额定工况下高超声速进气道局部不起动模式引起的进气道流量捕获系数和总压恢复系数下降并不明显。在本书中,将亚额定工况下高超声速进气道不起动模式称为全局不起动。本章通过数值模拟对比分析亚额定/超额定工况下燃烧室反压激励作用引起的高超声速进气道全局不起动/局部不起动模式。

5.2 亚额定工况反压激励下的高超声速进气道全局不起动

本章采用的高超声速进气道-燃烧室-尾喷管模型示意图如图 5.1 所示,进气道外压缩段采用三级楔面压缩,其与水平方向的夹角分别为 7°、16° 和 25°,唇罩与水平方向夹角为 15°,隔离段后面连接一个突扩燃烧室和一个扩张角为 1.7° 的对称尾喷管,燃烧室上下壁面各布置一个燃料喷嘴,宽 0.2 mm,收缩角为 5°,其他详细几何参数见图 5.1。边界条件设置及壁面压力测点布置如图 5.2 所示。

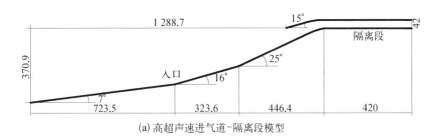

(a) 高超声速进气道-隔离段模型

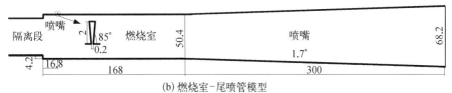

(b) 燃烧室-尾喷管模型

图 5.1 高超声速进气道-燃烧室-尾喷管模型示意图(单位: mm)

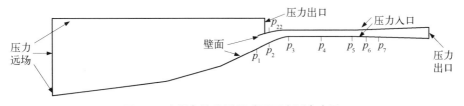

图 5.2 边界条件设置及壁面压力测点布置

燃料工质为氢气,燃料射流条件为:总压 $p_{tj}=417\,340\times(1+3\,300t)$ Pa,总温 $T_{tj}=280$ K,喷嘴出口为声速射流。空气来流条件为:马赫数 $Ma_0=5$,来流攻角 $\alpha=0°$,压力 $p_0=4\,678$ Pa。来流总温分两种工况:一是低总焓来流,总温 $T_{t0}=280$ K;二是高总焓来流,总温 $T_{t0}=1\,227$ K。

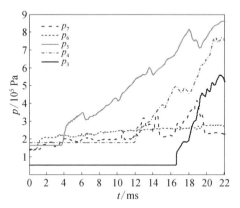

图 5.3 低总焓射流来流引起全局不起动:
壁面压力随时间的变化

5.2.1 低总焓来流下射流引起的全局不起动

图 5.3 给出了燃烧室和隔离段壁面压力随时间的变化情况。随着燃料喷射质量增加,燃烧室压力上升,并向上游传播。$t=16.6$ ms 时,隔离段入口压力 p_3 开始上升,即激波串向上游移动到隔离段入口了,此时进气道即将发生全局不起动。

图 5.4 给出了激波串前缘位置随时间的变化情况。需要说明的是,激波串前缘位置由压比法确定,即根据当前壁面压力分布和无反压时壁面压力分布的比值构建关系:

$$x_s = \text{interp}\left(\frac{p_i}{p_{i,0}},\ x_i,\ \pi_{\text{des}}\right) \tag{5.1}$$

其中,p_i 为第 i 个压力测点当前壁面压力大小;$p_{i,0}$ 为第 i 个压力测点在无反压时壁面压力大小;x_i 为第 i 个压力测点位置;π_{des} 为临界压比,这里取 1.1。

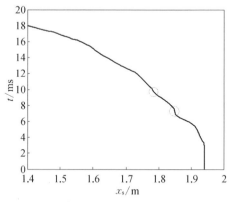

图 5.4 低总焓射流来流引起全局不起动:
激波串前缘位置随时间的变化

由于亚额定工况下进气道下壁面分离包位置更靠前,这里采用下壁面压力分布和无反压时壁面压力分布的比值来确定激波串前缘位置。

图 5.5 给出了一些典型时刻的壁面压力分布,图 5.6 给出了对应时刻的流场图。

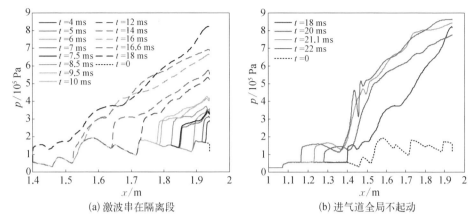

(a) 激波串在隔离段　　　　　　　　　(b) 进气道全局不起动

图 5.5　低总焓射流来流引起全局不起动: 不同时刻壁面压力分布

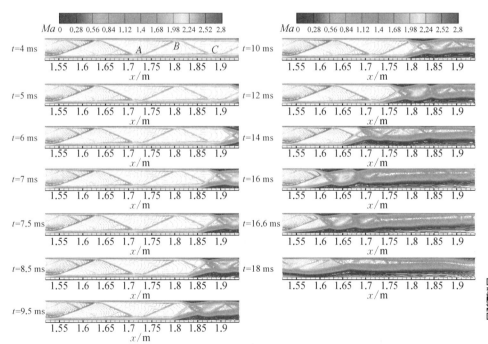

(a) 激波串在隔离段

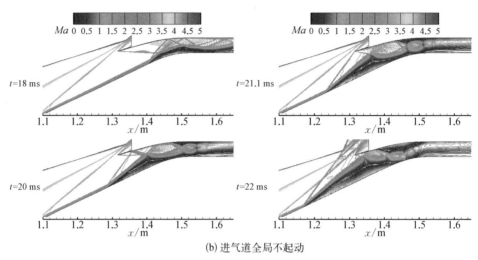

(b) 进气道全局不起动

图 5.6   低总焓射流来流引起全局不起动: 不同时刻流场

从图 5.6 中可以看出,在 $t=4$ ms 左右,激波串开始向上游传播。在 $t=5$ ms 左右,激波串前移速度变快。在 $t=7\sim7.5$ ms,激波串缓慢前移。此时,激波串前缘跨过背景波系在下壁面的反射点 C,当地压力梯度为顺压力梯度。随后,激波串前移速度变快。在 $t=9.5\sim10$ ms,激波串处于背景波系在上壁面的反射点 B 附近,上壁面分离包快速跨过点 B,下壁面分离包移动速度下降。随后,激波串移动速度加快。在 $t=12\sim14$ ms,激波串跨过背景波系在下壁面的反射点 A,移动速度变得更快。在 $t=16.6$ ms,激波串前缘位置到达隔离段入口。随后,激波串将被推出隔离段,发生全局不起动,如图 5.6(b) 所示。最终,进气道内压段压缩面上出现大面积分离包,进气道流动堵塞,在进气道入口前还有一道后倾斜激波引发溢流。这里假设分离诱导斜激波打在唇口处为全局不起动发生时刻,从图 5.6(b) 可以看出,$t=21.1$ ms 为当前工况全局不起动发生时刻。

5.2.2   高总焓来流下射流引起的全局不起动

图 5.7 给出了燃烧室和隔离段壁面压力随时间的变化情况。随着燃料喷射质量增加,燃烧室壁面压力上升,并向上游传播。$t=14.18$ ms 时,隔离段入口压力 p_3 开始上升,即激波串向上游移动到隔离段入口了,此时进气道即将发生全局不起动。图 5.8 给出了激波串前缘位置随时间的变化情况,图 5.9 给出了一些典型时刻的壁面压力分布,图 5.10 给出了对应时刻的流场图。

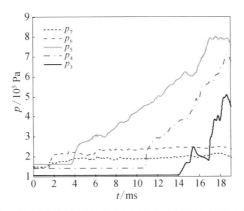

图 5.7　高总焓射流来流引起全局不起动: 壁面压力随时间的变化

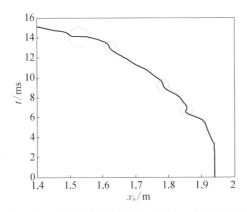

图 5.8　高总焓射流来流引起全局不起动: 激波串前缘位置随时间的变化

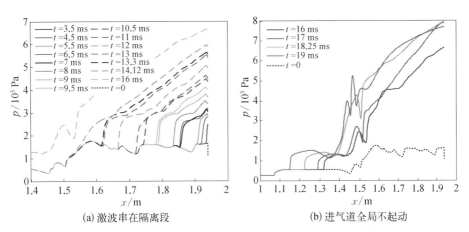

(a) 激波串在隔离段　　　　　　　　(b) 进气道全局不起动

图 5.9　高总焓射流来流引起全局不起动: 不同时刻壁面压力分布

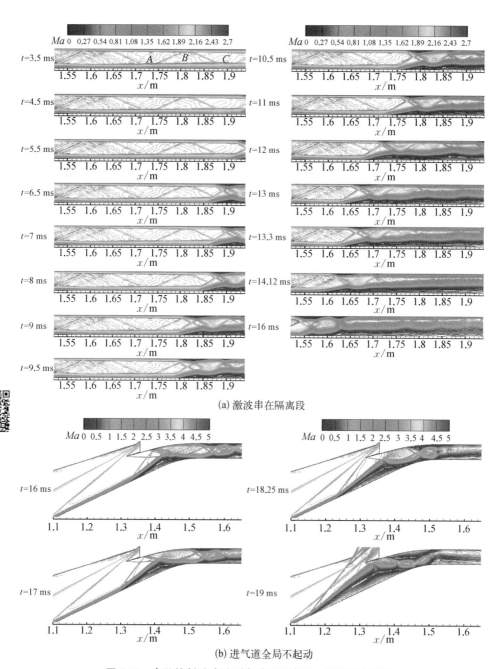

(a) 激波串在隔离段

(b) 进气道全局不起动

图 5.10 高总焓射流来流引起全局不起动：不同时刻流场

从图 5.10 中可以看出,在 $t = 3.5$ ms 左右,激波串开始缓慢向上游传播。在 $t = 5.5$ ms 左右,激波串前移速度变快。在 $t = 6.5 \sim 7$ ms 左右,激波串出现振荡,此时,激波串前缘处于背景波系在下壁面的反射点 C 附近。随后,激波串快速前移。在 $t = 9 \sim 9.5$ ms,激波串处于背景波系在上壁面的反射点 B 附近,激波串移动速度下降。在 $t = 13 \sim 13.3$ ms,激波串移动速度也出现下降。随后,激波串移动速度加快。在 $t = 14.12$ ms,激波串与隔离段入口附近的小分离包融合,激波串前缘位置发生突跳。在 $t = 14.18$ ms,激波串前缘到达隔离段入口。随后,激波串将被推出隔离段,发生全局不起动,如图 5.10(b)所示。最终,进气道内压段压缩面上出现大面积分离包,在进气道入口前还有一道后倾斜激波。从图 5.10(b)可以看出,$t = 18.25$ ms 为当前工况全局不起动发生时刻。

5.2.3　高总焓来流下燃烧引起的全局不起动

空气来流条件采用高总焓来流工况,氢气-空气化学反应机理采用 Gaffney 等[63]发展的简化 Jachimowski 格式,即 7 组分 7 步反应模型,如表 5.1 所示。

表 5.1　氢气-空气化学反应机理[63]

反　　应	$A/[\mathrm{cm}^3/(\mathrm{mol}\cdot\mathrm{s})]$	b	$E_a/(\mathrm{cal/mol})$
$H_2 + O_2 \Longrightarrow OH + OH$	1.70×10^{13}	0.00	48 000
$H + O_2 \Longrightarrow OH + O$	1.20×10^{17}	−0.91	16 500
$OH + H_2 \Longrightarrow H_2O + H$	2.20×10^{13}	0.00	5 150
$O + H_2 \Longrightarrow OH + H$	5.06×10^{4}	2.67	6 290
$OH + OH \Longrightarrow H_2O + O$	6.30×10^{12}	0.00	1 090
$H + OH + M \Longrightarrow H_2O + M$	2.21×10^{22}	−2.00	0
$H + H + M \Longrightarrow H_2 + M$	7.30×10^{17}	−1.00	0

注:第三体效率,$M = H_2$ 时为 2.5,$M = H_2O$ 时为 16,其余为 1;b 为前因子;E_a 为化学反应机理中的变量活化能。

图 5.11 给出了燃烧室和隔离段壁面压力随时间的变化情况。随着燃料喷射质量增加,燃烧室压力上升,并向上游传播。$t = 4.77$ ms 时,隔离段入口压力 p_3 开始上升,即激波串向上游移动到隔离段入口了,此时进气道即将发生全局不起动。图 5.12 给出了激波串前缘位置随时间的变化情况。

图 5.13 给出了一些典型时刻的壁面压力分布,图 5.14 给出了对应时刻的流场图。

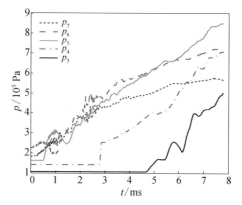

图 5.11   高总焓来流燃烧引起全局不起动：壁面压力随时间的变化

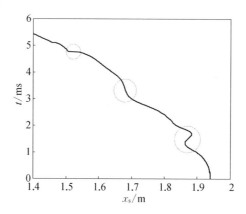

图 5.12   高总焓来流燃烧引起全局不起动：激波串前缘位置随时间的变化

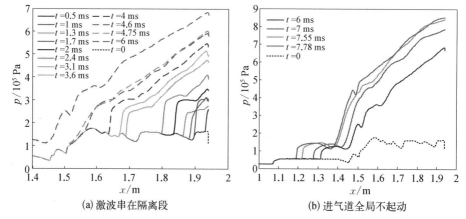

(a) 激波串在隔离段   (b) 进气道全局不起动

图 5.13   高总焓来流燃烧引起全局不起动：不同时刻壁面压力分布

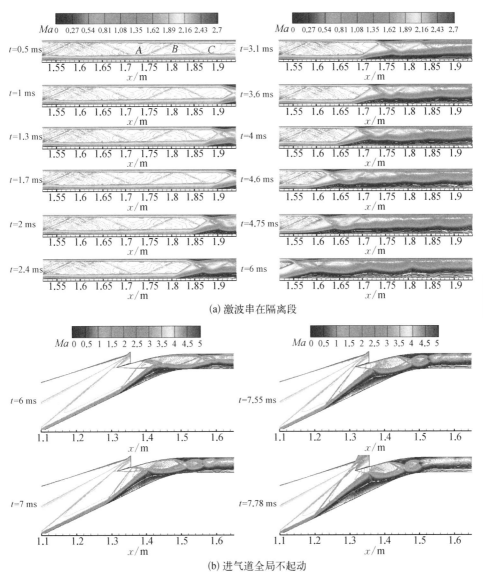

(a) 激波串在隔离段

(b) 进气道全局不起动

图 5.14　高总焓来流燃烧引起全局不起动: 不同时刻流场

从图 5.14 中可以看出,在 $t = 0.5$ ms 左右,激波串开始向上游传播。在 $t = 1.3 \sim 1.7$ ms,激波串出现振荡,此时,激波串前缘处于背景波系在下壁面的反射点 C 附近。随后,激波串快速前移。在 $t = 3.1 \sim 3.6$ ms,激波串移动速度下降,此时,激波串前缘处于背景波系在下壁面的反射点 A 附近。随后,激波串快速前移。在 $t = 4.75$ ms,激波串与隔离段入口附近的小分离包融合,激波串前缘位置发生突跳。在 $t=4.77$ ms,激波串前缘到达隔离段入口。随后,激波串将被推出隔离段,发生全局不起动,如图 5.14(b) 所示。最终,进气道内压段压缩面上出现大面积分离包,在进气道入口前还有一道后倾斜激波。从图 5.14(b) 可以看出,$t=7.55$ ms 为当前工况全局不起动发生时刻。

5.3 超额定工况反压激励下的高超声速进气道局部不起动

本节数值模拟工况为:燃料射流总压 $p_{tj}=260\,880\times(1+3\,300t)$ Pa,总温 $T_{tj}=280$ K,喷嘴出口为声速射流。空气来流条件为:马赫数 $Ma_0=7$,来流攻角 $\alpha=0°$,压力 $p_0=1\,845$ Pa。来流总温分两种工况:一是低总焓来流,总温 $T_{t0}=280$ K;二是高总焓来流,总温 $T_{t0}=2\,109$ K。

5.3.1 低总焓来流下射流引起的局部不起动

图 5.15 给出了燃烧室、隔离段和唇罩内壁面压力随时间的变化情况。随着燃料喷射质量增加,燃烧室压力上升,并向上游传播。$t=4.62$ ms 时,隔离段出口附近压力 p_5 开始上升。$t=19.27$ ms,隔离段入口压力 p_3 开始上升。$t=20.83$ ms 时,进气道内压段唇罩处压力 p_{22} 开始上升。图 5.16 给出了激波串前缘位置随时间的变化情况。

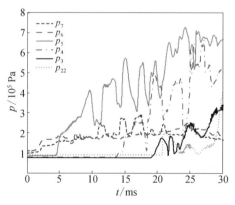

图 5.15 低总焓射流来流引起局部不起动:壁面压力随时间的变化　　图 5.16 低总焓射流来流引起局部不起动:激波串前缘位置随时间的变化

图 5.17 给出了一些典型时刻的壁面压力分布,图 5.18 给出了对应时刻的流场图。

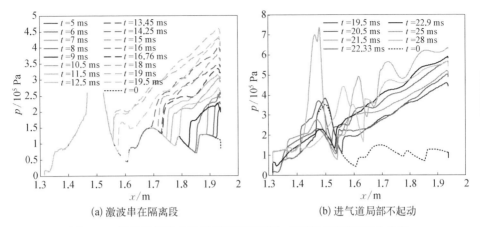

(a) 激波串在隔离段　　　　　　　　(b) 进气道局部不起动

图 5.17　低总焓射流来流引起局部不起动：不同时刻壁面压力分布

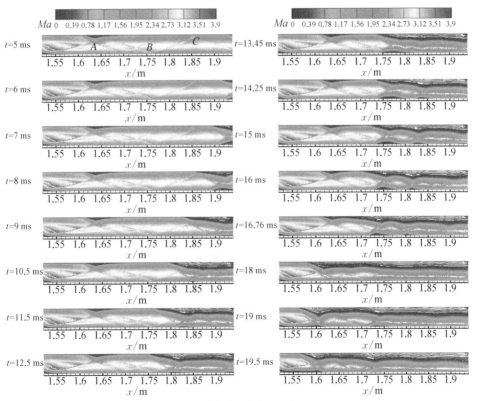

(a) 激波串在隔离段

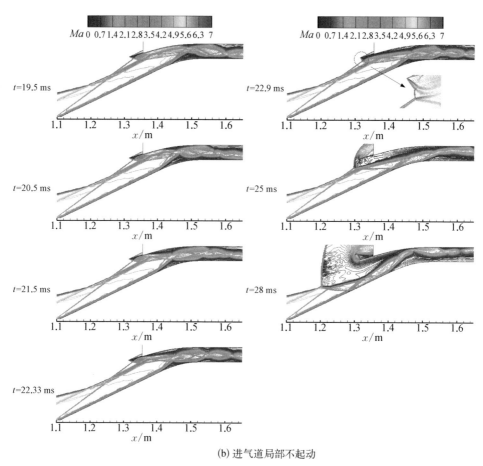

(b) 进气道局部不起动

图 5.18　低总焓射流来流引起局部不起动：不同时刻流场

从图 5.18 中可以看出，在 $t=5$ ms 左右，激波串开始向上游传播。与亚额定工况不同之处在于，隔离段上壁面分离更严重，分离起始点更靠前，因此，激波串前缘位置由上壁面分离包确定。在 $t=13.45\sim14.25$ ms，激波串位置比较稳定，在 $x=1.73$ m 附近驻留。在 $t=16.76$ ms，激波串与隔离段入口分离再附激波在上壁面诱导的分离包（点 A 附近）融合，导致激波串前缘位置发生突跳。在 $t=19\sim19.5$ ms，激波串位置比较稳定，在 $x=1.56$ m 附近驻留。值得说明的是，此时压升信号已传播到上游唇罩壁面。在 $t=19.5$ ms，激波串前缘位置发生突跳，到达唇罩壁面分离包处。随后，该分离包不断向上游移动，如图 5.18(b) 所示。在 $t=22.9$ ms，外压缩激波与唇罩处分离诱导激波相互作用模式转变为马赫反射。之后，进气道入口前出现一道弓形激波，进气道发生局部不起动。这里假设激波串前缘位置到达唇口处为局部不起动发生时刻,即 $t = 22.43$ ms 为当前工况局部不起动发生时刻。

5.3.2　高总焓来流下射流引起的局部不起动

图 5.19 给出了燃烧室、隔离段和唇罩内壁面压力随时间的变化情况。随着燃料喷射质量增加,燃烧室压力上升,并向上游传播。$t = 21.26$ ms 时,进气道内压段唇罩处压力 p_{22} 开始上升。图 5.20 给出了激波串前缘位置随时间的变化情况。

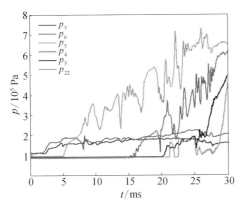

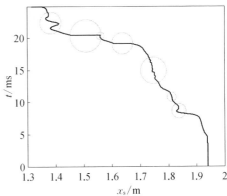

图 5.19　高总焓射流来流引起局部不起动:壁面压力随时间的变化

图 5.20　高总焓射流来流引起局部不起动:激波串前缘位置随时间的变化

图 5.21 给出了一些典型时刻的壁面压力分布,图 5.22 给出了对应时刻的流场图。

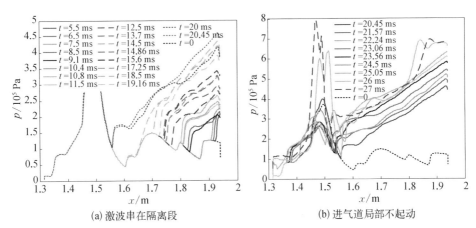

(a) 激波串在隔离段　　(b) 进气道局部不起动

图 5.21　高总焓射流来流引起局部不起动:不同时刻壁面压力分布

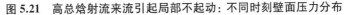

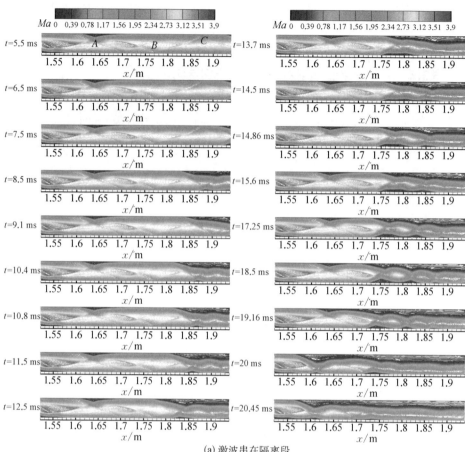

(a) 激波串在隔离段

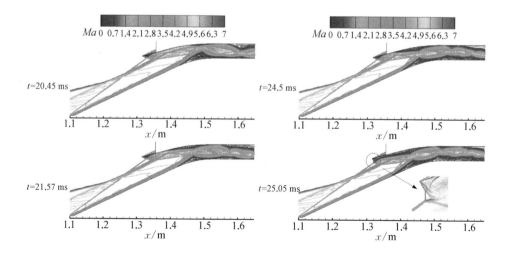

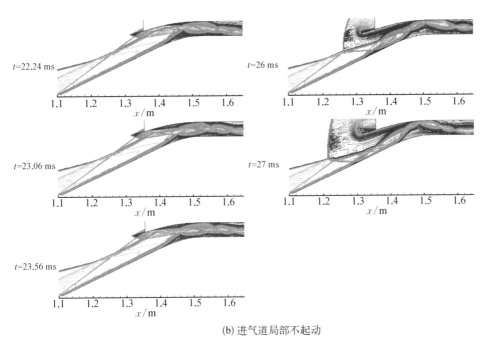

(b) 进气道局部不起动

图 5.22　高总焓射流来流引起局部不起动：不同时刻流场

从图 5.22 中可以看出，在 $t = 5.5$ ms 左右，激波串开始向上游传播。$t = 7.5$ ms 左右，激波串前移速度变快。在 $t = 8.5 \sim 9.1$ ms，激波串出现振荡，此时，激波串前缘处于背景波系在上壁面的反射点 C 附近。在 $t = 10.4 \sim 10.8$ ms，激波串比较稳定，在 $x = 1.81$ m 附近驻留。随后，激波串前移速度加快。在 $t = 13.7 \sim 17.25$ ms，激波串在前移的过程中不断出现振荡。此时，下壁面分离包前缘到达背景波系在下壁面的反射点 B 附近。之后，激波串快速前移。在 $t = 19.16$ ms，激波串与隔离段入口分离再附激波在上壁面诱导的分离包（点 A 附近）融合，导致激波串前缘位置发生突跳。在 $t = 20 \sim 20.45$ ms，激波串位置比较稳定，在 $x = 1.56$ m 附近驻留，值得说明的是，此时压升信号已传播到上游唇罩壁面。在 $t = 20.45$ ms，激波串前缘位置发生突跳，到达唇罩壁面分离包处。随后，该分离包不断向上游移动。在 $t = 21.57 \sim 23.56$ ms，唇罩壁面分离包在前移的过程中出现振荡，如图 5.22（b）所示。在 $t = 25.05$ ms，外压缩激波与唇罩处分离诱导激波相互作用模式转变为马赫反射。之后，进气道入口前出现一道弓形激波，进气道发生局部不起动。按照前面定义，$t = 24.97$ ms 为当前工况局部不起动发生时刻。

5.3.3 高总焓来流下燃烧引起的局部不起动

图 5.23 给出了燃烧室、隔离段和唇罩内壁面压力随时间的变化情况。随着燃料喷射质量增加,燃烧室压力上升,并向上游传播。$t = 11.88$ ms 时,进气道内压段唇罩处压力 p_{22} 开始上升。图 5.24 给出了激波串前缘位置随时间的变化情况,图 5.25 给出了一些典型时刻的壁面压力分布,图 5.26 给出了对应时刻的流场图。

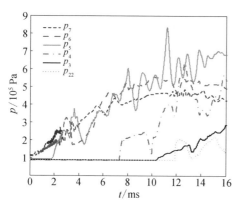

图 5.23 高总焓来流燃烧引起局部不起动:壁面压力随时间的变化

图 5.24 高总焓来流燃烧引起局部不起动:激波串前缘位置随时间的变化

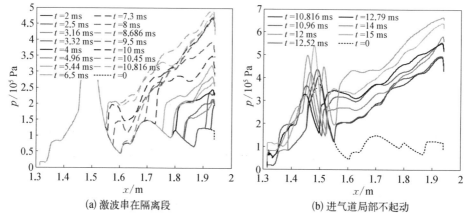

(a) 激波串在隔离段

(b) 进气道局部不起动

图 5.25 高总焓来流燃烧引起局部不起动: 不同时刻壁面压力分布

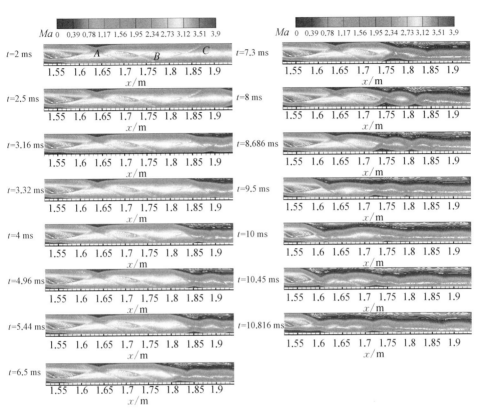

(a) 激波串在隔离段

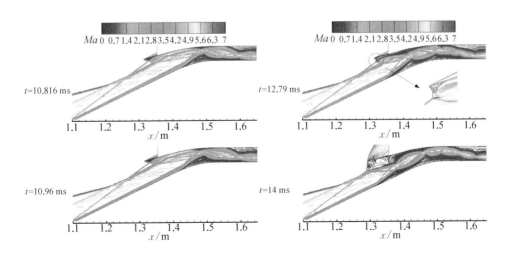

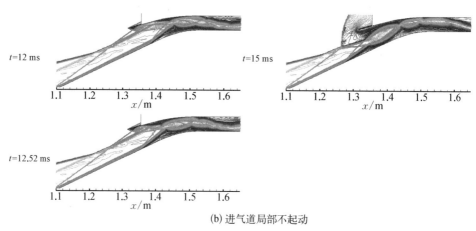

(b) 进气道局部不起动

图 5.26　高总焓来流燃烧引起局部不起动：不同时刻流场

从图 5.26 中可以看出，在 $t = 2$ ms 左右，激波串开始向上游传播。$t = 2.5$ ms 左右，激波串前移速度变快。在 $t = 3.16 \sim 3.32$ ms，激波串出现振荡，此时，激波串前缘处于背景波系在上壁面的反射点 C 附近。在 $t = 4.96 \sim 5.44$ ms，激波串比较稳定，在 $x = 1.792$ m 附近驻留。随后，激波串前移速度加快。在 $t = 8.686$ ms，激波串与隔离段入口分离再附激波在上壁面诱导的分离包[点 A 附近，A 点位置可参照图 5.26(a) 中 $t = 2$ ms 时的激波云图]融合，导致激波串前缘位置发生突跳。在 $t = 10 \sim 10.816$ ms，激波串位置比较稳定，在 $x = 1.552$ m 附近驻留，值得说明的是，此时压升信号已传播到上游唇罩壁面。在 $t = 10.816$ ms，激波串前缘位置发生突跳，到达唇罩壁面分离包处。随后，该分离包不断向上游移动，如图 5.26(b) 所示。在 $t = 12.79$ ms，外压缩激波与唇罩处分离诱导激波相互作用模式转变为马赫反射。之后，进气道入口前出现一道弓形激波，进气道发生局部不起动。按照前面定义，$t = 12.66$ ms 为当前工况局部不起动发生时刻。

5.4　亚/超额定工况反压激励下的高超声速进气道不起动对比

5.4.1　全局不起动/局部不起动发展过程的相似性

表 5.2 对比了亚额定工况低总焓、高总焓来流条件下燃料射流作用和高总焓来流条件下燃料燃烧作用引起的高超声速进气道全局不起动发展过程。

表 5.2　亚额定工况下射流和燃料燃烧作用引起的进气道
全局不起动发展过程对比 ($Ma_0 = 5$)

条　件	隔离段出口 压力上升时刻	隔离段入口 压力上升时刻	进气道全局 不起动时刻
低总焓射流	3.2 ms(0.79%)	16.6 ms(3.81%)	21.1 ms(4.83%)
高总焓射流	3.35 ms(1.78%)	14.18 ms(7.05%)	18.25 ms(9.03%)
高总焓燃烧	0.2 ms(0.24%)	4.77 ms(2.47%)	7.55 ms(3.82%)

注：括号中数值为燃料流量与空气流量之比。

表 5.3 对比了超额定工况低总焓、高总焓来流条件下燃料射流作用和高总焓来流条件下燃料燃烧作用引起的高超声速进气道局部不起动发展过程。

表 5.3　超额定工况下射流和燃料燃烧作用引起的进气道
局部不起动发展过程对比 ($Ma_0 = 7$)

条　件	隔离段出口 压力上升时刻	隔离段入口 压力上升时刻	进气道局部 不起动时刻
低总焓射流	4.5 ms(0.80%)	19.27 ms(3.28%)	22.43 ms(3.81%)
高总焓射流	4.65 ms(2.41%)	20.41 ms(10.09%)	24.97 ms(12.31%)
高总焓燃烧	1.5 ms(0.88%)	10.51 ms(5.26%)	12.66 ms(6.3%)

注：括号中数值为燃料流量与空气流量之比。

从表 5.2 和表 5.3 可以看出，亚额定工况燃烧反压激励下的高超声速进气道全局不起动发展过程和超额定工况燃烧室反压激励下的高超声速进气道局部不起动发展过程相似之处在于：高总焓来流条件燃料射流作用下，隔离段出口压力上升到进气道发生不起动所需的燃料流量要高于低总焓来流条件燃料射流作用和高总焓来流燃料燃烧作用。

Wagner 等[44] 及 McDaniel 和 Edwards[64] 研究认为，进气道不起动和流动分离相关，流动分离又由压升决定[65]。对于一维定常等直管道（隔离段）流动，假设和外界无做功、无热量交换，管道前后压升可用如下简化方程描述：

$$\frac{\mathrm{d}p}{p} = \frac{\gamma Ma^2}{1 - Ma^2}\frac{\mathrm{d}A}{A} - \frac{\gamma Ma^2\left(1 + \dfrac{\gamma - 1}{2}Ma^2\right)}{1 - Ma^2}\frac{\mathrm{d}T_{t0}}{T_{t0}}$$

$$- \frac{2\gamma Ma^2[1 + (\gamma - 1)Ma^2]}{1 - Ma^2}f\frac{\mathrm{d}x}{D}$$

$$-\left\{\frac{2\gamma Ma^2\left(\dfrac{\gamma-1}{2}Ma^2\right)}{1-Ma^2}+\frac{\gamma Ma^2\left[1+(\gamma-1)Ma^2\right]}{1-Ma^2}\frac{V_j\cos\alpha_j}{V}\right\}\frac{\mathrm{d}m}{m}$$

$$=F_A\frac{\mathrm{d}A}{A}+F_T\frac{\mathrm{d}T_{t0}}{T_{t0}}+F_f f\frac{\mathrm{d}x}{D}+F_m\frac{\mathrm{d}m}{m} \tag{5.2}$$

其中,f、D、V、V_j、α_j、F_A、F_f、F_T和F_m分别为摩擦系数、水力直径、当地气流速度、燃料射流速度、燃料射流角度、面积变化系数、摩擦影响系数、温度对压力的影响系数和质量对压力的影响系数。

对于低总焓来流条件燃料射流工况,总温变化这一项可以忽略,压升主要由流动面积变化、摩擦力和质量添加等作用引起。和低总焓来流条件相比,高总焓来流条件下,燃料射流引起总温下降,$\mathrm{d}T_{t0}$为负,将抵消流动面积变化和摩擦作用,因此就需要更多的质量添加才会引起足够的压升触发进气道不起动。

对于高总焓来流条件燃料燃烧工况,燃烧释热引起总温增加,$\mathrm{d}T_{t0}$为正,因此相比燃料射流作用,需要更少的质量添加就能引起足够的压升触发进气道不起动。

此外,对比低总焓来流条件和高总焓来流条件下燃料射流作用引起的高超声速进气道不起动发展过程,研究发现,在高总焓来流条件下,激波串向上游运动过程中更容易出现振荡现象。对比高总焓来流条件下燃料射流作用和燃料燃烧作用引起的高超声速进气道不起动发展过程,研究发现,在燃料射流作用下,激波串向上游运动过程中更容易出现振荡现象。

5.4.2 全局不起动/局部不起动发展过程的差异性

亚额定工况燃烧室反压激励下的高超声速进气道全局不起动发展过程与超额定工况燃烧室反压激励下的高超声速进气道局部不起动发展过程的区别在于:局部不起动使上壁面分离更严重,随着燃烧室反压增加,上壁面分离包向前移动,下游压升信号也向前传播。当分离包移动到唇口附近时,会使得外压缩激波与唇罩处分离诱导激波相互作用模式转变为马赫反射,之后,马赫杆被推出进气道,进气道入口前出现一道弓形激波,唇罩壁面附近出现大面积分离,进气道发生局部不起动;全局不起动使下壁面分离更严重,随着燃烧室反压增加,下壁面分离包向前移动。当分离包被推出进气道时,进气道内压段被分离包堵塞,进气道入口前出现一道分离诱导斜激波,进气道发生全局不起动。

5.5　本章小结

本章重点介绍了亚额定/超额定工况下,通过低总焓来流条件下燃料射流作用、高总焓来流条件下燃料射流作用和高总焓来流条件下燃料燃烧作用实现燃烧室反压激励引起的高超声速进气道不起动模式。

对比亚额定工况燃烧室反压激励下的高超声速进气道全局不起动发展过程和超额定工况燃烧室反压激励下的高超声速进气道局部不起动发展过程有如下发现。

二者相似之处在于:高总焓来流条件燃料射流作用下,隔离段出口压力上升到进气道发生不起动所需的燃料流量要高于低总焓来流条件燃料射流作用和高总焓来流条件燃料燃烧作用;高总焓来流条件燃料射流作用下,激波串向上游运动过程中更容易出现振荡现象。

二者不同之处在于:前者使下壁面分离更严重,当分离包被推出进气道时,进气道内压段被分离包堵塞,进气道入口前出现一道分离诱导斜激波;后者使上壁面分离更严重,当分离包移动到唇口附近时,会使得外压缩激波与唇罩处分离诱导激波相互作用模式转变为马赫反射,之后,马赫杆被推出进气道,进气道入口前出现一道弓形激波。

第 6 章

高超声速进气道不起动多模式转换特性

6.1 引言

起动状态是高超声速进气道正常、高效工作的前提。在亚额定工况和额定工况下,进气道内压段压缩面上出现大面积分离导致进气道流量捕获系数和总压恢复系数急剧下降,引发进气道不起动,本书将该流动模式称作全局不起动。在超额定工况下,唇罩壁面出现大面积分离也会导致进气道流量捕获系数和总压恢复系数下降,但是相比亚额定工况和额定工况,进气道性能下降程度较低,本书将该流动模式称作局部不起动。高超声速进气道不起动会造成超燃冲压发动机性能下降,甚至可能导致飞行失败。因此,发动机控制系统需要对进气道工作模式进行监测。当高超声速进气道即将出现或已经出现不起动时,控制系统应立即采取相应措施避免进气道不起动或使得进气道再起动,以保证发动机正常工作。

高超声速进气道不起动/起动工作模式转换受多种因素的影响,如进气道收缩比、来流马赫数、来流攻角、燃烧室反压等。研究[66~72]表明,高超声速进气道全局不起动/起动工作模式转换过程具有突变特性。突变过程是一种从量变到质变的过程,产生突变通常需要克服局部吸引子的势垒,使得系统不能逆向重复物理变化过程,具有不可逆性。这种不可逆性会使得系统状态的改变一般不能按原路径返回,也就表现出滞后性,在特性曲线上存在滞环。由于有突变与滞环的存在,超燃冲压发动机突变控制严格依赖于系统的初始起动状态,具有路径依赖性,突变控制存在可达路径和不可达路径。因此,要实现高超声速进气道不起动控制,就需要掌握高超声速进气道不起动/起动多种工作模式转换特性,从而构造可达控制路径。

本章重点介绍高超声速进气道全局不起动、局部不起动、起动多种工作模式转换特性。

6.2　高超声速进气道全局不起动/起动模式转换特性

6.2.1　无反压下的全局不起动/起动转换

本节采用第 5 章中的高超声速进气道模型,为提高进气道起动性能,在进气道内压段和喉道处各设置一个宽 5 mm 的抽吸槽,如图 6.1 所示。

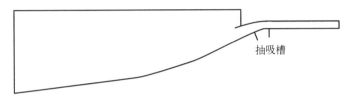

图 6.1　设置抽吸槽的高超声速进气道模型

图 6.2 给出了亚额定工况下,来流马赫数变化引起的高超声速进气道全局不起动/起动转换。在来流攻角 $\alpha = 0°$ 时,逐渐减小来流马赫数 Ma_0,高超声速进气道在 $Ma_0 = 3.5 \sim 3.25$ 发生起动→全局不起动转换。在此基础上,逐渐增加来流马赫数,高超声速进气道在 $Ma_0 = 4.75 \sim 5$ 发生全局不起动→起动转换。来流马赫数变化导致高超声速进气道出现全局不起动↔起动转换,并且在该转换过程中出现迟滞现象。图 6.3 给出了高超声速进气道全局不起动/起动转换临界点对应的流场。

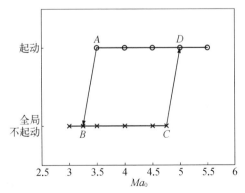

图 6.2　来流马赫数变化引起的高超声速进气道全局不起动/起动转换

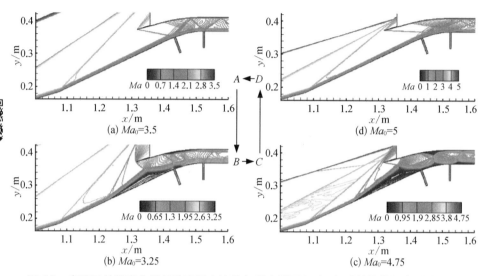

图6.3 来流马赫数变化引起的高超声速进气道全局不起动/起动转换临界点对应流场

图6.4给出了亚额定工况下,来流攻角变化引起的高超声速进气道全局不起动/起动转换。在来流马赫数 $Ma_0 = 5$ 时,逐渐增加来流攻角 α,高超声速进气道在 $\alpha = 15° \sim 16°$ 发生起动→全局不起动转换。在此基础上,逐渐减小来流攻角,高超声速进气道在 $\alpha = 2° \sim 1°$ 发生全局不起动→起动转换。来流攻角变化导致高超声速进气道出现全局不起动↔起动转换,并且在该转换过程中出现迟滞现象,图6.5给出了高超声速进气道全局不起动/起动转换临界点对应的流场。

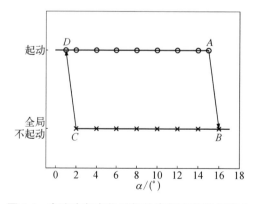

图6.4 来流攻角变化引起的高超声速进气道全局不起动/起动转换

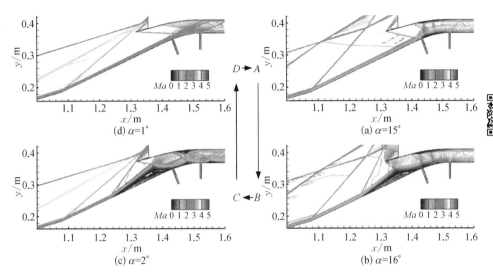

图 6.5　来流攻角变化引起的高超声速进气道全局不起动／起动转换临界点对应流场

6.2.2　有反压下的全局不起动／起动转换

前面 3.4 节介绍了亚额定工况下反压引起高超声速进气道全局不起动的实验研究。图 6.6 给出的是来流马赫数为 4.5、堵块连续移动工况下高超声速进气道多模式转换情况。实验过程中，堵块一开始位于下游位置，进气道为起动状态。随着堵块向上游移动，节流比 TR 增加，燃烧室反压升高，燃烧室内形成激波串并不断向上游移动，最终被推出进气道，发生起动→全局不起动转换。然后堵块以相同的规律向下游移动，节流比 TR 减小，燃烧室反压降低，进气道内流场恢复，发生全局不起动→起动转换。随着堵块继续向下游移动，激波

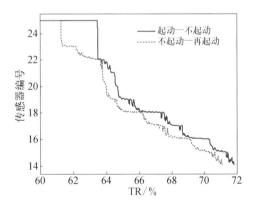

图 6.6　堵块连续移动引起的高超声速进气道全局不起动／起动转换

串也不断向下游移动。从图 6.6 中激波串移动路径可以发现，下游燃烧室反压变化导致高超声速进气道出现全局不起动↔起动转换，并且在该转换过程中出现迟滞现象。

6.3 高超声速进气道局部不起动/起动模式转换特性

6.3.1 变唇罩角度引起的局部不起动/起动转换

本节采用 3.2 节中的高超声速进气道模型。图 6.7 所示为 $Ma_0 = 7$ 时,唇罩角度 θ_c 从 19°减小到 10°,再增加到 19°时,高超声速进气道流场的变化过程。在 $\theta_c = 19°$时,经有黏定常计算收敛后,发现进气道处于起动状态,将此流场插值到 $\theta_c = 18°$ 的进气道模型,继续计算直至收敛。按照此过程,计算唇罩角度逐渐减小,进气道流场的变化过程。唇罩角度 θ_c 从 19°减小到 11°,进气道一直处于起动状态,进一步减小唇罩角度 θ_c 到 10°,进气道发生起动→局部不起动转换。将此流场插值到 $\theta_c = 11°$进气道模型,继续计算直至收敛。接着计算唇罩角度逐渐增加时进气道流场的变化过程,唇罩角度 θ_c 从 10°增加到 18°,进气道一直处于局部不起动状态,进一步增加唇罩角度 θ_c 到 19°,进气道发生局部不起动→起动转换。唇罩角度变化导致高超声速进气道出现局部不起动↔起动转换,并且在该转换过程中出现迟滞现象。

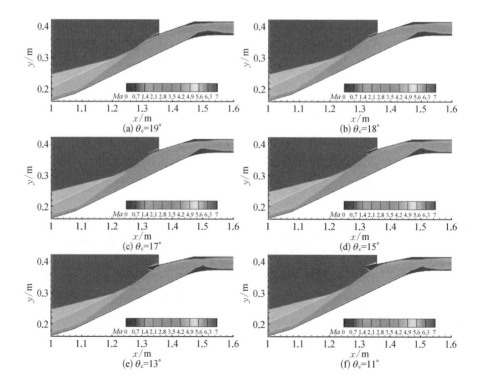

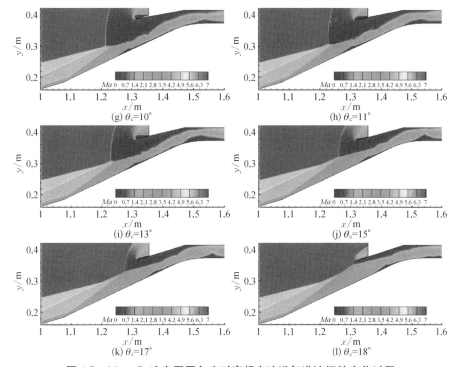

图 6.7　$Ma_0 = 7$，改变唇罩角度时高超声速进气道流场的变化过程

　　从激波反射模式转换角度来看，唇罩角度变化会引起规则反射↔马赫反射转换，如图 4.13 中所示 $A1 \to A3 \to A1$ 变化过程，并且规则反射→马赫反射和马赫反射→规则反射这两个转换过程存在迟滞现象。另外，唇罩角度变化会影响外压缩激波/唇罩边界层相互作用，从唇罩边界层分离↔再附转换的角度来看，也会存在迟滞现象。因此，高超声速进气道局部不起动↔起动转换过程中会出现迟滞现象。

6.3.2　变下游压力引起的局部不起动/起动转换

　　为改变外压缩激波在唇罩处入射点的下游压力，在距离唇口 40.5 mm 处开一个射流小孔，孔宽 1.5 mm，射流喷嘴收缩角为 5°，射流工质采用空气，总温 300 K，在喷嘴出口以声速喷出。本节选用 $Ma_0 = 7$、唇罩角度 $\theta_c = 17°$ 的进气道模型，图 6.8 所示为射流压比 p_j / p_t 从（p_j 为射流总压，p_t 为来流总压）从 0.008 增加到 0.02，再减小到 0.008 时，高超声速进气道流场的变化过程。

　　在 $p_j / p_t = 0.008$ 时，进气道处于起动状态。增加 p_j / p_t 到 0.01，继续计算直至

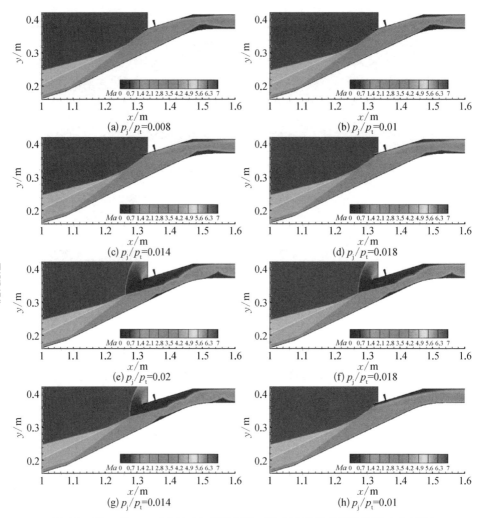

图 6.8 $Ma_0 = 7$、$\theta_c = 17°$时改变射流压比时高超声速进气道流场的变化过程

收敛。继续增加射流压力,观察进气道流场的变化过程。射流压比 p_j/p_t 从 0.008 增加到 0.018,进气道一直处于起动状态,进一步增加射流压比 p_j/p_t 到 0.02,进气道发生起动→局部不起动转换。然后逐渐减小射流压比 p_j/p_t,模拟进气道流场的变化过程。射流压比 p_j/p_t 从 0.02 减小到 0.01,进气道一直处于局部不起动状态,进一步减小射流压比 p_j/p_t 到 0.008,进气道发生局部不起动→起动转换。通过改变射流压比来改变外压缩激波在唇罩处入射点的下游压力,引起高超声速进气道局部不起动↔起动转换,并且在该转换过程中出现迟滞现象。

外压缩激波在唇罩处入射点下游压力增加,通过边界层向上游传播,使得外压缩激波/唇罩边界层相互作用增强,分离包变大,分离激波增强,激波反射由规则反射转换为马赫反射,进气道由起动状态转换为局部不起动状态。在减小下游压力之后,唇罩分离包变小,外压缩激波在唇罩处形成规则反射,进气道由局部不起动状态转换为起动状态。唇罩处边界层分离↔再附的转换和规则反射↔马赫反射的转换,引起高超声速进气道局部不起动↔起动转换,并且在该转换过程中出现迟滞现象。

6.3.3　变来流条件引起的局部不起动/起动转换

本节选用唇罩角度 $\theta_c = 15°$ 的进气道模型,研究来流马赫数、来流攻角变化对高超声速进气道在超额定工况下工作特性的影响。

图 6.9 给出了 $\theta_c = 15°$ 进气道模型在超额定工况下改变来流马赫数时,进气道工作模式变化情况。

根据前面研究可知,在 $Ma_0 = 7$、$\alpha = 0°$ 工况下,$\theta_c = 15°$ 进气道模型可能处于起动状态,也可能处于局部不起动状态。以 $Ma_0 = 7$、$\alpha = 0°$ 工况进气道局部不起动流场(图 6.10 中流场 A)为初始流场,逐渐增加来流马赫数,直至 $Ma_0 = 10$,进气道始终保持局部不起动状态。也就是说,增加来流马赫数无

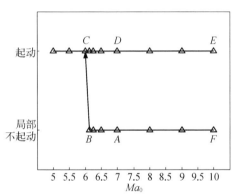

图 6.9　$\theta_c = 15°$ 进气道模型在超额定工况下变来流马赫数时的工作模式

法使进气道由局部不起动状态转换为起动状态。在初始流场 A 基础上逐渐减小来流马赫数,高超声速进气道在 $Ma_0 = 6.125 \sim 6$ 发生局部不起动→起动转换。此后,逐渐增加来流马赫数,进气道都不会转换回局部不起动状态,而是始终保持起动状态。对应的高超声速进气道流场变化情况如图 6.10 所示。

图 6.11 给出了 $\theta_c = 15°$ 进气道模型在超额定工况下改变来流攻角时,进气道工作模式变化情况。以 $Ma_0 = 7$、$\alpha = 0°$ 工况进气道局部不起动流场(图 6.12 中流场 A)为初始流场,逐渐增加来流攻角,高超声速进气道在 $\alpha = 7° \sim 8°$ 发生局部不起动→起动转换。在初始流场 A 基础上逐渐减小来流攻角,高超声速进气道在 $\alpha = -5° \sim -6°$ 发生局部不起动→起动转换。此后,逐渐增加来流攻角,进气道都不会转换回局部不起动状态,而是始终保持起动状态。对应的高超声速进气道流场变化情况如图 6.12 所示。

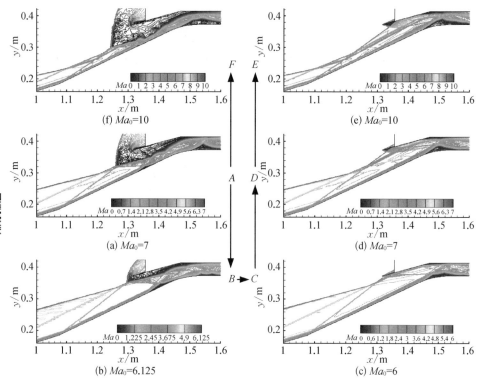

图 6.10 $\theta_c = 15°$进气道模型在超额定工况下变来流马赫数时工作模式转换对应流场

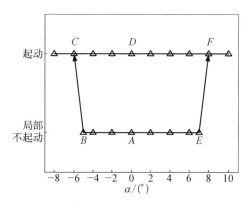

图 6.11 $\theta_c = 15°$进气道模型在超额定工况
下变来流攻角时的工作模式

对于 $\theta_c = 15°$进气道模型,在超额定工况下,如果初始状态为局部不起动状态,增加来流马赫数无法使进气道由局部不起动状态转换为起动状态,而减小来流马赫数或减小来流攻角或增加来流攻角,都可以使进气道由局部不起动状态

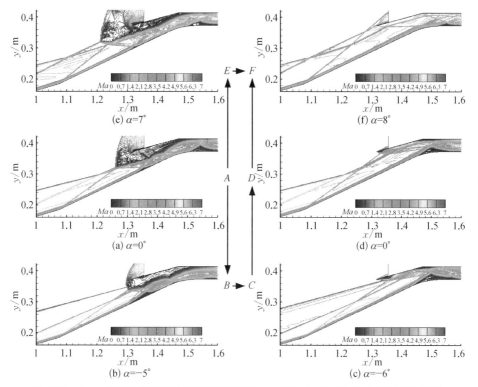

图 6.12　$\theta_c = 15°$ 进气道模型在超额定工况下变来流攻角时工作模式转换对应流场

转换为起动状态。分析其原因如下：增加来流马赫数，外压缩激波增强，唇罩处分离包变大，这导致进气道将保持局部不起动状态，不可能转换为起动状态；减小来流马赫数和来流攻角，都会使外压缩激波减弱，唇罩处分离包变小，进气道将发生局部不起动→起动转换；增加来流攻角，外压缩激波增强，唇罩处分离包不会变小，但是当外压缩激波移动到进气道外面时，唇罩处逆压梯度消失，分离包也跟着消失，进气道将发生局部不起动→起动转换。值得说明的是，对于 $\theta_c = 15°$ 的进气道模型，当进气道由局部不起动状态转换为起动状态之后，不可能再转换回局部不起动状态，而是始终保持起动状态。

6.4　高超声速进气道全局不起动/局部不起动模式转换特性

本节选用 6.3 节中的唇罩角度 $\theta_c = 10°$ 进气道模型，研究来流马赫数、来流攻

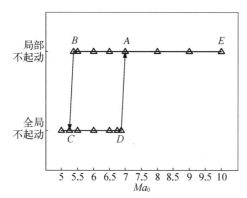

图 6.13 $\theta_c = 10°$进气道模型在超额定工况下变来流马赫数时的工作模式

角变化对高超声速进气道超额定工况下工作特性的影响。

图 6.13 给出了 $\theta_c = 10°$进气道模型在超额定工况下改变来流马赫数时,进气道工作模式变化情况。对应的高超声速进气道流场变化情况如图 6.14 所示。

根据 6.3 节研究可知,在 $Ma_0 = 7$、$\alpha = 0°$工况下,$\theta_c = 10°$进气道模型处于局部不起动状态。以 $Ma_0 = 7$、$\alpha = 0°$工况进气道局部不起动流场(图 6.14 中流场 A)为初始流场,逐渐增加来流马赫数,直至 $Ma_0 = 10$,进气道始终保持局部不起动状态。这与 $\theta_c = 15°$进气道模型相同,增加来流马赫数无法使进气道由局部不起动状态转换为起动状态。在初始流场 A 基础上逐渐减小来流马赫数,高

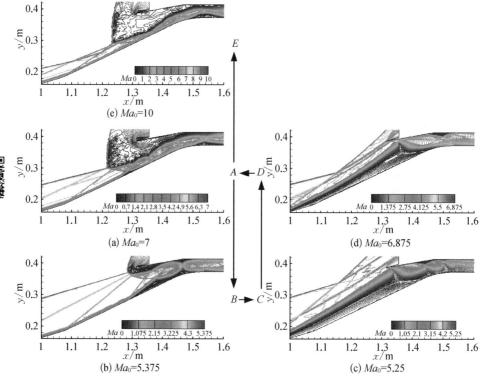

图 6.14 $\theta_c = 10°$进气道模型在超额定工况下变来流马赫数时工作模式转换对应流场

超声速进气道在 $Ma_0 = 5.375 \sim 5.25$ 发生局部不起动→全局不起动转换。此后，逐渐增加来流马赫数，高超声速进气道在 $Ma_0 = 6.875 \sim 7$ 发生全局不起动→局部不起动转换。来流马赫数变化导致高超声速进气道出现局部不起动↔全局不起动转换，并且在该转换过程中出现迟滞现象。

图 6.15 给出了 $\theta_c = 10°$ 进气道模型在超额定工况下改变来流攻角时，进气道工作模式变化情况，对应的高超声速进气道流场变化情况如图 6.16 所示。

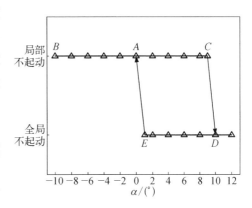

图 6.15　$\theta_c = 10°$ 进气道模型在超额定工况下变来流攻角时工作模式

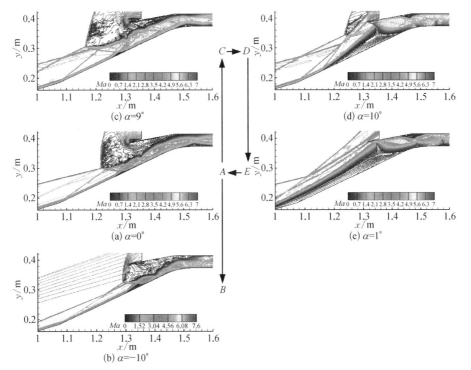

图 6.16　$\theta_c = 10°$ 进气道模型在超额定工况下变来流攻角时工作模式转换对应流场

以 $Ma_0 = 7$、$\alpha = 0°$ 工况下的进气道局部不起动流场(图 6.16 中流场 A)为初始流场，逐渐减小来流攻角，一直到 $\alpha = -10°$，进气道始终保持局部不起动状态。

也就是说,减小来流攻角无法使进气道由局部不起动状态转换为起动状态。在初始流场 A 基础上逐渐增加来流攻角,高超声速进气道在 $\alpha = 9° \sim 10°$ 发生局部不起动→全局不起动转换。此后,逐渐减小来流攻角,高超声速进气道在 $\alpha = 1° \sim 0°$ 发生全局不起动→局部不起动转换。来流攻角变化导致高超声速进气道出现局部不起动↔全局不起动转换,并且在该转换过程中出现迟滞现象。

对于 $\theta_c = 10°$ 进气道模型,在超额定工况下,改变来流马赫数和来流攻角,引起局部不起动↔全局不起动转换。仔细观察流场变化情况,发现与 $\theta_c = 15°$ 进气道模型不同之处在于:减小来流马赫数和增加来流攻角,$\theta_c = 10°$ 进气道模型唇罩壁面分离包虽然消失,但是内压段压缩面上出现大面积分离,使得流动堵塞,导致进气道由局部不起动状态转换为全局不起动状态,而不是起动状态;增加来流马赫数和减小来流攻角,压缩面上分离包消失,外压缩激波进入进气道内压段,打在唇罩壁面上又会引起大面积分离,导致进气道无法转换为起动状态,而是由全局不起动状态转换为局部不起动状态。

6.5 高超声速进气道起动/全局不起动/局部不起动多种工作模式转换特性

6.5.1 变来流条件引起的高超声速进气道多模式转换

来流马赫数、来流攻角变化引起的高超声速进气道起动/全局不起动模式转换边界如图 6.17 所示。

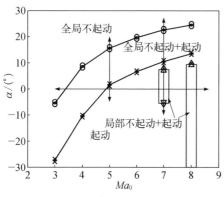

图 6.17 来流条件变化引起的高超声速进气道工作模式转换边界

增加来流攻角或减小来流马赫数,穿越全局不起动边界时,会发生起动→全局不起动转换;减小来流攻角或增加来流马赫数,穿越起动边界时,会发生全局不起动→起动转换;两个边界的中间区域为双解区,高超声速进气道工作模式可能是起动,也可能是全局不起动,其实际工作模式不仅取决于当前工作参数,还与进气道历史工作模式有关。在超额定马赫数下,高超声速进气道还会发生局部不起动和起动模式的转换,如图 6.17 中"局部不起动+起动"箭头所指矩形框所示。穿越转换边界时,会发生局部不起动→起动转换,一旦高超声速进气道工作模式转换为起动模式,沿原路径返回时,不会发生起动→局部不起动转换,高超声速进气道始终保持起动模式。

图 6.18 给出了 $\alpha = 0°$ 时,来流马赫数变化引起的高超声速进气道工作模式转换。减小来流马赫数,高超声速进气道在 $Ma_0 = 3.5 \sim 3.25$ 发生起动→全局不起动转换;增加来流马赫数,高超声速进气道在 $Ma_0 = 4.75 \sim 5$ 发生全局不起动→起动转换。在超额定工况下,如果高超声速进气道初始状态为局部不起动,减小来流马赫数,高超声速进气道在 $Ma_0 = 6.125 \sim 6$ 发

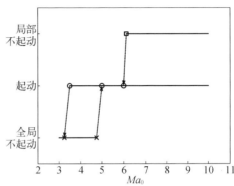

图 6.18　$\alpha=0°$ 时,来流马赫数变化引起的高超声速进气道工作模式转换

生局部不起动→起动转换;增加来流马赫数,高超声速进气道保持起动状态,不会转换回局部不起动状态。

图 6.19 给出了来流攻角变化引起的高超声速进气道工作模式转换特性。在亚额定工况($Ma_0 = 5$)下,增加来流攻角,高超声速进气道在 $\alpha = 15° \sim 16°$ 发生起动→全局不起动转换;减小来流攻角,高超声速进气道在 $\alpha = 2° \sim 1°$ 发生全局不起动→起动转换。在超额定工况($Ma_0 = 7$)下,如果高超声速进气道初始状态为局部不起动,减小来流攻角,高超声速进气道在 $\alpha = -5° \sim -6°$ 发生局部不起

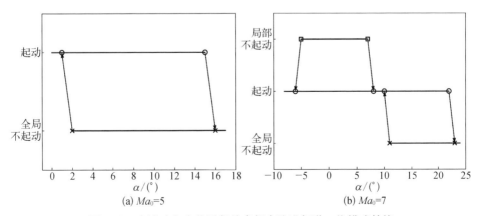

(a) $Ma_0=5$　　　　　　　　　(b) $Ma_0=7$

图 6.19　来流攻角变化引起的高超声速进气道工作模式转换

动→起动转换;或者增加来流攻角,高超声速进气道在 $\alpha = 7° \sim 8°$ 也会发生局部不起动→起动转换。当高超声速进气道由局部不起动状态转换为起动状态之后,改变来流攻角,高超声速进气道始终保持起动状态,不再可能转换回局部不起动状态。但是,来流攻角较高时,高超声速进气道在 $\alpha = 22° \sim 23°$ 发生起动→全局不起动转换,减小来流攻角,高超声速进气道在 $\alpha = 11° \sim 10°$ 发生全局不起动→起动转换。

6.5.2 变燃烧室反压引起的高超声速进气道多模式转换

本节利用燃烧室质量喷射调节燃烧室反压,燃烧室模型和第 4 章中的模型相同。图 6.20 给出了 $\alpha = 0°$ 时,不同来流马赫数下燃烧室质量喷射比例变化引起的高超声速进气道工作模式转换情况,图中纵坐标 m_j/m_0 表示燃烧室质量喷射比例,其中 m_j 表示燃烧室喷射质量,m_0 表示来流捕获质量。从 6.5.1 小节分析可知,高超声速进气道在 $Ma_0 = 4.75 \sim 5$ 发生全局不起动→起动转换;在 $Ma_0 = 6.125 \sim 6$ 发生局部不起动→起动转换。在 $Ma_0 < 4.75 \sim 5$ 时,燃烧室反压升高引起高超声速进气道起动→全局不起动转换后,撤去燃烧室反压,高超声速进气道保持全局不起动模式,无法自起动。在 $Ma_0 > 6 \sim 6.125$ 时,燃烧室反压升高引起高超声速进气道起动→局部不起动转换后,撤去燃烧室反压,高超声速进气道保持局部不起动,无法转换回起动模式。在两个转换边界之间的马赫数下,燃烧室反压升高引起高超声速进气道起动→不起动(包括全局不起动、局部不起动)转换后,撤去燃烧室反压,高超声速进气道将转换回起动模式。

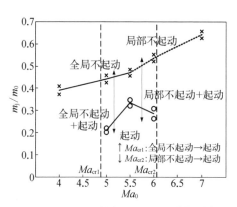

图 6.20 不同马赫数下燃烧室质量喷射比例变化引起的高超声速进气道工作模式转换

图 6.21(a)给出了 $Ma_0 = 5$ 时,不同来流攻角下,燃烧室反压变化引起的高超声速进气道工作模式转换情况。从 6.5.1 小节分析可知,高超声速进气道在 $\alpha = 2° \sim 1°$ 发生全局不起动→起动转换。在 $\alpha > 1° \sim 2°$ 时,燃烧室反压升高引起高超声速进气道起动→全局不起动转换后,撤去燃烧室反压,高超声速进气道保持全局不起动模式,无法自起动。在 α 小于自起动来流攻角时,燃烧室反压升高引起高超声速进气道起动→全局不起动转换后,撤去燃烧室反压,高超声速进气道将

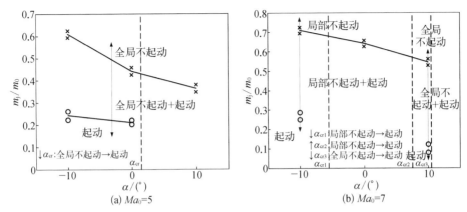

图 6.21　不同来流攻角下燃烧室反压变化引起的高超声速进气道工作模式转换

转换回起动模式。

图 6.21(b)给出了 $Ma_0=7$ 时,不同来流攻角下燃烧室反压变化引起的高超声速进气道工作模式转换情况。从 6.5.1 小节分析可知,高超声速进气道在 $\alpha=11°\sim10°$ 发生全局不起动→起动转换;在 $\alpha=7°\sim8°$ 发生局部不起动→起动转换;在 $\alpha=-5°\sim-6°$ 也会发生局部不起动→起动转换。在 $\alpha>10°\sim11°$ 时,燃烧室反压升高引起高超声速进气道起动→全局不起动转换后,撤去燃烧室反压,高超声速进气道保持全局不起动模式,无法自起动。在 $-5°\sim-6°<\alpha<7°\sim8°$ 时,燃烧室反压升高引起高超声速进气道起动→局部不起动转换,然后撤去燃烧室反压,高超声速进气道保持局部不起动,无法转换回起动模式。在 $\alpha<-5°\sim-6°$ 时,燃烧室反压升高引起高超声速进气道起动→局部不起动转换,然后撤去燃烧室反压,高超声速进气道将转换回起动模式。$7°\sim8°<\alpha<10°\sim11°$ 时,燃烧室反压升高引起高超声速进气道起动→全局不起动转换,然后撤去燃烧室反压,高超声速进气道将转换回起动模式。

6.6　本章小结

本章通过数值模拟研究发现,高超声速进气道几何结构、来流马赫数、来流攻角等因素的变化会引起进气道全局不起动、局部不起动、起动三种模式的相互转换,并且在转换的过程中会出现突变与迟滞现象。

在亚额定工况下,首先根据来流条件确定高超声速进气道工作区间,如果进气道处于全局不起动区间或者起动/全局不起动双解区间,仅仅通过减小燃油流量来降低燃烧室反压是无法让进气道再起动的。在超额定工况下,首先根据来流条件确定高超声速进气道工作区间,如果进气道处于起动/局部不起动双解区间,则最好是减小来流马赫数或增大来流攻角让进气道处于起动区间。

此外,本章重点介绍了高超声速进气道全局不起动/起动、局部不起动/起动、局部不起动/全局不起动三种模式之间的转换特性,以及全工况下变来流条件和燃烧室反压引起的高超声速进气道全局不起动/局部不起动/起动多模式转换特性。

第7章

高超声速进气道不起动监测方法

7.1 引言

受多种因素的影响,高超声速进气道不起动存在多种模式。前面研究发现,全局不起动与局部不起动的流动特性不同,控制措施也不同。因此,高超声速进气道不起动监测需要解决以下两个问题。

第一,正确监测和判断高超声速进气道不起动状态。将高超声速进气道不起动状态漏判,或者将高超声速进气道起动状态误判为不起动状态,都会对超燃冲压发动机的正常工作产生影响。在1998年美俄联合开展的飞行实验中[1,11],发动机控制系统成功监测到高超声速进气道不起动并采取措施使得进气道再起动,但是之后发动机控制系统却一直将进气道工作状态误判为不起动状态,导致飞行实验最终没有达到预期目标。

第二,识别具体的进气道不起动模式。只有判断出具体的不起动模式后,超燃冲压发动机控制系统才能开展相应的控制措施避免进气道不起动或使得进气道再起动,以保证超燃冲压发动机正常工作。

当高超声速进气道处于不起动状态时,其流量捕获系数和总压恢复系数急剧下降,使得燃烧室燃料燃烧所需的氧气无法满足,燃烧效率下降,发动机推力减小,燃烧室内燃烧产物减少,未发生反应的燃料增多。此外,高超声速进气道壁面压力往往会急剧增加,并且伴随着剧烈振荡,可能导致发动机结构损坏。

以上特征都可以用来监测高超声速进气道不起动状态,比较常用的则是利用动态压力传感器测量进气道喉道附近壁面瞬态压力,通过分析瞬态压力信号特征来监测高超声速进气道不起动状态。

本章首先介绍高超声速进气道全局不起动和局部不起动特性,其次介绍基于壁面动态压力信号时域和频域特性的高超声速进气道不起动监测方法,以及基于壁面动态压力信号时间序列分析的高超声速进气道不起动监测方法。最后介绍高超声速进气道不起动多模式对监测方法的影响。

7.2　高超声速进气道不起动多模式的特性分析

7.2.1　高超声速进气道全局不起动特性

前面 3.4 节介绍了亚额定工况下高超声速进气道反压不起动实验研究。值得说明的是,在 $Ma_0=5$ 和 $Ma_0=6$ 工况下,实验观察到了一种特殊的进气道不起动流场模式:非振荡强烈模式。尤其是 $Ma_0=6$ 工况下,该模式更为明显。在非振荡强烈模式下,进气道压力保持相对稳定的状态。类似的现象,Wagner 等[44]和 Tan 等[45]在实验中也观察到了,并将之称为非振荡不起动(non oscillatory unstarted flow)。不同之处在于,非振荡不起动模式下,进气道压力保持较高状态,而非振荡强烈模式下,进气道压力处于较低状态。

本节利用 $Ma_0=4.5$ 和 $Ma_0=6$ 两个工况下的实验数据,来分析进气道全局不起动特性。

图 7.1 给出了 $Ma_0=4.5$ 和 $Ma_0=6$ 两个工况下在不起动发展过程中的几个典型传感器的压力信号。从图 7.1 中可以看出,传感器 T14~T25,即隔离段和燃烧室内的压力传感器,依次经历了稳定状态、激波串状态和不起动状态。其中,在稳定状态和激波串状态下,进气道都处于起动状态。随着反压升高,激波串不断向上游移动。激波串上游的流场比较稳定,没有明显的振荡,而激波串中的流场存在明显的振荡。一旦激波串前缘位置到达喉道上游,进气道不起动就会立刻发生。传感器 T14 位于隔离段入口处,离喉道距离最近,T14 压力振荡表明激波串前缘位置已经到达进气道喉道附近,T14 经历的激波串状态可作为不起动的先兆信号,用来监测进气道不起动状态。

图 7.2 给出了 $Ma_0=4.5$ 和 $Ma_0=6$ 两个工况下 T14 压力信号的时频特性。稳定状态下,振荡能量非常微弱,激波串经过 T14 时,开始出现主频为 50 Hz 左右的振荡,随着节流比增加,振荡主频增加,节流比为 90% 时,振荡主频约为 170 Hz。值得说明的是,在 $Ma_0=6$ 工况下,出现非振荡强烈模式时,振荡能量也很微弱,与起动状态相近,导致图 7.2(b)不起动状态下功率谱出现几个明显的间断。

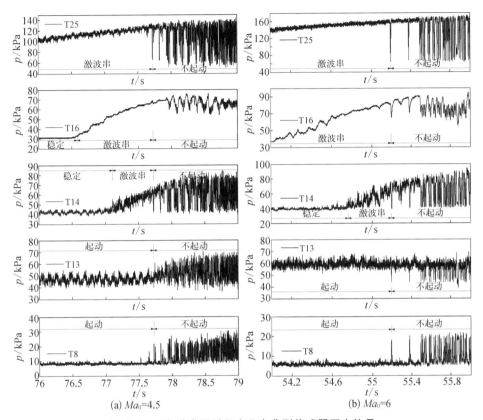

图 7.1　不起动发展过程中几个典型传感器压力信号

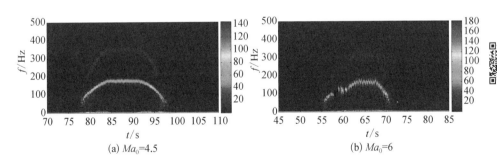

图 7.2　T14 压力信号的时频特性

总的来说,当高超声速进气道全局不起动发生时,进气道喉道附近壁面压力将明显升高,并且开始剧烈振荡,从频谱特征来看,压力振荡存在明显的主频。值得说明的是,进气道全局不起动时可能出现非振荡不起动模式,此时壁面压力仍然保持较高的状态,只是振荡能量明显衰弱,与起动状态相近。

7.2.2　高超声速进气道局部不起动特性

Zhang 等[54]在南京航空航天大学的暂冲式高超声速风洞中实验研究了超额定工况下由堵块节流引起的高超声速进气道局部不起动发展过程,实验模型和动态压力传感器布置示意图如图 7.3 所示。高超声速进气道的设计马赫数和起动马赫数分别为 6.0 和 4.0。风洞实验分别在来流马赫数为 5、6 和 7 下进行。其他详细信息如实验模型几何参数、压力传感器信息及风洞实验过程等,不再细述,可参见文献[54]。

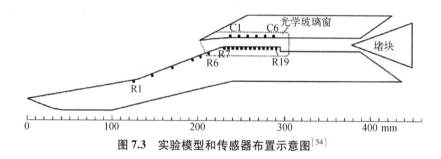

图 7.3　实验模型和传感器布置示意图[54]

图 7.4 给出了超额定工况($Ma_0 = 7$)下,局部不起动发展过程中的几个典型传感器的压力信号,图 7.5 给出了 C1、C6 压力信号的时频特性[54]。当进气道局

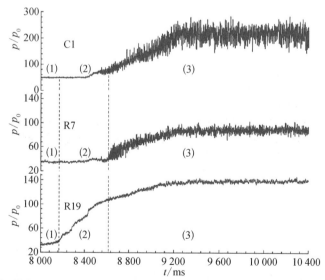

图 7.4　超额定工况($Ma_0 = 7$)下局部不起动发展过程中的几个典型传感器压力信号[54]

（1）超声速流动阶段($t_3 < 8\,169$ ms)；（2）激波串阶段($t_3 = 8\,169 \sim 8\,617$ ms)；
（3）局部振荡阶段($t_3 > 8\,617$ ms)。

部不起动要发生时,喉道附近壁面压力 C1、R7 急剧增加并开始剧烈振荡。文献[54]指出,C1 振幅明显要比其他测点大,振荡能量也比较分散,包含了 700 Hz 以下,而其他测点在 300 Hz 以下。

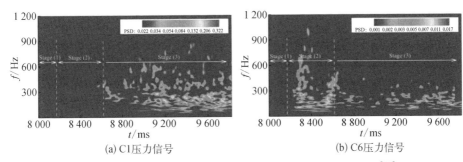

(a) C1压力信号　　　　　　　　　　　　　(b) C6压力信号

图 7.5　超额定工况($Ma = 7$)下 C1、C6 压力信号的时频特性[54]

PSD 表示功率谱密度(power spectral density,PSD)

总的来说,当高超声速进气道局部不起动发生时,进气道喉道附近壁面压力也会迅速升高,并且开始剧烈振荡,不过从频谱特征来看,此时压力振荡不存在明显的主频。

7.3　基于壁面动态压力信号时域和频域特性的进气道不起动监测方法

当高超声速进气道处于不起动状态时,进气道壁面压力往往会急剧增加,并且伴随着剧烈振荡。本节利用 3.4 节中的壁面动态压力数据来分析基于壁面压力幅值增加和振荡等特性的高超声速进气道不起动监测方法。

7.3.1　已有监测算法

1. 基于压力幅值的不起动监测算法

图 7.6 给出了采用窗口长度为 80 ms(400 个数据点)的移动窗口对 T14 压力信号进行滑动平均处理后的结果。不起动发生后,压力幅值迅速升高,因此,可根据起动状态下压力幅值的最大值来设定不起动监测阈值。对于 $Ma_0 = 4.5$ 工况,起动状态下最大压力幅值为 43.6 kPa;对于 $Ma_0 = 6$ 工况,起动状态下最大压力幅值为 42.1 kPa。

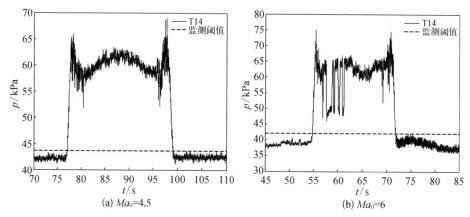

图 7.6 基于滑动平均压力幅值的不起动监测

2. 基于标准差的不起动监测算法

图 7.7 给出了在窗口长度为 80 ms 的移动窗口内 T14 压力信号标准差的变化情况。不起动发生后,压力标准差迅速升高,因此,可根据起动状态下压力信号标准差的最大值来设定不起动监测阈值。对于 $Ma_0=4.5$ 工况,起动状态下标准差最大值为 2.1 kPa。对于 $Ma_0=6$ 工况,起动状态下标准差最大值为 4 kPa。值得说明的是,在非振荡强烈模式下,压力保持相对稳定,标准差较小,与起动状态相近。

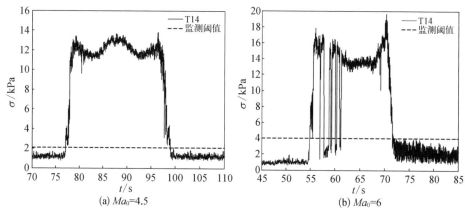

图 7.7 基于压力标准差的不起动监测

3. 基于 PSD 的不起动监测算法

考虑到 PSD 计算量较大,将采样频率由 5 kHz 降低为 1 kHz 后进行重新采样。基于小波变换计算的 T14 压力信号在 50~200 Hz 的 PSD 如图 7.8 所示。不起动发生后,压力开始剧烈振荡,振荡主频在 50~200 Hz。不起动出现,导致该频带内 PSD 迅速升高,因此,可根据起动状态下压力信号在该频带内 PSD 最大值来设定不起动监测阈值。对于 $Ma_0 = 4.5$ 工况,起动状态下该频带内 PSD 最大值为 $0.5(\text{kPa})^2/\text{Hz}$。对于 $Ma_0 = 6$ 工况,起动状态下该频带内 PSD 最大值为 $1.1(\text{kPa})^2/\text{Hz}$,值得说明的是,在非振荡强烈模式下,压力保持相对稳定,在该频带内 PSD 较低,与起动状态相近。

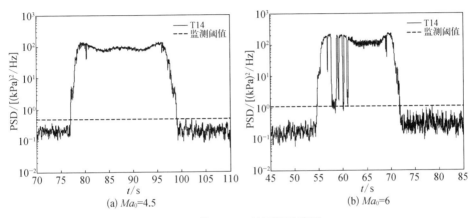

图 7.8　基于 PSD 的不起动监测

4. 基于累积和的不起动监测算法

累积和算法是通过监测所感兴趣信号的概率密度变化来实现的,监测阈值由半经验公式确定,详见文献[73]。但是该算法不适合变化频繁发生,为此,本书应用累积和算法监测进气道不起动,进行如下改动。

(1) 设置再起动监测信号, $n_k = \max\limits_{1 \leqslant j \leqslant k} S_j$,假如在第 i 个采样点,进气道不起动信号释放,令 $n_i = S_i$,此后第 k 个采样点的 n_k 取第 i 个采样点以来的最大值,即 $n_k = \max\limits_{i \leqslant j \leqslant k} S_j$。

(2) 假如在第 i 个采样点,进气道再起动信号释放,令 $m_i = S_i$,此后第 k 个采样点的 m_k 取第 i 个采样点以来的最小值,即 $m_k = \min\limits_{i \leqslant j \leqslant k} S_j$。

(3) 令 $h_\text{u} = m_k + h_1$、$h_\text{s} = n_k - h_2$。当 $S_k \geqslant h_\text{u}$ 时触发进气道不起动信号,当 $S_k \leqslant h_\text{s}$ 时触发进气道再起动信号。h_1、h_2 为监测阈值,可由半经验公式确定。本节选取 $h_1 = 300$、$h_2 = 1\,500$。

图 7.9 给出了 $Ma_0 = 4.5$ 工况下,基于累积和的不起动监测结果,高超声速进气道不起动、再起动都监测成功。图 7.10 给出了 $Ma_0 = 6$ 工况下,基于累积和的不起动监测结果,在非振荡强烈模式下,监测结果出现了一次误判。

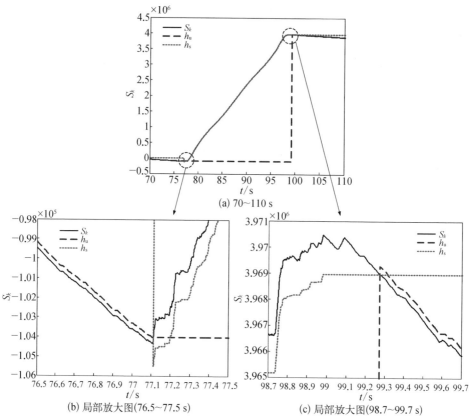

(a) 70~110 s

(b) 局部放大图(76.5~77.5 s)

(c) 局部放大图(98.7~99.7 s)

图 7.9 $Ma_0 = 4.5$ 工况下基于累积和的不起动监测

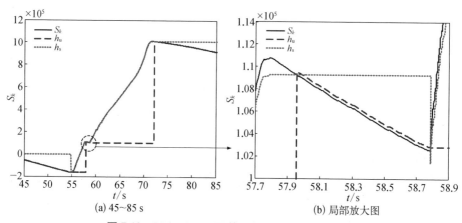

(a) 45~85 s

(b) 局部放大图

图 7.10 $Ma_0 = 6$ 工况下基于累积和的不起动监测

7.3.2　基于递归傅里叶变换的不起动监测算法

前面介绍的基于功率谱的监测算法不但需要存储一个较大窗口内的压力数据,而且计算量也很大,这些都不利于监测算法的在线实现。为此,我们引入了递归傅里叶变换(recursive Fourier transform, RFT)来改进这种方法,称为基于递归傅里叶变换的监测算法。

一个任意信号 $x(t)$ 的傅里叶变换如式(7.1)所示:

$$F[x(t)] \equiv \hat{x}(\omega) \equiv \int_{-\infty}^{+\infty} x(t) e^{-j\omega t} dt \tag{7.1}$$

实际待监测的信号是通过数据采集系统获得的,所以需要离散的傅里叶变换。离散傅里叶变换的形式如式(7.2)所示:

$$\boldsymbol{X}(\omega) \equiv \sum_{i=0}^{N-1} \boldsymbol{x}_i(t_i) e^{-j\omega t_i} \tag{7.2}$$

式(7.2)的欧拉近似可以表示为

$$\hat{\boldsymbol{x}}(\omega) \approx \boldsymbol{X}(\omega) \Delta t \tag{7.3}$$

如果采样频率比我们感兴趣的任何频率都足够大,这个近似就是合适的。此时暂假定压力信号满足这个条件,离散的递归傅里叶变换可以按如式(7.4)所示的递归方式计算:

$$\boldsymbol{X}_k(\omega) = \boldsymbol{X}_{k-1}(\omega) + \boldsymbol{x}(t_k) e^{-j\omega k \Delta t} \tag{7.4}$$

正是由于 $\boldsymbol{X}_k$ 是唯一需要存储在系统里的矩阵,傅里叶变换的递归计算很大程度地方便了实时监测。对于感兴趣的频率范围($[1, \cdots, m]$),用如下矩阵表示基于时域数据的傅里叶变换:

$$\tilde{\boldsymbol{X}}(\omega) = \begin{bmatrix} \tilde{\boldsymbol{x}}(1) \\ \tilde{\boldsymbol{x}}(2) \\ \vdots \\ \tilde{\boldsymbol{x}}(m) \end{bmatrix} \tag{7.5}$$

对于振荡的监测,我们简单地将频率限制在非正常模式的一个特有的频率范围。某个信号在特定时间的离散傅里叶变换包含从时间 $t=0 \sim T$ 的频域信息。这种记忆性的特性能够造成已过去的振荡周期错误地触发监测算法,所以处理这个问题需要使用窗口离散傅里叶变换,如式(7.6)所示:

$$\Delta X(\omega)_{t=T} = X(\omega)_{t=T} - X(\omega)_{t=T-k} \tag{7.6}$$

离散傅里叶变换结果在 $t = T$ 和 $t = T - k$ 的差值表征信号在时间窗口 T 和 $T-k$ 的频谱。以这种方式,在一个数据窗口内的振荡周期的幅值和频率以一个单独的变量储存下来。为了监测这些振荡,可以监测这个窗口傅里叶变换的范数。如果这个范数超过一个特定的阈值,就表明在这个频率范围内出现了过多的能量,就认为是不期望的振荡出现了,并且相应的标志被触发。

图 7.11 给出了基于递归傅里叶变换得到的不起动监测结果,从图中可以看到,一旦不起动出现,T14 的递归傅里叶变换的值突然升高,触发不起动监测信号。

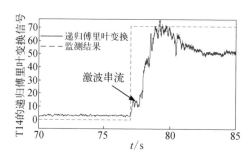

图 7.11　基于递归傅里叶变换得到的不起动监测结果

7.3.3　基于求导的不起动监测算法

通过对特征信号的分析,发现起动状态和不起动状态在振荡的频率和幅值上有明显的差别。针对这样的信号,从数学角度上分析,这三个状态在导数上同样表现出较大的差异。根据导数的不同发展了基于求导的不起动监测算法,接下来就以如下所示的信号介绍这个算法。

$$y = \begin{cases} \sin t, & 0 \leqslant t < 6\pi \\ 10\sin 2t, & 6\pi \leqslant t \leqslant 12\pi \end{cases} \tag{7.7}$$

这个信号有两个状态,状态 I 的振荡频率和幅度都比状态 II 的小,如图 7.12(a)所示。对这个信号求导,得到如图 7.12(b)所示的结果,对比求导后的结果和原始信号可以发现,求导的作用扩大了两个状态之间的差异,这对两个状态的分类是很有益的。值得注意的是,如果状态 II 的振荡频率小于状态 I 的,那么求导只会使两者间的差异减小。对于不起动监测,测点的压力在起动状态流场是稳定的,其压力信号可以看作直流信号,而不起动状态周期性很明显,在不同节流比下都存在振荡主频,因此求导能够增大起动/不起动之间的差异。对求导后的结果取绝对值得到如图 7.12(c) 所示的结果,从图中可以看到,两个状态在平均值上差异很大,简单的平滑处理就能很容易将两个状态进行分类,如图7.12(d) 所示。

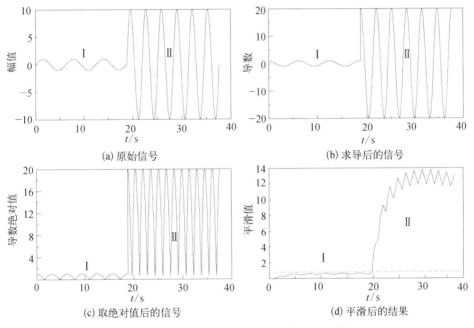

图 7.12　基于求导的不起动监测算法主要步骤

基于求导的不起动监测算法没有任何数据需要存储,也没有复杂的计算,实际应用中,求导可以用差分替代,因此求导的监测算法相对基于标准方差、递归傅里叶变换的监测算法更能满足实时监测的要求。

对 T14 压力信号进行求导,然后采用窗口长度为 80 ms 的移动窗口进行平滑处理后的结果如图 7.13 所示。不起动发生后,压力开始剧烈振荡,其导数迅速增加,因此,可根据起动状态下压力信号导数最大值来设定不起动监测阈值。对于 $Ma_0 = 4.5$ 工况,起动状态下压力导数最大值为 341 kPa/s。对于 $Ma_0 = 6$ 工况,起动状态下压力导数最大值为 458 kPa/s。值得说明的是,在非振荡强烈模式下,压力保持相对稳定,导数较小,与起动状态相近。

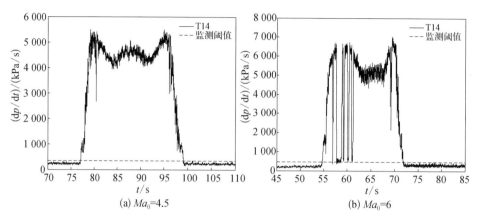

图 7.13 T14 压力信号求导结果的平滑处理

7.4 基于壁面动态压力信号时间序列分析的进气道不起动监测方法

7.3 节中研究了利用进气道喉道附近壁面瞬态压力来监测进气道不起动的方法,但是这些方法都只利用了压力数据的大小,而忽略了压力数据的顺序。通常,按照时间顺序排列的一组数据,称作时间序列。它包含了数据顺序与数据大小,蕴含了系统及其变化的信息,表现出变化的动态过程,因此,又称作"动态数据"。时间序列分析则是指采用参数模型对有序的随机数据进行分析和处理的一种数据处理方法。目前,此方法已广泛应用于模式识别、故障诊断等领域[74]。

7.4.1 时间序列建模

自回归滑动平均(autoregressive moving average, ARMA)模型是时间序列分析常用的参数模型。在故障诊断中,考虑计算速度的要求,通常采用自回归(autoregressive, AR)模型。

一个平稳、零均值的时间序列 $\{x_t\}$ 满足如下方程:

$$x_t = \varphi_1 x_{t-1} + \varphi_2 x_{t-2} + \cdots + \varphi_n x_{t-n} + a_t, \quad a_t \sim \mathrm{NID}(0, \sigma_a^2) \tag{7.8}$$

其中,x_t 为时间序列 $\{x_t\}$ 在 t 时刻的元素;$\varphi_i(i=1, 2, \cdots, n)$ 为自回归参数;序列 $\{a_t\}$ 为残差序列,当这一方程正确地揭示时间序列的结构与规律时,$\{a_t\}$ 应为白噪声。

称式(7.8)为 n 阶 AR 模型,记为 $\mathrm{AR}(n)$。时间序列建模的第一步是对观测数据进行采样,得到时间序列 $\{x_t\}$,然后对数据进行预处理,得到满足平稳性、正态性、零均值要求的时间序列。

$\mathrm{AR}(n)$ 模型参数估计的方法有很多种,比较常用的是 Burg 算法,其递推步骤如下。

(1) 从 $n=0$ 开始,计算初始值。

$$
\begin{cases}
\varphi_{0,0} = 0, \quad \sigma_{a,0}^2 = \dfrac{1}{N}\sum_{t=1}^{N} x_t^2 \\
f_{0,t} = x_t, \quad b_{0,t-1} = x_{t-1}
\end{cases}
\tag{7.9}
$$

(2) 计算 $\varphi_{n+1,n+1}$。

$$
\varphi_{n+1,n+1} = \frac{2\sum\limits_{t=n+2}^{N} f_{n,t} b_{n,t-1}}{\sum\limits_{t=n+2}^{N} (f_{n,t}^2 + b_{n,t-1}^2)}
\tag{7.10}
$$

(3) 计算 $\varphi_{n+1,i}$、$\sigma_{a,n+1}^2$。

$$
\begin{cases}
\varphi_{n+1,i} = \varphi_{n,i} - \varphi_{n+1,n+1}\varphi_{n,n+1-i} \\
\sigma_{a,n+1}^2 = \sigma_{a,n}^2 (1 - \varphi_{n+1,n+1}^2)
\end{cases}
\tag{7.11}
$$

(4) 计算 $f_{n+1,t}$、$b_{n+1,t}$。

$$
\begin{cases}
f_{n+1,t} = f_{n,t} - \varphi_{n+1,n+1} b_{n,t-1} \\
b_{n+1,t} = b_{n,t-1} - \varphi_{n+1,n+1} f_{n,t}
\end{cases}
\tag{7.12}
$$

(5) 令 $n = n+1$,重复上述步骤(2)~(4),直至得到适用的 AR 模型。
其中,$f_{n,t}$、$b_{n,t-1}$ 分别为向前滤波误差和向后滤波误差;N 为时间序列样本长度。

考虑到 AR 模型的确定需要递推求解,采样频率太高,数据过多会导致算法执行偏慢,本节将采样频率由 5 kHz 降低为 1 kHz,时间序列样本长度取 $N=100$。

通常,模型阶次越高,模型逼近真实系统的准确性越高,然而,模型阶次升高意味着模型参数增多,导致计算误差增大。综合这两个方面的影响,应该存在一个较为合适的阶次,此阶次对应的模型就是适用模型。本书采用赤池信息准则(Akaike information criterion, AIC),其表达式为

$$\text{AIC}(n) = N\ln \sigma_a^2 + 2n \tag{7.13}$$

$\text{AIC}(n)$取最小值时的模型阶次 n 为适用模型阶次。

7.4.2 基于 AIC 值的进气道不起动监测

AIC 是检验时间序列模型适用性的一个重要准则。对于两个状态相近的信号,相同数据个数的情况下,AIC 值相近;而两个状态不同的信号,AIC 值则会相差较大。

图 7.14 给出了 T14 压力信号 AR 模型的 AIC 值变化情况。不起动发生后,AIC 值迅速升高,因此,可根据起动状态下 AIC 的最大值来设定不起动监测阈值。对于 $Ma_0 = 4.5$ 工况,起动状态下 AIC 最大值为 -1.91。对于 $Ma_0 = 6$ 工况,起动状态下 AIC 最大值为 -1.41。值得说明的是,在非振荡强烈模式下,AIC 值急剧减小,与起动状态最大值相近。

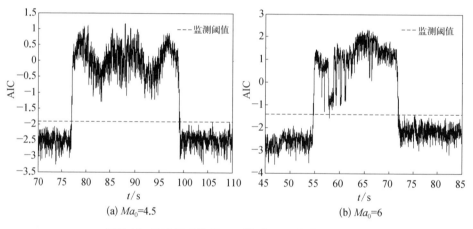

(a) $Ma_0 = 4.5$ (b) $Ma_0 = 6$

图 7.14 T14 压力信号 AR 模型 AIC 值的变化情况

基于 AIC 值的监测算法可以监测到进气道不起动,不过此方法需要对每组数据建立 AR 模型,每次建模又要从低阶到高阶逐一计算 AIC 值来确定最小值,当用于在线监测时,需解决计算速度和计算机内存容量的问题。

7.4.3 基于模型残差方差的进气道不起动监测

为避免每次 AR 建模时从低阶到高阶逐一计算 AIC 值来确定适用阶次,通过对起动状态和不起动状态下一些时间序列样本的 AR 建模,确定 $n = 21$ 为适用模型阶次。

通常，信号的方差 σ_x^2 和模型的残差方差 σ_a^2 中蕴含了系统状态的大量信息。图 7.15 给出了采用 AR(21) 建模时模型残差方差 σ_a^2 的变化情况。

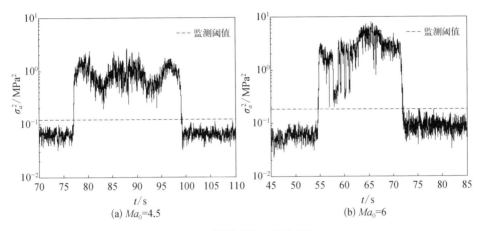

(a) $Ma_0 = 4.5$　　　　　　　　　　　(b) $Ma_0 = 6$

图 7.15　模型残差方差的变化

从图 7.15 可以看出，不起动发生后，σ_a^2 迅速升高，因此，可根据起动状态下 σ_a^2 最大值来设定不起动监测阈值。对于 $Ma_0 = 4.5$ 工况，起动状态下 σ_a^2 的最大值为 0.12。对于 $Ma_0 = 6$ 工况，起动状态下 σ_a^2 的最大值为 0.18，值得说明的是，在非振荡强烈模式下，σ_a^2 急剧减小，与起动状态最大值相近。

7.4.4　基于 K‑L 信息距离的进气道不起动监测

时间序列模型的残差和残差方差含有丰富的信息。基于参考时间序列 $\{x_t\}_R$ 建立参考 AR 模型(记为 AR_R)，可得到残差序列 $\{a_t\}_R$ 服从正态独立分布 $(0,\ \sigma_R^2)$；对于待检时间序列 $\{x_t\}_T$ 建立待检 AR 模型(记为 AR_T)，可得到残差序列 $\{a_t\}_T$ 服从正态独立分布 $(0,\ \sigma_T^2)$。将待检时间序列 $\{x_t\}_T$ 输入参考模型 AR_R，参考模型输出得到的残差序列记为 $\{a_t\}_{RT}$，$\{a_t\}_{RT}$ 的方差记为 σ_{RT}^2。此时有两种可能：当参考时间序列 $\{x_t\}_R$ 和待检时间序列 $\{x_t\}_T$ 属于同一状态时，$\{x_t\}_T$ 也应适用于 AR_R，输出残差序列 $\{a_t\}_{RT}$ 应该是白噪声序列，因此，$\sigma_{RT}^2 = \sigma_R^2$；当 $\{x_t\}_R$ 和 $\{x_t\}_T$ 不属于同一状态时，$\{x_t\}_T$ 不适用于 AR_R，$\{a_t\}_{RT}$ 不是白噪声序列，因此，$\sigma_{RT}^2 \neq \sigma_R^2$。

Kullback-Leibler 信息距离(简称为 K‑L 信息距离)用来检验参考残差序列

$\{a_t\}_R$ 和输出残差序列 $\{a_t\}_{RT}$ 之间的信息距离，其定义为

$$D^2_{KL}(p_{RT}, p_R) = \int p_{RT}(a_t)\ln\frac{p_{RT}(a)}{p_R(a)}da \tag{7.14}$$

其中，p_{RT} 和 p_R 分别为输出残差序列 $\{a_t\}_{RT}$ 和参考残差序列 $\{a_t\}_R$ 的概率密度函数。

$$p_{RT}(a_t) = \frac{1}{\sqrt{2\pi}\,\sigma_T}\exp\left(-\frac{\sigma^2_{RT}}{2\sigma^2_T}\right) \tag{7.15}$$

$$p_R(a_t) = \frac{1}{\sqrt{2\pi}\,\sigma_R}\exp\left(-\frac{\sigma^2_R}{2\sigma^2_R}\right) \tag{7.16}$$

求解式(7.14)，有 $D^2_{KL}(p_{RT}, p_R) = \frac{1}{2}\left(\ln\frac{\sigma^2_R}{\sigma^2_T} + \frac{\sigma^2_{RT}}{\sigma^2_R} - 1\right)$，常数 $1/2$ 不影响按距离分类的结果，因此 K-L 信息距离通常表示为

$$D^2_{KL}(p_{RT}, p_R) = \ln\frac{\sigma^2_R}{\sigma^2_T} + \frac{\sigma^2_{RT}}{\sigma^2_R} - 1 \tag{7.17}$$

选取一些起动状态下的时间序列样本，建立参考 AR 模型，采用 K-L 信息距离 D^2_{KL} 计算与起动状态的差异，如图 7.16 所示。不起动发生后，D^2_{KL} 迅速升高，因此，可根据起动状态下 D^2_{KL} 的最大值来设定不起动监测阈值。对于 $Ma_0=4.5$ 工况，起动状态下 D^2_{KL} 的最大值为 0.66。对于 $Ma_0=6$ 工况，起动状态下 D^2_{KL} 的最大值为 1.81。值得说明的是，在非振荡强烈模式下，D^2_{KL} 急剧减小，与起动状态最大值相近。

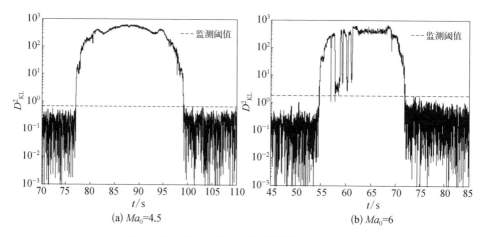

图 7.16 基于 K-L 信息距离的进气道不起动监测

7.5　高超声速进气道不起动多模式对监测方法的影响

7.5.1　全局不起动非振荡模式对不起动监测的影响

从前面分析来看,根据壁面压力幅值增加和振荡等特征可以判断高超声速进气道是否会发生不起动,基于压力幅值、标准差、功率谱、累积和、递归傅里叶变换、求导及时间序列分析(AR 建模 AIC 值、AR 模型残差方差、K-L 信息距离)等方法可以监测到不起动先兆信号。

需要说明的是,当高超声速进气道处于全局不起动非振荡强烈模式时,进气道壁面压力将保持相对稳定的状态。此外,Wagner 等[44]和 Tan 等[45]实验观察到此时的壁面压力保持较高状态,而 3.4 节中的实验则观察到此时的壁面压力保持较低状态,如图 7.6(b)所示,但是此时压力幅值仍然明显高于起动状态,对不起动监测不会产生影响。但从图 7.7(b)来看,此时压力信号标准差急剧减小,与起动状态相近,无法区分开来。从图 7.8(b)来看,此时功率谱密度也急剧减小,与起动状态最大值相近。从图 7.13(b)来看,此时压力信号导数也急剧减小,与起动状态相近。从图 7.14(b)来看,此时 AIC 值也急剧减小,与起动状态最大值相近。从图 7.15(b)来看,此时模型残差方差也急剧减小,但起动状态最大值略高。从图 7.16(b)来看,此时 K-L 信息距离也急剧减小,与起动状态最大值相近。

总的来看,在全局不起动非振荡强烈模式下,基于压力幅值的监测方法不受影响。基于模型残差方差的监测方法也可监测到该不起动状态。基于标准差、求导、累积和的监测方法,则会出现将不起动状态误判为起动状态的情况。基于功率谱、AIC 值、K-L 信息距离的监测方法,可以另设置一个再起动监测准则,从而避免将不起动状态误判为起动状态。

7.5.2　局部不起动模式对监测方法的影响

注意到进气道局部不起动时,在进气道入口前存在一道弓形激波;而进气道全局不起动时,在进气道入口前是一道斜激波。因此,进气道局部不起动壁面压力升高会明显高于进气道全局不起动壁面压力升高,前面 6.3 节中也观察到了这一现象。另外,进气道局部不起动时,壁面压力振荡能量比较分散,不存在明显的主频,而进气道全局不起动时,存在一个 200 Hz 左右的主频(视具体进气道模型而定),振荡能量非常强,如图 7.2 所示。因此,利用压力信号升高幅度(为避免受来流压力的影响,需要选择合适的压比信号,类似方法在 1998 年美俄联合开展的飞行实验中已经使用)或者压力信号在 200 Hz 左右频带内的功率谱,可以区分进气道全局不起动和进气道局部不起动。

总的来看,在进气道全局不起动和局部不起动发生后,都会出现进气道壁面压力急剧增加并且伴随着剧烈振荡等现象。基于这些不起动特性,两种不起动状态可用相同的方法来监测,只是两种不起动模式发生后对应的监测指标(如压比、功率谱等)会有明显差别,可用来识别两种不起动模式。

7.6 本章小结

本章重点介绍了高超声速进气道不起动监测方法。首先分析了高超声速进气道全局不起动和局部不起动的特性,当不起动发生后,进气道喉道附近壁面压力会迅速升高,并且开始剧烈振荡。但是从频谱特征来看,进气道全局不起动时,压力振荡存在明显的主频,而局部不起动压力振荡不存在明显的主频。

其次介绍了利用进气道喉道附近壁面动态压力信号的时域和频域特性来监测进气道不起动的方法,包括基于压力幅值、标准差、功率谱、累积和、递归傅里叶变换、求导等的不起动监测方法。

最后介绍了利用进气道喉道附近壁面动态压力信号,在时间序列分析基础上,基于 AR 建模 AIC 值、模型残差方差和 K-L 信息距离等的不起动监测方法,以及高超声速进气道不起动多模式监测方法,分析了全局不起动非振荡强烈模式对进气道不起动监测的影响,发现基于压力幅值的不起动监测方法不会受到影响。注意到局部不起动时,壁面压力幅值升高更明显,振荡能量比较分散,不存在明显的主频,基于这些特征,可以区分进气道局部不起动和全局不起动两种模式。

第8章

边界层抽吸对隔离段激波串特性的影响

8.1 引言

前面章节介绍了地面风洞实验和数值模拟研究燃烧室反压引起的高超声速进气道不起动,发现进气道不起动的发展过程可分为 3 个阶段:隔离段出现激波串、喉道出现分离和进气道不起动。随着燃烧室压力升高,为了匹配进气道出口压力和燃烧室压力,出现了由一系列激波组成的复杂波系即激波串。燃烧室压力升高,推动激波串向上游移动,当激波串被推出隔离段时,进气道发生不起动。

因此,想要高超声速进气道实现更宽的工作范围,需要提高进气道的抗反压能力,让激波串在更高的燃烧室反压下仍然能够保持在隔离段内。

从流场结构来看,激波串包括激波反射、激波/边界层相互作用等流动现象,激波串的前缘位置即激波串第一道激波引起边界层分离的起始点。想要控制隔离段激波串的位置,就需要采取措施抑制激波/边界层相互作用和流动分离。边界层抽吸是目前常用的一种主动流动控制方法[75~81],该方法通过离散多孔、齐平狭缝、冲压斗等方式[82]排除进气道主流中的近壁低动量流体。采用边界层抽吸来控制隔离段激波串的位置,它的优点是能有效阻止激波/边界层相互作用诱导分离,使下游边界层更薄,减少流动畸变。但同时也存在一些缺点,会降低进气道流量捕获系数,增加阻力和进气道尺寸,间接增加重量补偿和系统复杂性。

本章重点介绍边界层抽吸对隔离段激波串特性的影响。首先分析边界层抽吸对隔离段局部抗反压特性的影响,其次介绍边界层抽吸控制效能评估,最后分析边界层抽吸狭缝动态开启过程对隔离段流动特性的影响。

8.2   边界层抽吸对隔离段局部抗反压特性的影响

8.2.1   物理模型

唇口激波/前体摄入边界层的相互作用,在进气道肩部附近诱导了流动分离,为了研究边界层抽吸局部抗反压能力和相应特性,将抽吸狭缝布置在肩部分离流的正下方用以吸除亚声速流体。图 8.1 显示了进气道/抽吸狭缝一体化的物理模型示意图。该模型的几何结构是一个二维混压式系统,其内收缩比为1.53,由两级外压缩楔面和一个矩形隔离段组成。第一级楔面的压缩角 $\delta_{ramp,\,1}$ 和长度 $L_{ramp,\,1}$ 分别为 9° 和 126 mm;第二级楔面的压缩角额外增加 5°,长度 $L_{ramp,\,2}$ 为 120 mm;隔离段的高度为 10 mm。边界层抽吸狭缝在垂直流动轴向上的宽度为6.4 mm,深度为 10.1 mm。

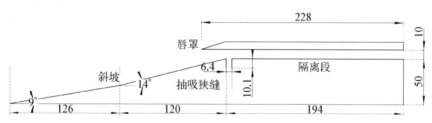

图 8.1   高超声速进气道/抽吸狭缝一体化模型示意图(单位: mm)

表 8.1 列出了数值模拟时采用的自由流条件。对于给定的抽吸狭缝和流动结构,为了模拟控制吸除量的抽吸腔压,设定抽吸狭缝出口压力为自由流压力 $p_\infty = 8.917 \times 10^2$ Pa。采用该抽吸反压,通过抽吸狭缝的压差足以壅塞狭缝使其内部流动一直处于超临界状态。由此,本节省略了具体抽吸腔结构建模过程,降低了计算域复杂性,节省了计算资源。

表 8.1   数值模拟自由流条件

Ma_∞	p_t/MPa	T_t/K	Re/m^{-1}	$\alpha/(°)$
5.9	1.27	810	5.1×10^7	0

8.2.2   基准进气道通流/节流流场特性

在揭示抽吸局部抗反压机理之前,首先研究和阐明基本和公认的物理结果,提取整体结构的主要特征,增加对进气道本质特性的理解。

图 8.2 显示了不同计算域区域下进气道主要流动结构数值密度梯度云图。从图 8.2 中可以看到,二维进气道流动主要由楔面流动、激波/边界层相互作用,以及多次进气道入射/反射激波组成,分别如下所述。

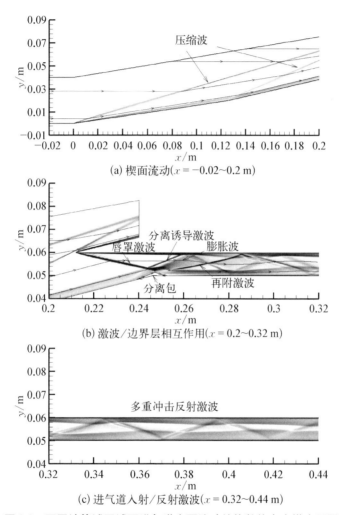

图 8.2　不同计算域区域下进气道主要流动结构数值密度梯度云图

楔面流动:水平超声速来流经入射波压缩,偏转一定角度与楔面平行,经压缩波后的流动流场变量发生不连续突变,边界层沿着楔面开始发展[参照图 8.2(a)]。

激波/边界层相互作用:前体压缩波在非设计条件下诱导了一定量的超声

速溢流。唇口激波入射到肩部附近诱导边界层分离形成大尺度分离包,并伴随形成更复杂的流动,包括分离诱导激波、膨胀波及再附激波。另外,流动分离的产生破坏了唇口激波反射过程,再附激波在隔离段下游唇罩侧壁面诱导了小尺度分离包[参照图 8.2(b)]。

进气道入射/反射激波: 一系列复杂波系在隔离段上/下壁面间经历多次入射和规则反射,增加了黏性耗散和总压损失[参照图 8.2(c)]。

图 8.3 显示了不同压比计算得到的激波串演化数值密度梯度云图。从图 8.3 中可以看到,当压比增加到 3.0 时,反压足以诱导非对称边界层分离形成斜激波串。在斜激波串中主激波发生规则反射并伴随有斜激波和膨胀波交替形成。由于下壁面较厚分离流的位移效应,激波串内部的超声速主流偏向上壁面。

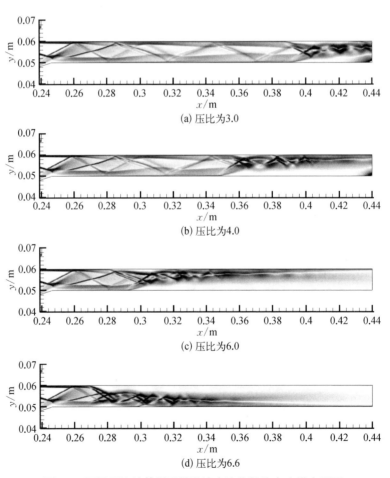

图 8.3　不同压比计算得到的激波串演化数值密度梯度云图

与主激波中的下部分支相比,上部分支位于下部分支之前的上游位置,因为上部分支先经过了 $x=0.38\sim0.4$ m 内的背景波系反射点[参照图8.3(a)]。

当压比增加到 4.0 时,激波串向上游迁移并且长度增加。由于反压增益增强了下壁面的流动分离程度,下部分支激波角增大。在下部分支经过位于 $x=0.36\sim0.38$ m 内的背景波系反射点后,它会快速地朝隔离段入口迁移直至超越上部分支并最终稳定在上部分支前的上游位置[参照图8.3(b)]。

当压比为 6.0 和 6.6 时,激波串继续向上游迁移并能够清晰地识别位于激波串之后的混合区域。压比为 6.0 时,由肩部再附激波诱导的小尺度分离包已经与激波串回流区连通,由此小尺度分离包诱导的再附激波构成了主激波上部分支。压比为 6.6 时,激波串超声速主流偏向下壁面,主激波中的上部分支和下部分支分别与再附激波和分离反射激波相互作用[参照图8.3(c)和图8.3(d)]。

图 8.4 显示了与图 8.3 相对应的激波串下表面压力沿程分布。从图 8.4 中可以发现,随着压比增大,相应的压力峰值升高,压升起点向上游迁移。对于每一个具体的压比,激波串不会影响上游流动并且具有相似的压力分布。当压比为 6.5 时,激波串内部压力分布遭受轻微扰动,扰动在压比为 6.6 时明显增强。高压比出现压力扰动的主要原因是,唇口激波/边界层相互作用诱导了不断脉动的分离涡。

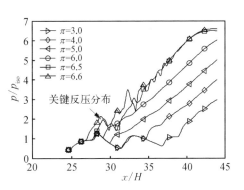

图 8.4　伴随压比增加的激波串下表面压力沿程分布

为了更好地理解激波串对反压的敏感性,图 8.5 显示了不同压比预测对应的激波串起点位置。激波串起点的定义基于压升法,即沿着轴向从隔离段入口开始计算直至压升值提高到基准值 5% 的位置。从图 8.5 中可以看到,斜激波串诱导的压升值明显低于单个正激波;在较小的压比范围内,激波串随着压比增加而缓慢地向上游迁移,似乎对反压不敏感;然而在较大的高压比范围内,压比增加地越大,曲线斜率越陡,激

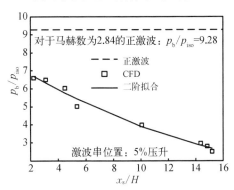

图 8.5　不同压比预测对应的激波串位置

波串以较快的速率向上游迁移。尤其在临界压比为6.6时,激波串内部回流区已与肩部分离包连通[参照图8.3(d)],此时施加一个较小的压比增量就可能导致激波串从隔离段吐出,诱导进气道不起动,此阶段表明激波串对压比的变化非常敏感,若不及时实施相关流动控制,进气道可能无法正常工作。

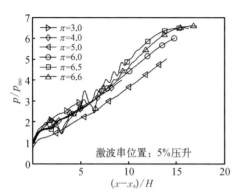

图8.6 不同压比、主激波起点归零空间变换的激波串区域壁面压力沿程分布

图8.6给出了不同压比、主激波起点归零空间变换的激波串区域壁面压力沿程分布,压升起点统一重新归零处理,激波串起点与图8.5定义相同。从图8.6中可以看到,由于激波串上游的非均匀流动,压力沿程曲线彼此没有完全重叠,但随着压比的增加,激波串长度几乎是成比例改变的,揭示了激波串具有可传递特性。

在超燃冲压发动机设计和工作中,通常使用 Waltrup 和 Billig[83] 对圆柱流道隔离段提出的经验关系式,预估激波串区域局部壁面压力沿程分布和自身长度。关系式如下所示:

$$\frac{S}{L}\frac{(Ma_u^2 - 1)Re_\theta^{0.25}}{(\theta_u / L)^{0.5}} = 170\left(\frac{p_w}{p_u} - 1\right)^2 + 50\left(\frac{p_w}{p_u} - 1\right) \qquad (8.1)$$

其中,Ma_u 和 p_u 分别是激波串起点马赫数和上游压力;θ_u 和 L 分别是隔离段壁面动量厚度和特征长度。

由于进气道肩部附近的边界层形状不规则,无法采用常规的 $1/n$ 幂率来准确地预估边界层厚度。因此,本节提取了临界压比为 6.6 条件下的数值拟合结果并在图8.7中绘制了边界层激波串起点的密流和速度分布。

基于边界层速度和密流分布进行了九阶拟合,由此计算得到动量厚度和相应的雷诺数,表8.2列出了隔离段入口条件。

表8.2 隔离段入口条件(临界压比为6.6)

Ma_{iso}	p_b/p_{iso}	p_b/p_u	Ma_u	θ_u/h	$Re_\theta/10^4$
2.84	6.6	8.13	2.95	0.033	0.014

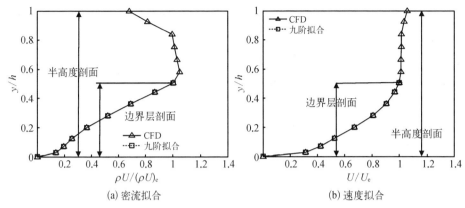

(a) 密流拟合　　　　　　　　(b) 速度拟合

图 8.7　激波串起点边界层密流和速度分布及其相应拟合(临界压比为 6.6)

基于文献[84]和[85]，式(8.1)中的尺度因子 L 和相应的雷诺数幂率 n 仍然是一个开放性的问题。因此，为了探究尺度因子和背景波系非均匀效应的影响，表 8.3 列出了上述典型参数。

表 8.3　典型的尺度因子 L 和相应雷诺数幂率 n

Case	L/m	n
1	D_{hy}	0.2
2	H	0.2
3	D_{hy}	0.25
4	H	0.25

注：Case 3 采用与文献[83]相同的尺度因子和相应幂率。

图 8.8 显示了由上述经验关系式使用不同尺度因子和相应幂率所产生的对比结果。为了清晰地识别离散数据点，在图 8.8 中对计算结果进行了相应拟合。

从图 8.8 中可以发现，由式(8.1)使用 Case 3 中的尺度因子与幂率计算得到的数据点与 Waltrup 和 Billig 的理论曲线存在很大的偏差。随着压比的增大，偏差也明显增加。相比较而言，使用 Case 4，即尺度因子为隔离段高度和幂率为 0.25 时，能明显减小偏差。因

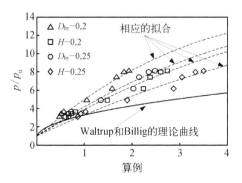

图 8.8　当前研究与经验关系式对比

此,推荐使用 Case 4 中的尺度因子和幂率来预测非均匀来流矩形隔离段中的局部壁面压力沿程分布和预燃激波串长度。另外,由所有算例计算得到的数据点在低反压下与理论曲线吻合较好,但这些尺度因子和幂率都无法避免高反压下存在的偏差,因为 Waltrup 和 Billig 的经验模型是根据均匀来流提出的。因此,结果表明,对于固定的尺度因子和幂率,在分离包和背景波系诱导的非均匀来流中,更好的吻合预示了更短的激波串,也就更接近理论模型。

对于固定的上游流动条件和流道几何结构,隔离段预燃激波串能显著地影响流入燃烧室用于燃油空气混合和发动机运行的气流特性。通常采用总压畸变指数、总压恢复系数和流量捕获系数分析进气道的性能指标。

此处的总压恢复系数定义为隔离段出口总压与自由来流总压之比,由符号 σ_c 来表示,其表达式为

$$\sigma_c = \frac{p_c}{p_t} \tag{8.2}$$

其中,p_c 为隔离段出口总压;p_t 为自由来流总压。

总压畸变指数定义为隔离段出口最大和最小总压之差与平均总压之比,由符号 D 来表示,其表达式如下所示:

$$D = \frac{p_{c,\,max} - p_{c,\,min}}{p_{c,\,aver}} \tag{8.3}$$

其中,$p_{c,\,max}$、$p_{c,\,min}$、$p_{c,\,aver}$ 分别为隔离段出口最大总压、最小总压和平均总压。

流量捕获系数也可以定义为隔离段出口质量流量与自由流捕获质量流量之比,由符号 φ 来表示,其表达式如下所示:

$$\varphi = \frac{\dot{m}_c}{\dot{m}_{cap}} \tag{8.4}$$

其中,$\dot{m}_c$、$\dot{m}_{cap}$ 分别为隔离段出口质量流量和自由流捕获质量流量。

基于上述性能指标定义,图 8.9 显示了隔离段出口总压畸变指数和流量捕获系数分布。

从图 8.9 中可以看到,总压畸变指数首先增加,在压比为 2.8 时达到峰值。在此过程中,隔离段出口非均匀性增加,明显影响燃烧效率和稳定性。当压比从 2.8 增加到 6.6 时,总压畸变指数急骤降低,出口流动非均匀性得到明显改善。结果表明,激波串初始形成对出口流动均匀性具有较强的影响,这种影响随着激波串

远离出口削弱。流量捕获系数分布显示,当压比小于 4.0 时,流量捕获系数具有与总压畸变指数相似的变化趋势。随后,流量捕获系数开始相对平缓地变化直至压比为 6.5。当压比增大到 6.6 时,由于与激波串回流区连通的不稳定分离流表现出强烈的脉动特性,出口流动受到明显扰动,流量捕获系数突然增加。

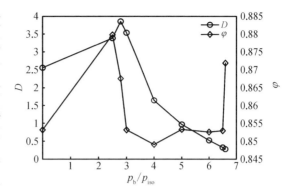

图 **8.9**　伴随压比增加,隔离段出口总压畸变指数和流量捕获系数分布($Ma_\infty = 5.9$)

8.2.3　抽吸作用下的进气道通流/节流特性

由上述研究可知,唇口激波/边界层相互作用诱导的流动分离能够影响进气道流动特性和稳定性。尤其是当基准进气道工作在临界反压时,任何小扰动都可能诱导进气道不起动。因此,本节引入边界层抽吸,意在增加流动稳定性和提高抗反压能力。

图 8.10 展示了通流状态下抽吸压比 $PR_{suction}$ 为 0.041 2 时由数值计算得到的抽吸局部流线马赫数云图。与无抽吸控制相比[参照图 8.2(b)],采用抽吸狭缝之后,肩部分离包完全吸除,表明本节使用的抽吸狭缝能够有效抑制激波/边界层相互作用。

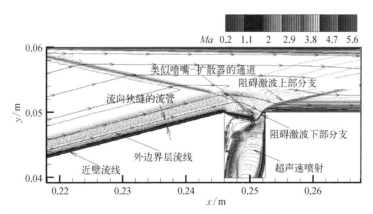

图 **8.10**　抽吸局部流线马赫数云图($Ma_\infty = 5.9$, $\pi = 0.0$, $\pi_{suction} = 0.041\ 2$)

分离的边界层由超/亚声速两部分流动组成,当亚声速部分吸除后,流入抽吸狭缝的超声速流动由其近壁和外边界流线包裹并朝着狭缝向下弯曲,诱导普朗特-迈耶膨胀加速此部分超声速流动。超声速流管被加速后由横跨狭缝入口的唇口激波减速,但仍为超声速。为了维持流动连续性,在狭缝下游拐角压缩作用下,超声速流动分成两部分,一部分流入狭缝,另一部分流向狭缝下游,在狭缝附近形成了一个包含两段激波的激波系,即所谓的阻碍激波。阻碍激波中的一段位于抽吸狭缝内部,称为阻碍激波下部分支;另一段位于狭缝的后缘并向下游延伸,称为阻碍激波上部分支。一旦超声速流动进入抽吸狭缝内部,流动会被阻碍激波下部分支减速到亚声速,同时在狭缝的上壁面形成回流并占据一定的区域。回流迫使包裹超声速流管的两条流线形成类似缩放尾喷管的流道,位于阻碍激波下部分支以下的亚声速流动通过声速线加速到超声速,形成超声速喷流。

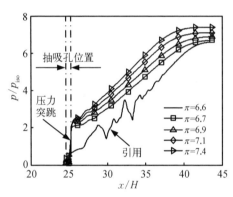

图 8.11 不同压比下有抽吸时下表面压力沿程分布和无抽吸时基准压力分布(临界压比=6.6, Ma_∞ = 5.9, π_{suction} = 0.041 2)

图 8.11 给出了抽吸压比 π_{suction} 为 0.041 2、不同压比下由数值计算得到的下表面压力沿程分布及无抽吸临界压比为 6.6 时计算得到的基准压力分布。对比基准压力分布,通过抽吸狭缝控制,抗反压能力定量地从压比 6.6 增大到 7.4,大约提高了 12%,但同时损失了 1.88% 的捕获流量;当压比增大到临界压比 6.6 以上时,在狭缝下游拐角处诱导了明显的局部压力突跃,表明激波串起点已经触及狭缝下游拐角并被阻止继续向上游迁移,压力分布没有出现扰动,流场相对稳定。然而,一旦压比超过 7.4,激波串突然向上游迁移诱导进气道不起动,超过了抽吸狭缝抑制逆压力梯度传播的最大效能。

为了验证本节使用的抽吸压比 π_{suction} = 0.041 2 是否合理,分析了不同抽吸压比和恒定压比为 7.26 时,数值计算得到的下表面压力沿程分布、相应的抽吸质量流量和总压恢复系数分布,如图 8.12 和图 8.13 所示。当抽吸压比在 0.208 2 ~ 0.333 5 变化时,反压诱导的分离流已经迁移到狭缝上游,分离诱导激波和唇口激波相互作用,在抽吸狭缝上方诱导不稳定流动,但未引起不起动(此部分流场没有给出)。结果表明,此范围内的抽吸压比无效,无法增加进气道抗反压能力。另外从图 8.13 中可以看到,随着抽吸压比的减小,抽吸质量流量逐渐减小,而总压恢复系数先增后降,此原因有待进一步研究。本节只选取了有效抽吸压比进行对比,即抽吸压比在 0.018 5 ~ 0.208 2 变化。当抽吸压比在 0.092 5 ~

0.208 2 变化时,随着抽吸压比的减小,表面压力沿程分布和总压恢复系数都逐渐地减小,相应的抽吸质量流量持续地增大。结合图 8.14(a)显示的抽吸压比为 0.208 2 的局部流线马赫数云图可知,抽吸狭缝能抑制下游逆压力梯度,并将激波串主激波稳定在下游,但是在抽吸狭缝内部存在明显的回流区。因此,可以得出结论,在此抽吸压比范围内,抽吸狭缝工作在亚临界状态。相比较而言,当狭缝工作在 0.092 5 ~ 0.018 5 时,抽吸质量流量和相应的总压恢复系数几乎不变,压力曲线也基本重合,结合由图 8.14(b)给出的抽吸压比为 0.092 5 的马赫数云图可知,狭缝内部的回流完全再附,整个狭缝内流截面由完全膨胀的超声速流动占据,结果表明抽吸狭缝工作在超临界壅塞状态。因此,上述分析再次证明本节采用的抽吸压比使狭缝流动壅塞,无论是否使用抽吸腔都不影响抽吸狭缝的流动特征。

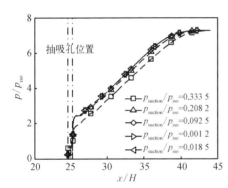

图 8.12　不同抽吸压比时下表面压力沿程分布(Ma_∞=5.9,π=7.26)

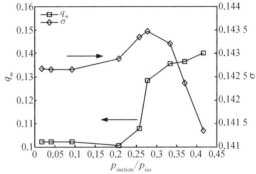

图 8.13　不同抽吸压比时抽吸质量流量和总压恢复系数分布(Ma_∞=5.9,π=7.26)

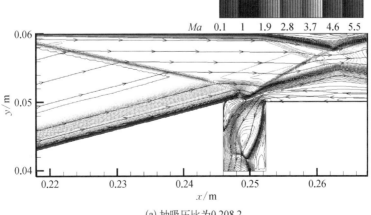

(a) 抽吸压比为 0.208 2

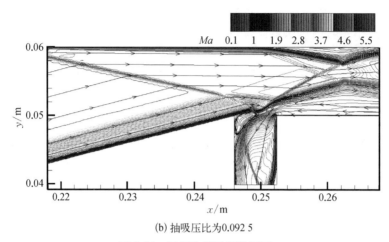

(b) 抽吸压比为0.092 5

图 8.14 局部流线马赫数云图

8.2.4 反压作用下隔离段局部波系结构分析

基于上述分析结果,抽吸狭缝在有效的工作范围内时,通过抑制激波/边界层相互作用提高了进气道抗反压能力。本节通过对比不同压比局部波系变换,给出局部抗反压特性,详细过程如下述所示。

图 8.15 和图 8.16 分别显示了抽吸压比为 0.041 2、压比从 6.6 到 7.4 时,数值模拟得到的抽吸狭缝附近局部波系纹影图和演化。图 8.16 中清晰地描绘了局部波系如何改变自身结构的抗反压过程。表 8.4 列出了图 8.16(a)~图 8.16(d)中,由点($x=0.252$ m, $y=0.053$ m)释放的同一条流线上,在阻碍激波前后相同位置探测到的压比。随着压比逐渐增加到 6.7,激波串一直位于狭缝下游,阻碍激波上部分支已与主激波下部分支融合,在流道中心附近的规则反射清晰可见。图 8.16(a)和表 8.4 显示,当压比增加到 6.7 时,阻碍激波上部分支经历了一个大角度偏转,实现了 2.85 倍的压力增益,有助于平衡下游逆压力梯度。与此同时,狭缝内的阻碍激波下部分支在保持激波角不变的情况下朝着狭缝入口抬起,与狭缝下游拐角的距离明显增加,有助于排泄激波串内的一部分分离流并阻止下游积累的扰动进一步向上游传播。图 8.16(c)和表 8.4 显示,当压比继续增大到 7.0 时,与图 8.16(a)相比,阻碍激波上部分支经历了一个相对小的角度偏移,但是由相同流线提取的压力增益明显增加,换言之,阻碍激波上部分支激波角以一个逐渐减小的速度增加就能完全匹配下游反压。然而,图 8.16(d)和表 8.4 显示,当压比增加到临界压比 7.4 时,阻碍激波上部分支几乎没有偏移,

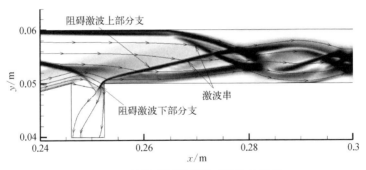

图 8.15　狭缝附近局部波系数值纹影图

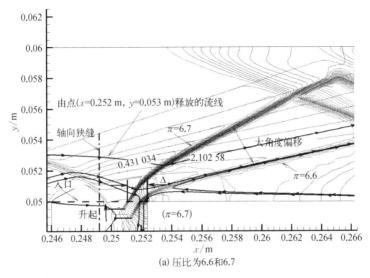

(a) 压比为6.6和6.7

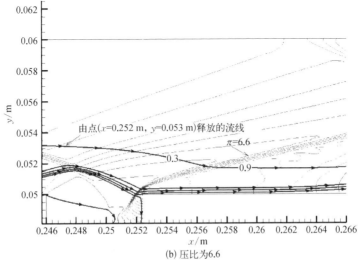

(b) 压比为6.6

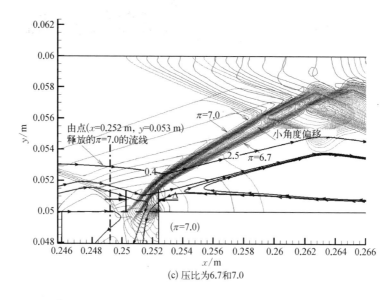

(c) 压比为6.7和7.0

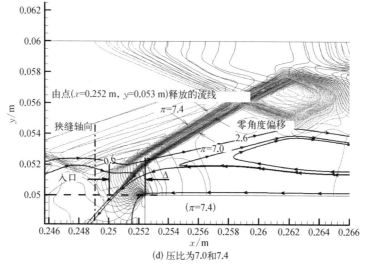

(d) 压比为7.0和7.4

图 8.16 伴随压比增加,狭缝附近局部波系演化

压力增益也较小,而下部分支与气流的夹角持续增加,进一步增加了下壁面附近的局部压缩。与此同时,下部分支缩短并进一步向上抬起,抬起的距离明显大于图 8.16(a) 和图 8.16(c),二者的共同作用排除了由高反压诱导的大量分离流并阻碍激波串向上游迁移。

表 8.4　由点 ($x = 0.252$ m, $y = 0.053$ m) 释放的
同一流线上阻碍激波前后探测的压比

阻碍激波位置	p/p_{iso}			
	图 8.16(a)	图 8.16(b)	图 8.16(c)	图 8.16(d)
阻碍激波之前 ($x = 0.25$ m 处的探头和同一流线上的相应纵坐标)	0.6	0.7	0.6	0.6
阻碍激波之后 ($x = 0.259$ m 处的探头和同一流线上的相应纵坐标)	2.2	0.9	2.5	2.6

因此,狭缝附近的激波系通过局部变换来改变自身结构实现了局部压缩和流量排泄,进而阻止由反压增加积累的下游不利信息向上游传播。

8.2.5　抗反压局部流场特性

为了更好地理解抽吸狭缝局部抗反压过程中,其内部的流场演化,本节研究抽吸狭缝局部流场特性,进而获得狭缝局部抗反压临界标志特性。图 8.17 显示了抽吸压比为 0.041 2 时,伴随压比增加,狭缝内部的局部流场演化。从图 8.17 中可以看到,随着压比逐渐增加到 6.6,回流区已位于狭缝入口下部并占据大部分横截面积,对主流没有影响。进入狭缝的流动仅由上游的超声速流体组成,经

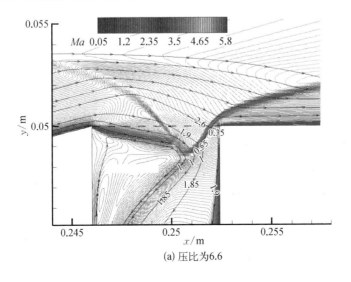

(a) 压比为6.6

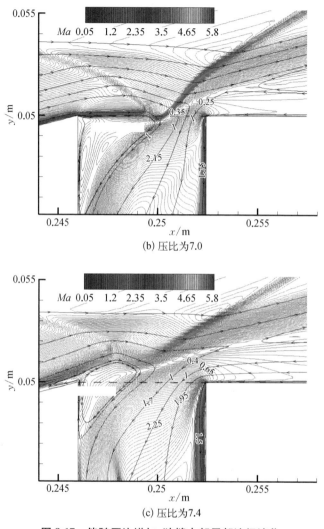

(b) 压比为7.0

(c) 压比为7.4

图8.17　伴随压比增加,狭缝内部局部流场演化

阻碍激波下部分支后附着在狭缝下游边界,同时在狭缝内部伴随形成了由流线包裹的类似缩放尾喷管的流道,将下部分支之后的亚声速流动经声速线加速到超声速。另外,在进入狭缝的超声速流和亚声速回流之间形成了很厚的剪切层。当压比增大到7.0时,反压和抽吸反压之间存在较大压差,将阻碍激波上部分支内部的大量亚声速流动排泄到狭缝内部。回流区受到膨胀超声速喷流强烈挤压并不断地向上突起,直至回流外边界与狭缝入口平行,此过程才相对稳定。与此同时,由于通过普朗特-迈耶膨胀的流动偏转角较小,剪切层变薄,位

于阻碍激波下部分支以下的声速线逐渐地靠近狭缝入口。一旦压比超过 7.0，回流区快速地朝主流抬起直至达到临界压比 7.4，此时，回流区延伸到了抽吸狭缝上游。与压比为 7.0 时相比，尽管狭缝进一步移除了由更高压比诱导的大量亚声速流，并且超声速羽流占据了更大的横截面，但在抽吸狭缝上部仍然存在一部分没有被移除的亚声速流，并与上游的回流连通。此时，抽吸狭缝已达到最大抗反压效能极限。如果压比再进一步增加，由反压诱导的强逆压力梯度很容易从激波串内部分离流传播到回流区直至狭缝上游，激波串最终会突然地向上游迁移，跨过狭缝诱导进气道不起动。因此，可以得出，狭缝内部的局部流场演化和其附近的局部波系变换相互耦合、共同发挥作用增加进气道抗反压能力。另外，基于狭缝效能临界标志特征能够监测和检测激波串起点，避免进气道不起动。

8.2.6　考虑局部压力突跃的经验压升表达式

采用抽吸狭缝提高进气道承受的最大临界反压后，在其下游拐角处诱导了典型局部压力突跃特征，并强烈地依赖反压变化。因此，Waltrup 和 Billig 的经验关系式不足以预测图 8.11 中具有局部压力突跃的压力分布。本节在此基础上，给出基准进气道在最大临界压比以上、具有局部压力突跃的经验压升表达式，其作为抽吸局部抗反压的定量表述，在工程应用中具有非常高的价值。

首先，本节只研究局部压力突跃的影响，不处理 8.2.2 小节描述的尺度因子问题。其次，假设抽吸系统被激励诱导局部压力突跃之前，抽吸对激波串上游马赫数、速度、黏度没有影响。另外，由图 8.11 可以看到，在压力分布中，除局部压力突跃外，余下的压力分布与 Waltrup 和 Billig 关系式中的二次压力分布本质非常相似。相似性暗示可以采用一个稍微修正的 Waltrup 和 Billig 模型来预测这个二次压力分布。因此，高于临界最大压比、具有局部压力突跃特征的经验压升表达式分成狭缝拐角处局部压力突跃和二次曲线分布两部分，分别表述如下。

（1）局部压力突跃。在狭缝下游拐角的压力突跃值 Δp 分别由压比为 6.6 及以上的压比诱导的压力之差来确定。相应的拟合表达式和结果分别如式（8.5）和图 8.18 所示。

$$\left(\frac{\Delta p}{p_{\text{iso}}}\right) = 3.164\left(\frac{p_{\text{b}}}{p_{\text{iso}}}\right)^{3} - 67.644\,9\left(\frac{p_{\text{b}}}{p_{\text{iso}}}\right)^{2} + 481.989\,4\,\frac{p_{\text{b}}}{p_{\text{iso}}} - 1\,143 \quad (8.5)$$

（2）二次曲线分布。通过引入两个与压比有关的二次多项式系数对 Waltrup 和 Billig 的经验模型进行局部修改，修正数值模拟结果和拟合结果之间的压力分布偏差，如式（8.6）~式（8.8）所示。为了说明拟合效果，以压比为 6.7 为例，同时将不同压比、数值模拟结果和拟合曲线之间的最大误差带也绘制在图 8.19 中。从图 8.19 中可以看出，拟合不同压比的计算结果与修正表达式的预测曲线吻合较好。

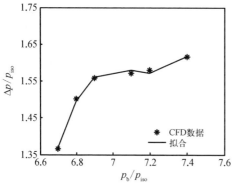

图 8.18 不同压比下局部压力突跃拟合结果

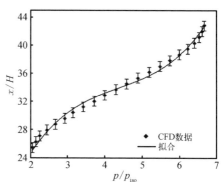

图 8.19 压比为 6.7 时二次曲线分布和相应拟合结果

$$\frac{S}{D} \cdot \frac{(Ma_u^2 - 1) \cdot R_e^{0.25}}{(\theta_u /D)^{0.5}} \cdot f_1 \frac{p_b}{p_{iso}} = 170 \cdot \left(\frac{p_w}{p_{iso}} - 1\right)^2 + 50 \cdot \left(\frac{p_w}{p_{iso}} - 1\right) + f_2 \frac{p_b}{p_{iso}}$$

$$(8.6)$$

$$f_1 \frac{p_b}{p_{iso}} = 0.392\,8 \cdot \left(\frac{p_b}{p_{iso}}\right)^2 - 2.712\,9 \cdot \frac{p_b}{p_{iso}} + 7.762\,3 \tag{8.7}$$

$$f_2 \frac{p_b}{p_{iso}} = 24.840\,7 \cdot \left(\frac{p_b}{p_{iso}}\right)^2 - 289.147\,3 \cdot \frac{p_b}{p_{iso}} + 1\,019.2 \tag{8.8}$$

综上所述，先前的拟合表明，当基准进气道最大临界压比被抽吸狭缝提高后，Waltrup 和 Billig 的经验公式中的压缩特性明显改变。另外，还注意到，有关激波串位置监测的研究，尤其是与进气道控制有关的研究，都依赖作为其模型核心元素的 Waltrup 和 Billig 的经验公式。因此，本节研究建议，当采用集成抽吸的进气道进行相类似工作研究时，Waltrup 和 Billig 的经验公式不再适用，需要进一步对其修正来考虑压缩特性的改变。

8.3　边界层抽吸控制效能评估

基于前面局部抗反压特性研究,本节在此基础上集中分析抽吸压比、倾角、位置对高超声速进气道通流状态下的总压恢复系数和节流状态下的临界压比。

抽吸压比的确定以无抽吸、预设抽吸狭缝中心处点的平均压力($0.49p_{iso}$)为基准,选取对狭缝产生壅塞和未壅塞作用的 8 个不同抽吸压比,分别为 0.42、0.33、0.26、0.21、0.14、0.09、0.04 和 0.02。抽吸倾角的确定以诱导不同阻碍激波结构为基准,选取对狭缝产生不同流动结构的 5 个不同抽吸倾角,分别为 20°、30°、45°、70°和 90°。抽吸位置的确定以无黏通流起动流场计算获得的唇口诱导激波入射点位置为基准,将抽吸狭缝中心布置在此位置正下方,定义为激波处。由于在黏性边界层流动中,激波在其内部声速线终止并存在一定程度弯曲,实际入射点位于无黏预测位置上游。因此,将另外两个抽吸狭缝中心分别布置在距无黏入射点上游和下游 δ 位置的正下方,分别定义为激波前和激波后。δ 基于理论边界层定义,预估进气道唇罩入口处位于楔面侧的边界层,其厚度值为 3.8 mm。

上述工况的计算结果分别如图 8.20~图 8.28 所示,为了更加直接地体现附面层抽吸对总压恢复系数、临界压比和质量流量捕获的影响规律,图中采用无量纲总压恢复系数、无量纲临界压比和无量纲抽吸质量流量(包括通流状态和临界状态)来表示。

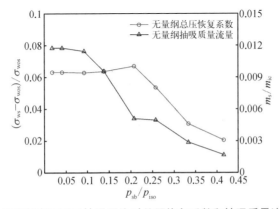

图 8.20　通流状态下不同抽吸压比对总压恢复系数和抽吸质量流量的影响

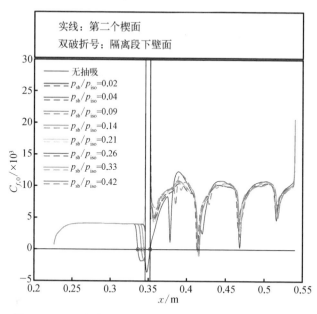

图 8.21 通流状态下不同抽吸压比时第二楔面和隔离段下
壁面表面摩擦系数沿程分布

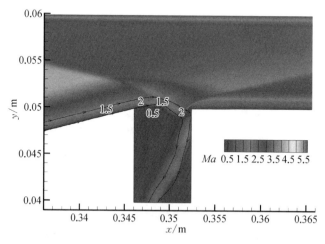

图 8.22 通流状态下抽吸压比 $p_{sb}/p_{iso} = 0.21$ 时
狭缝附近局部马赫数云图

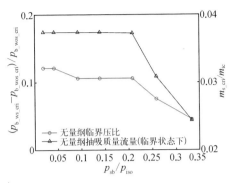

图 8.23 临界状态下不同抽吸压比对临界
压比和抽吸质量流量的影响

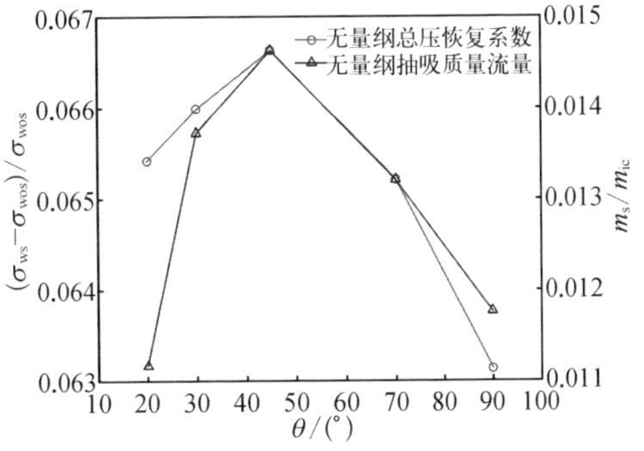

图 8.24 通流状态下不同抽吸角度对总压
恢复系数和抽吸质量流量的影响

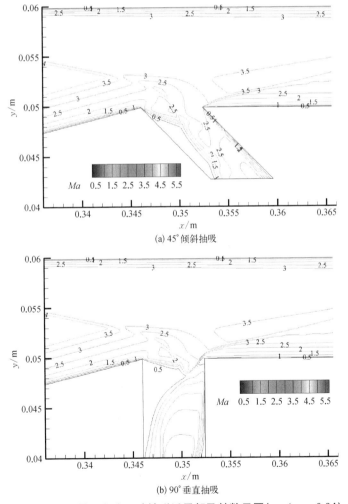

(a) 45° 倾斜抽吸

(b) 90° 垂直抽吸

图 8.25 不同抽吸角度下狭缝附近局部马赫数云图 $(p_{sb}/p_{iso}=0.04)$

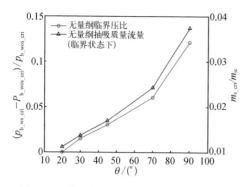

图 8.26　临界状态下不同抽吸角度对临界压比和抽吸质量流量的影响（$p_{sb}/p_{iso} = 0.04$）

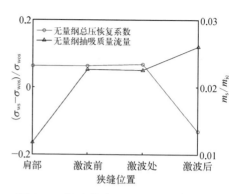

图 8.27　通流状态下不同抽吸位置对总压恢复系数 σ 和抽吸质量流量的影响（$p_{sb}/p_{iso} = 0.04$）

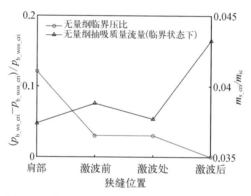

图 8.28　临界状态、不同抽吸位置对临界压比和抽吸质量流量的影响（$p_{sb}/p_{iso} = 0.04$）

1. 抽吸压比的影响

图 8.20 显示了通流状态下不同抽吸压比对总压恢复系数和抽吸质量流量的影响分布。从图 8.20 中可以看到，随着抽吸压比减小，总压恢复系数和抽吸质量流量逐渐增加，直至 $p_{sb}/p_{iso} = 0.21$ 时总压恢复系数升至最大，抽吸狭缝进入亚临界状态；亚临界状态下抽吸质量流量随压比减小继续增加，总压恢复系数开始逐渐减小，在 $p_{sb}/p_{iso} = 0.04$ 时抽吸狭缝进入超临界壅塞状态，其总压恢复系数和质量流量基本不变。

究其原因，由图 8.21 所示的表面摩擦系数分布和图 8.22 所示的典型流场可知。首先，狭缝在不同抽吸压比下完全抑制了在隔离段发展的肩部分离流并完整地形成阻碍激波上部分支；其次，在狭缝工作在亚临界状态之前，随着抽吸压比的减小,第二级楔面上的肩部分离流流向范围逐渐缩小,直至 $p_{sb}/p_{iso}=0.26$ 时完全消失,表明狭缝上方分离流尺度也在逐渐缩小,分离诱导激波强度削弱直至消失,进而总压恢复系数逐渐增加;最后,当抽吸压比从 $p_{sb}/p_{iso}=0.26$ 减小到亚临界抽吸压比 $p_{sb}/p_{iso}=0.21$ 时,狭缝上方的分离流完全吸除,阻碍激波下部分支清晰可见,并在肩部附近形成膨胀扇,削弱唇口入射激波,总压恢复系数继续增至最大。随后抽吸狭缝工作在亚临界状态,随着抽吸压比减小,其内部亚声速流动逐渐吸除并在狭缝上游壁面逐渐形成回流区域,入射到狭缝入口附近的唇口激波弯曲程度增大,激波强度增加,总压恢复系数减小;随着抽吸压比进一步减小,狭缝工作在超临界状态时,其内部回流区域基本完全形成并再附着,整个横截面由超声速喷流占据,狭缝入口附近的唇口激波弯曲程度基本不变,整体流动和激波结构已基本稳定,总压恢复系数不再变化。

图 8.23 显示了临界状态下不同抽吸压比对临界压比和抽吸质量流量损失的影响分布。从图 8.23 中可以看到,随着抽吸压比减小,临界压比伴随质量流量的增加而增大;在狭缝处于亚临界和超临界壅塞状态时,临界压比基本不再随抽吸压比的减小而变化。结果表明,抽吸压比并非越小越好,在亚临界状态下抽吸狭缝即可发挥显著效能。

因此,本节得出了既能最大程度提高临界反压值和总压恢复系数,又能降低抽吸质量流量的临界标志流场特征,即狭缝上方没有分离流且阻碍激波下部分支形成并能够清晰识别,如亚临界压比 $p_{sb}/p_{iso}=0.21$ 时所预测的典型流场结构。

2. 抽吸角度的影响

图 8.24 显示了通流状态下不同抽吸角度对总压恢复系数和抽吸质量流量损失的影响分布。

从图 8.24 中可以看到,在相同抽吸压比 $p_{sb}/p_{iso}=0.04$ 的条件下,不同的抽吸角度都能增大进气道总压恢复系数;随着抽吸角度的减小,总压恢复系数和抽吸质量流量先增大后减小,具有相同变化趋势,并在倾角为 45° 时达到最大值。另外,由小倾角预测的总压恢复系数要高于较大倾角的情况,但不同抽吸角度所获得的总压恢复系数增加幅值相差较小。以抽吸角度为 45° 和 90° 为例,其最大差异不超过 0.4%。

究其原因,由图 8.25 所示的局部马赫数云图可以看到,不同抽吸角度诱导的阻碍激波上部分支强度基本相同,因此总压恢复系数相差不大;而不同抽吸角度质量流量损失的差异主要源于狭缝内部有效流通截面的大小,45° 倾角狭缝内部的有效流通面积明显大于 90° 垂直狭缝。因此,基于抽吸狭缝角度诱导的质量流量损失情况,无须具体流场就能推断有效流通面积的大小。

图 8.26 显示了临界状态下不同抽吸角度对临界压比和抽吸质量流量的影响分布。从图 8.26 中可以看到,随着狭缝角度的增大,临界压比和抽吸质量流量呈线性增加。究其原因,在当前狭缝角度小于 45° 的算例中,狭缝内部未形成阻碍激波下部分支,在阻碍激波上部分支激波强度相同的情况下,基于之前的研究,缺少了下部分支的局部压缩,因而降低了抗反压能力。

因此,基于通流和节流临界状态的研究可以得到,抽吸角度通过改变狭缝内部有效横截面积和阻碍激波结构而改变进气道抽吸质量流量和抗反压能力。

3. 抽吸位置的影响

图 8.27 和图 8.28 分别显示了通流和临界状态下不同抽吸位置对总压恢复系数、临界压比及相应抽吸质量流量的影响分布。从图 8.27 和图 8.28 中可以看到,在相同抽吸压比 $p_{sb}/p_{iso}=0.04$ 的条件下,将 90° 垂直抽吸狭缝布置在肩部、激波前和激波处三个位置时均能够增加总压恢复系数和临界压比,且其总压恢复系数增加程度基本相同。除肩部位置外,其他三个预设位置的抽吸狭缝全都位于唇口诱导入射激波下游,波后高压诱导较多的抽吸质量流量损失。

因为位于肩部位置的抽吸狭缝能够完全吸除唇口激波在肩部诱导的流动分离,有效阻滞反压前传,所以,鉴于最小化流动分离的最优位置,进气道肩部狭缝实现了临界压比提高最大的初衷,抗反压能力最强。

8.4 抽吸狭缝动态开启过程对隔离段流动特性的影响

8.4.1 物理模型

本节基于 Tan 等[86]在宇航动力重点实验室采用的矩形高超声速进气道-隔离段实验模型,模拟抽吸狭缝迅速开启过程,并探索伴随过渡过程有关的动态流场特性。进气道几何模型分别由一个倾角 δ 为 20° 的外压缩楔面,一个流动偏转角为 11° 和 9° 的内压唇罩及一个等截面的矩形隔离段组成。隔离段长度 L_{iso} 为 184 mm、高度 h_{iso} 为 16 mm。在压缩楔面和隔离段之间采用一个半径 R_c 为 40 mm 的圆弧连接。为了控制第二级唇口激波和前体摄入的边界层相互作用,将动态开启的抽吸狭缝直接布置在第二级唇口激波入射点正下方。图 8.29 显示了其与进气道-隔离段一体化的模型示意图,抽吸狭缝的长度和宽度分别为 16.589 mm 和 0~5.863 mm,其余几何参数由表 8.5 详细列出。

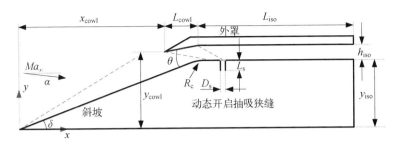

图 8.29 进气道-隔离段模型与动态开启抽吸狭缝一体化示意图

表 8.5 进气道-隔离段模型和动态开启抽吸狭缝几何参数

δ /(°)	θ /(°)	h_{iso} /mm	x_{cowl} /mm	y_{cowl} /mm	L_{cowl} /mm	L_{iso} /mm	y_{iso} /mm	R_c /mm	L_s /mm	D_s /mm
20	11	16	170.08	85.6	39.52	184	76	40	16.589	0~5.863

为了模拟控制吸除量的抽吸腔压和避免具体抽吸腔尺寸的影响,设定抽吸狭缝出口反压为自由流压力,为减小计算量这里忽略抽吸腔内部结构建模。

图 8.30 描绘了进气道/动态开启狭缝一体化模型的计算域和预设边界条件。为了模拟抽吸狭缝动态开启过程和简化问题,将整个狭缝分成两个单独区域,分别模拟狭缝入口的细窄变形子域和其下部的固定子域。不同子域间的毗邻边界采用非一致交界面连接,该边界条件能够随网格移动动态更新,如图 8.30(b) 所示。

计算域压力远场边界条件的所有变量采用表 8.6 列出的自由流条件设定。为了获得作为非定常计算的初始流场,压力出口的所有流动变量由内部外插获取,进而建立具有复杂背景波系的超声速流动。非定常计算在隔离段出口采用图 8.31 给出的反压变化规律,初始反压值为 40 kPa,持续 1 ms,建立非定常收敛

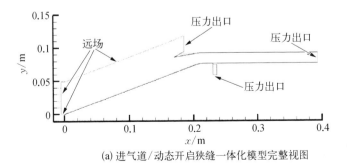

(a) 进气道/动态开启狭缝一体化模型完整视图

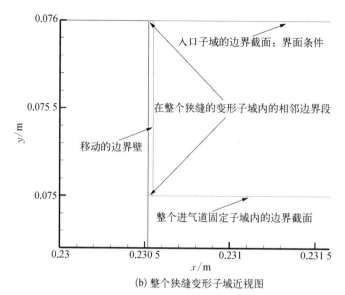

(b) 整个狭缝变形子域近视图

图 8.30 计算域和预设边界条件

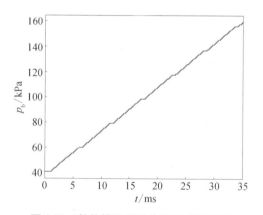

图 8.31 数值模拟采用的反压时间历程

解。随后反压值经过一系列递增的离散阶梯以斜坡方式逐渐增加,诱导激波串形成和迁移。本节采用固定时间步长,以时间步长 1×10^{-7} s 初始迭代起动计算,最后将时间步长增大到 1×10^{-6} s,每个时间步长迭代 500 步。所有固壁施加无滑移、绝热和零垂直压力梯度边界条件。

表 8.6 数值模拟自由流条件

Ma_∞	p_t/MPa	T_t/K	Re/m^{-1}	α/(°)
4.92	0.95	580	0.96×10^7	−5

8.4.2　抽吸闭合状态通流/临界流场特性

为了确定抽吸狭缝开启时刻,在隔离段出口采用动反压产生激波串快速前移并诱导进气道不起动。图 8.32 显示了随时间推移的激波串运动路径及在 $t=0$ 和 $t=29$ ms 时刻的数值纹影图。

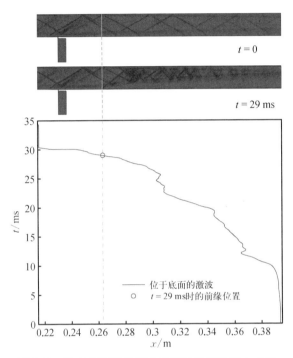

图 8.32　随时间推移的激波串运动路径及在 $t=0$ 和
$t=29$ ms 时刻的数值纹影图

从图 8.32 中可以看到,在 t 小于 2.32 ms 内,能够形成复杂背景波系的稳定起动流场。正如 $t=0$ 时刻的数值纹影图所示,在隔离段内的流动相当复杂,涉及激波/膨胀波的形成、反射、相交和边界层分离及激波/边界层相互作用。在背景波系中,激波串运动在不同时刻表现出了快速和缓慢的前移状态,与文献[44]的定性分析结果吻合。在 $t=29$ ms 时刻,激波串主激波前缘到达 $x=0.263$ m 的位置,整个激波串表现出非对称模式。如图 8.33 所示,当 t 增大到 30.17 ms 时,主激波中的压缩波扫掠分离包后缘,激波串内的回流区与分离包连通。此时,流动处于临界状态,并在接下来的时刻即将不起动。

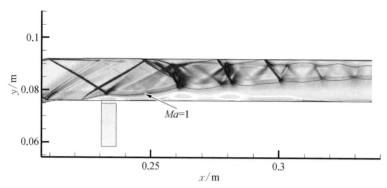

图 8.33　$t=30.17$ ms 时刻临界流场数值纹影图

8.4.3　抽吸迅速开启过程流场动态特性

以激波串快速前移和进气道即将不起动为背景,本节探索抽吸狭缝快速开启过程动态特性。为了有效阻止进气道不起动,抽吸狭缝需要在 $t=30.17$ ms 之前完全开启。因此,本节设定狭窄变形子域速度为 5.863 mm/s,在 $t=29$ ms 时刻制动,时间恰好持续 1 ms,即抽吸狭缝在 $t=30$ ms 时刻完全开启。进气道临界时刻和抽吸狭缝制动时刻之间的时间延迟定义为抽吸预警时间裕度,本节为1.17 ms。当抽吸狭缝迅速开启时,瞬时质量流量吸除发生,能够观察到动态流动模式,该流动模式可依次分成四个截然不同的过程,即喷流的形成、阻碍激波的形成、阻碍激波和喷流的演化及稳定结构的形成。

1. 喷流的形成

图 8.34 显示了在 $t=29$ ms 和 $t=29.06$ ms 时刻,相同流线狭缝附近的马赫数云图。从图 8.34 中可以看到,在 $t=29$ ms 时刻,狭窄变形子域开启之后,由于穿过抽吸狭缝的有效压差,亚声速流动被迫排泄到狭缝内,并在狭窄变形子域内加速到声速。随后,在固定子域内形成喷流并进一步加速,其主流最大速度为 $Ma=3$。图 8.35 显示了在 $t=29.03$ ms 和 $t=29.06$ ms 时刻,狭缝附近的密度梯度云图。从图 8.35 中可以看到,由于狭缝上游壁面的约束,喷流以与狭缝上游壁面成近似 30° 的角度射出,并伴随有以明暗交替为特征的波节。此外,在喷流延伸的过程中,喷流尾缘发生弯曲直至最终撞击在抽吸狭缝下游壁面。

图 8.36 显示了 $t=29$ ms、$t=29.03$ ms 和 $t=29.06$ ms 时刻,下壁面压力的沿程分布。从图 8.36 中可以看到,此阶段位于狭窄变形子域上游边界之前的压力逐渐减小,而在移动边界下游的压力几乎相同。其原因正如图 8.35 所示,对于前

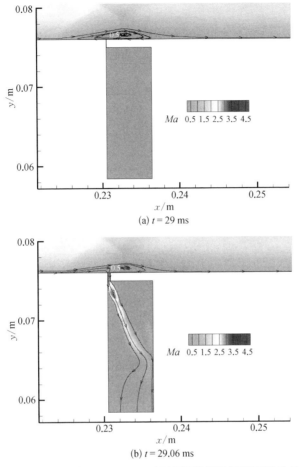

(a) $t = 29$ ms

(b) $t = 29.06$ ms

图 8.34 在 $t = 29$ ms 和 $t = 29.06$ ms 时刻相同流线狭缝附近的马赫数云图

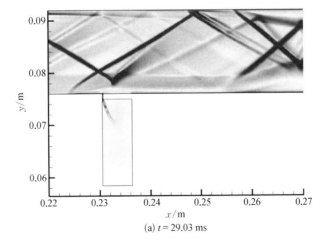

(a) $t = 29.03$ ms

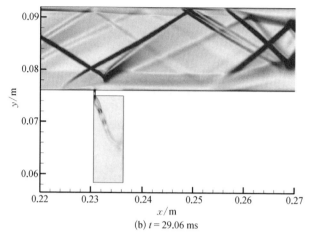

(b) $t = 29.06$ ms

图 8.35 在 $t = 29.03$ ms 和 $t = 29.06$ ms 时刻狭缝附近的密度梯度云图

者,位于固定边界之前的亚声速流动逐渐吸除,分离诱导激波强度减小;对于后者,位于移动边界下游的分离包尺度几乎没变,膨胀扇和再附激波几乎未受到影响,此外,诱导激波的最初起点和激波模式也没有任何变化。

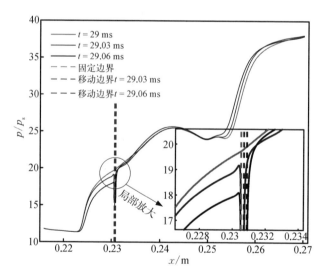

图 8.36 在 $t = 29$ ms、$t = 29.03$ ms 和 $t = 29.06$ ms
时刻下壁面压力沿程分布

2. 阻碍激波的形成

图 8.37 显示了不同时刻,抽吸狭缝附近阻碍激波形成过程的密度梯度云图。从图 8.37 中可以看到,在 $t = 29.06 \sim 29.14$ ms 时刻,狭窄变形子域开口面积

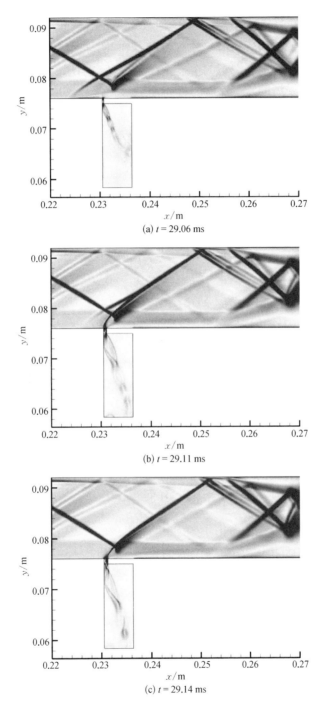

图 8.37　在 *t* = **29.06 ms**、*t* = **29.11 ms** 和 *t* = **29.14 ms** 时刻抽吸
狭缝附近阻碍激波形成过程的密度梯度云图

增大,在固定子域上游的分离流明显吸除,缩小了分离包外形轮廓。从图 8.38 显示的对应时刻下壁面压力沿程分布可以看到,诱导激波的最初起点和激波强度分别向下游逐渐移动和减小。在 $t=29.14$ ms 时刻,诱导激波完全消失。此阶段,阻碍激波在 $t=29.11$ ms 时刻形成并进一步与诱导激波融合,形成一个类似 "λ" 结构的分叉激波。在此时刻,射流已贯穿抽吸狭缝出口,除了结构本身细节发生改变,其整体继续维持稳定结构直至此阶段结束。由于诱导激波消失,在 $t=29.14$ ms 时刻,分叉激波转变为单个阻碍激波,并在移动边界下游拐角处诱导明显的压力突跃。

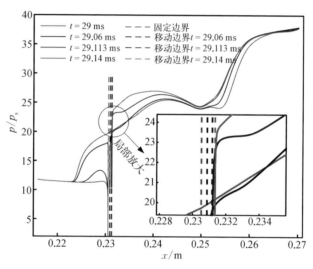

图 8.38　在 $t=29$ ms、$t=29.06$ ms、$t=29.113$ ms 和 $t=29.14$ ms 时刻下壁面压力沿程分布

3. 阻碍激波和喷流的演化

在阶段 2 之后,能够获得一个新的阶段,此阶段持续时间较长并近似占据整个狭缝开启时间的 69%。为了揭示流动特征,图 8.39 和图 8.40 分别展示了不同时刻下狭缝附近阻碍激波和喷流的演化过程及流线马赫数云图。

随着抽吸狭缝进一步开启,在 $t=29.14$ ms 时刻转变的单个阻碍激波逐渐向下游移动并分解成两个相连的分支,分别位于狭缝内部和从移动边界尾缘向下游延伸。由于固定边界上游的分离流在 $t=29.14$ ms 时刻已完全吸除,此区域的流动模式在整个阶段都相对稳定。

在阻碍激波演化的过程中,位于阻碍激波之后的分离流不断吸除,其移动边界下游的 $Ma=1$ 等势线向隔离段下壁面移动,分离包尺度缩小,与此分离包有关

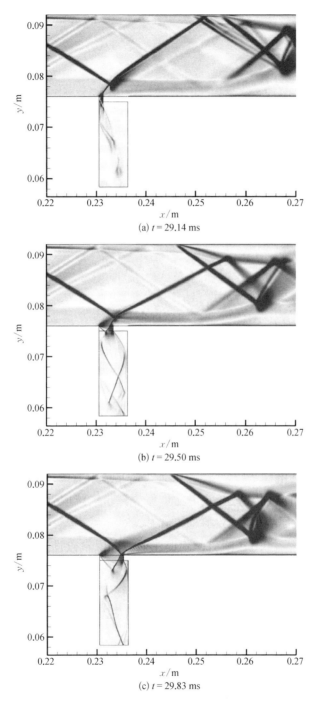

图 8.39　在 *t* = 29.14 ms、*t* = 29.50 ms 和 *t* = 29.83 ms
时刻抽吸狭缝附近的密度梯度云图

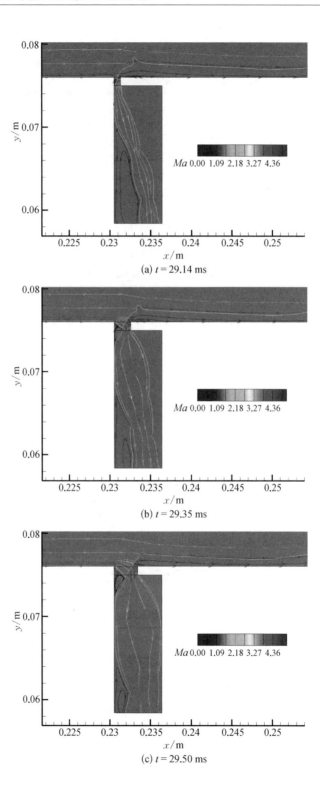

(a) $t = 29.14$ ms

(b) $t = 29.35$ ms

(c) $t = 29.50$ ms

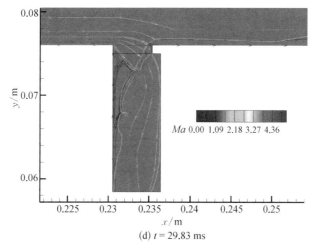

(d) $t = 29.83$ ms

图 8.40　在 $t = 29.14$ ms、$t = 29.35$ ms、$t = 29.50$ ms 和 $t = 29.83$ ms
时刻抽吸狭缝附近 $Ma = 1$ 的等势线和流线分布

的膨胀扇和再附激波消失。由于近壁部分的超声速流动流入狭缝,在上游拐角
处形成了普朗特-迈耶膨胀,唇口激波在此膨胀扇中发生弯曲后与阻碍激波相
交,交叉点伴随分离流的吸除在垂直方向下降,在 $t = 29.83$ ms 时刻几乎达到狭
缝入口,阻碍激波下游的分离流完全吸除。

　　再者,从图 8.41 给出的相应时刻下壁面压力沿程分布可以看到,压力突跃
特征伴随阻碍激波的迁移,与 $t = 29.14$ ms 和 $t = 29.50$ ms 两个时刻相比,在

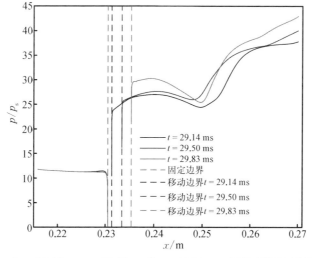

图 8.41　在 $t = 29.14$ ms、$t = 29.50$ ms 和 $t = 29.83$ ms 时刻下壁面压力沿程分布

$t=29.83$ ms 时刻,由于交叉点更靠近抽吸狭缝入口,压力突跃增加的幅值较大。另外,从图 8.40 中还可以看到,进入狭缝的流动由阻碍激波下部分支减速到亚声速,并在抽吸狭缝上游壁面形成一个回流区。伴随下部分支的发展,回流区的空间尺度和其占据的面积及喷流范围都增大,导致喷流结构由波节向激波反射转变。

4. 稳定结构的形成

阶段 3 之后,一个稳定结构逐渐形成。图 8.42 显示了不同时刻下抽吸狭缝附近稳定结构形成过程的密度梯度云图。

从图 8.42 中可以看到,此阶段的阻碍激波结构和上部分支角度基本没有改变,唇口诱导激波和阻碍激波的交叉点继续沿着狭缝入口向下游移动。与此同

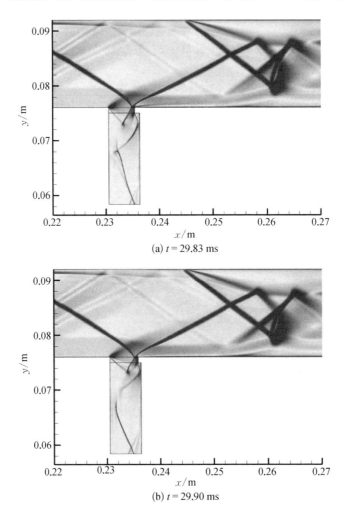

(a) $t=29.83$ ms

(b) $t=29.90$ ms

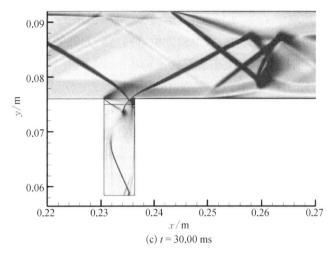

(c) $t = 30.00$ ms

图 8.42　在 $t = 29.83$ ms、$t = 29.90$ ms 和 $t = 30.00$ ms 时刻抽吸狭缝
附近稳定结构形成的密度梯度云图

时,回流区与阻碍激波下部分支的交叉点朝着狭缝入口逐渐抬起,下部分支长度
缩短。在 $t = 30.00$ ms 时刻,由于狭缝完全开启,狭缝下游壁面附近的斜激波消
失,狭缝内部回流区完全再附。随后,整个内部横截面由完全膨胀的喷流占据。

　　为了观察在此阶段压力分布特征的差异,图 8.43 显示了相应时刻下壁面压
力的沿程分布。从图 8.43 中可以看到,除了压力突跃的迁移特征,在 $t =$

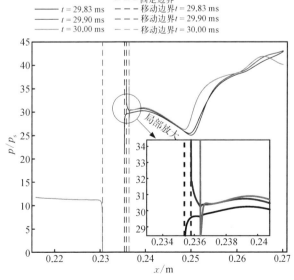

图 8.43　在 $t = 29.83$ ms、$t = 29.90$ ms 和 $t = 30.00$ ms 时刻下壁面压力的沿程分布

29.90 ms 和 $t = 30.00$ ms 两个时刻,压力突跃值明显大于 $t = 29.83$ ms 时刻,并且抽吸狭缝下游压力分布存在短距离的压力突降。然而,伴随此梯度压力的下降,$t = 29.90$ ms 时刻的压力分布沿着隔离段壁面再次小幅度下降,而 $t = 30.00$ ms 时刻的压力分布再次小幅度上升。

8.4.4　抽吸迅速开启过程中的质量流量动态特性

图 8.44 显示了抽吸狭缝迅速开启过程中,与上述复杂流场结构相对应的抽吸质量流量时间历程。

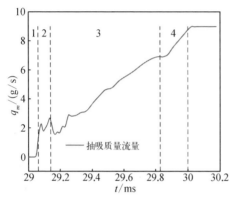

图 8.44　抽吸狭缝快速开启过程中抽吸质量流量时间历程

从图 8.44 中可以看到,在阶段 1,抽吸质量流量为零,因为此阶段持续时间较短(0.06 ms),射流刚刚形成。一旦进入阶段 2,随着射流快速贯穿抽吸狭缝出口,抽吸质量流量首先以较大斜率快速增加,并伴随交替的波峰和波谷形成两次脉动,此变化过程的原因可能依次归咎于诱导激波强度的减小、阻碍激波的形成及诱导激波的消失。在阶段 3,抽吸质量流量损失经过一系列递增的离散阶梯以斜坡方式逐渐增加。形成此变化趋势的原因可能归咎于在每次流动结构经过转变之后,都存在一个短暂的稳定状态并延续到阶段 4。进入阶段 4,抽吸质量流量以 6.6 g/s 的速率持续损失 0.03 ms,并随着阻碍激波的迁移近似线性爬升。当抽吸狭缝完全开启后,由于稳定结构已形成,抽吸质量流量达到最大并维持恒定值 8.9 g/s,近似为进气道捕获质量流量的 3.3%。

8.5　本章小结

本章重点介绍了边界层抽吸对隔离段激波串特性的影响。首先分析了边界层抽吸局部抗反压特性,给出了边界层抽吸抗反压机理:边界层抽吸通过狭缝附近局部波系的变换和狭缝内流场的演化,将激波串最终稳定在狭缝后缘,阻止下游反压向上游传播,提高进气道抗反压能力,并抑制压力纵向脉动。研究发现,边界层抽吸局部反压主要由局部压力突跃和二次曲线分布组成,由此拟合了一个经验压升表达式,定量揭示了局部抗反压机理。

其次给出了边界层抽吸控制效能评估,分析了不同抽吸角度、压比和位置下,局部抗反压投入(质量流量吸除)与产出(反压增益)的关系。鉴于最大程度提高进气道气动特性和降低质量流量损失的内在需求,基于吸除唇口激波诱导的流动分离、形成显著完整的阻碍激波结构和最大化狭缝内部有效横截面积的认识,给出了抽吸压比、位置和角度的选取原则。

最后分析了边界层抽吸狭缝动态开启过程对隔离段流动特性的影响,发现隔离段流场发展可分成四个过程,即喷流的形成、阻碍激波的形成、阻碍激波和喷流的演化及稳定结构的形成。边界层抽吸的动态质量流量损失特性与狭缝附近和内部波系、流场的形成过程密切相关。

第 9 章

自适应抽吸射流对隔离段
激波串突跳特性的抑制

9.1 引言

在吸气式高超飞行器加速阶段,随着马赫数靠近模态转换点,推阻比降低。为了继续加速,燃烧释热增加,导致隔离段中的激波串向上游移动。过去的研究发现激波串在具有背景波系的隔离段中前移时会发生突跳,然而并没有有效的控制手段能在整个隔离段范围内都对激波串进行有效的控制。

为了在整个激波串前移路径上都能抑制激波串突跳的发生,减缓壁面逆压力梯度,并提高附面层流速,本章提出一种新的自适应的抽吸射流控制方法,它结合了分布式的射流方法和边界附面层抽吸方法,首先抽取下游四角的低速附面层气流,然后通过回流管压入上游分布式射流槽对主流进行分布式预压缩,改善隔离段壁面压力分布。其中,抽吸和射流流量在回流管中通过上下游压力自适应匹配。

9.2 自适应抽吸射流流动控制方法

9.2.1 实验条件和测量装置

风洞总体结构示意图如图 9.1 所示,其中马赫数 3.0 的尾喷管安装在实验台上。风洞结构大体上与 2.6 节的实验设置一致,但细节上略有区别。用于模拟进气道流场背景波系的对称斜劈准备了两种,分别是 2 mm 高对称呈 14° 的斜劈和 4 mm 高对称呈 20° 的斜劈,它们可以模拟不同的背景波系。为了捕获瞬时流场结构,高速相机(Phantom V2)用来记录可视化流场。与 2.6 节不同的是,这次的曝光时间设置为 200 μs,捕获帧率为 5 kfps,每张照片的分辨率为 1 280 像素×304 像素。实验段观察窗长度为 260 mm,在纹影图像中大约为 1 230 像素,因此长度方向上的像素分辨率大约是每像素 0.211 mm。风洞上下壁面的中轴线上布置了 20 个高速压力传感器(TMNS‑2),量程为 0~100 kPa,最高动态响应频率为 20 kHz。上下壁面的压力传感器分别以 U1~U10 和 D1~D10 进行编号,如图 9.1 所示,其中第一个传感器距离隔离段入口坐标 $x=0$ 截面的距离为 35 mm。压力信号变换为电压信号后由两台多通道高速电压采集模块(IOtech 6220)记录,采样频率为 5 kHz。

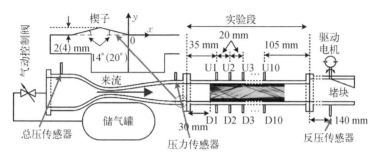

图 9.1 风洞总体结构示意图

为了程序化控制高压阀、驱动堵块的伺服电机、高速相机快门触发和时间同步,二次开发了一块新的风洞控制板(HITWCB2),它的主控芯片采用了 ARM Cortex‑M3 核心的 STM32F103 芯片。HITWCB2 是 HITWCB1 的升级版,因为升级了主控芯片,从 8 bit 处理器升级到了 32 bit 处理器,主频从 16 MHz 升级到了 72 MHz,因此新控制板的计算速度和时序控制精度都有了较大幅度提高。风洞控制板按预先设定的程序自动控制实验流程,并为高速相机和压力采集系统提供时序同步信号。一个 3.3 V 的 LED 灯会被按时序点亮,并被摄像机拍摄到。然后,为了使摄像机每帧画面的时序能与多通道电压采集器的时序保持一致,LED 灯的 3.3 V 信号也连接到其中一台多路电压采集器的一个通道上。

9.2.2 自适应抽吸射流流动控制装置

参考以前的研究,如果不做控制,激波的前移过程中将会在某些区域发生突跳,这会给激波串前缘位置建模和控制带来巨大挑战。激波串前缘局部流动分离状态对激波串的运动特性起着重要作用,其中一种控制方法是分布式狭缝注入,对激波串上游来流进行预压缩,以降低激波串前缘处突然上升的逆压力梯度。另外,在激波串前移过程中,激波串区域的压力要明显高于上游区域,并且越往下游,其压力越高,这种压差可以被利用起来形成下游的附面层抽吸然后在隔离段里进行射流控制。于是,设计了如图 9.2 所示的控制装置,并提出了自适应抽吸射流流动控制方法的概念,该方法的气流路径示意图如图 9.3 所示。

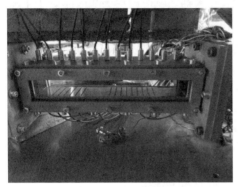 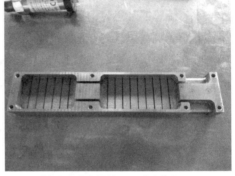

(a) 安装了控制装置的隔离段   (b) 分布式射流槽和下游壁角抽吸

图 9.2 隔离段分布式流动控制装置

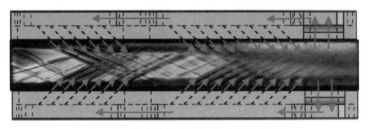

图 9.3 流动控制方法气流路径示意图

对于矩形截面的隔离段,由于边角效应,低能量的附面层气流主要堆积在下游四个角上,抽吸槽被安置在隔离段出口的四个边角。一部分二次流在压差作用下被压入角部的抽吸槽,接着通过回流管道流入上游的两个射流稳压腔,然后在压差驱动下由分布于壁面的 45° 射流阵列注入上游流场。腔体采用局部狭窄喉道来调节前传流量,以实现在整个隔离段长度上对激波串突跳进行宽范围的抑制。当反压较低时,因为下游分布射流的流量消耗,下游这组分布射流稳压腔的压力要高于上游的那一组。当反压继续升高时,下游这组射流槽的射流流量降低,甚至也可以充当抽吸槽,然后让上游的那组射流槽的稳压腔获得更高的射流压力,这样就自适应地控制了每个分布式射流槽的流量。由于每组射流槽共用一个稳压腔,其控制结果是每组射流区域的压力梯度被减缓。因为激波串突跳与局部逆压力梯度诱导的剧烈的流动分离有关,所以这个设计有可能改变激波串的前移过程。图 9.2(b)展示了这两组分布式射流槽,它们通过回流槽和稳压腔分布于整个隔离段区域,目的是在一个较宽的范围对激波串运动进行控制,而不是仅仅在激波串已运动至靠近隔离段喉道的接近不起动的位置才进行控制。这种自适应抽吸射流流动控制方法使用了回流管道,从下游四角堆积的低能量边界层区域获得流量,然后再引导到上游壁面喷射。回流管道的流量由上下游压力自适应匹配,但对最大流量做了限制。最大流量的调节方法也很简单,只需要控制回流管道的狭缝宽度即可。狭缝通道的横截面面积设计为 3 mm 宽、5 mm 长的矩形,当控制装置同时安装在隔离段顶部和底部壁面上时,回流管中狭窄通道的总横截面面积占隔离器段主管横截面面积的 4%。在某些工况的实验里,回流狭缝也可以用 3D 打印的堵块堵死。本方案与单一的射流或抽吸相比,因为射流流量来自下游区域的抽吸,所以射流装置不需要额外的外部气源,并且进气道总流量也不会受到损耗。与其他流动控制方案相比,因为本方案并没有把装置插入隔离段流场,不会造成隔离段流通截面缩减,所以也不会对进气道起动性能产生不良影响。

9.2.3 实验工况介绍

为了初步验证自适应抽吸射流流动控制装置对抑制激波突跳运动的有效性,设计了 5 组对照实验,工况列于表 9.1。其中,2 mm 高的 14°对称斜劈安装在隔离段入口,用来形成背景波系。在 Case 1 中,隔离段上下壁面都为普通光滑平板,没有控制装置。在 Case 2 中,隔离段上壁面换成了带有流动控制装置的壁板。在 Case 3 中,隔离段下壁面换成了带有流动控制装置的壁板。在 Case 4 中,隔离段顶部和底部都布置了流动控制装置。在 Case 5 中,虽然带有流动控制装置的壁板安装在隔离段顶部和底部,但是流动控制装置中的回流管被堵死,目的是对比验证回流管的作用。

表 9.1 实验工况设置

Case	说　　　明
1	普通实验段,无控制装置
2	只控制上壁面
3	只控制下壁面
4	上下壁面一起控制
5	上下壁面都有控制装置但回流管堵死

在 Case 1 中,堵块斜台的运动路径先被调试好,让激波串前缘在观测时间里正好从隔离段观察窗的下游运动到观察窗的上游。后续的几组测试工况也都使用与 Case 1 相同的堵块路径。图 9.4(a)展示了堵块斜面旋转角度的变化路径和时间同步信号。首先,风洞控制板把高压阀启动后,堵块先缓慢地转到初始角度 16.8°,正好把激波前缘推到观察窗下游的边缘。其次,堵块不动,等待 1 s 使流场稳定,然后开始观测。观测开始,LED 灯点亮,这个时间点就是观测时间的 $t=0$ 时刻,即"有效时间"的时间原点。同时,堵块也开始线性地旋转,直至转到结束角度 19.47°,刚好把激波串前缘推到观察窗上游的边缘。堵块达到 19.47°以后,再过 0.5 s 后,相机快门被一个低电平信号触发。相机快门被设置为后触发模式,触发点前部的时间将被记录。正是因为从高压阀启动到相机后触发的整个实验时间太长,而需要关注的激波串从观察窗下游运动到上游的过程只占了总实验时间的一小部分,为了减少无效数据的干扰,所以使用观测时间的 $t=0$ 时刻作为后续分析的时间轴原点。每组实验中测得的反压路径如图 9.4(b)所示,其中反压比定义为反压和喷管出口压力 p_0 的比值。各组实验的起始反压并不完全相同,因为不同设置下隔离段的初始抗反压能力不同,导致出口流场状态有些区别。但是随着堵块偏转,从 $t=1.2$ s 以后(堵块角度大于 17.4°),各反压就基本一致了。

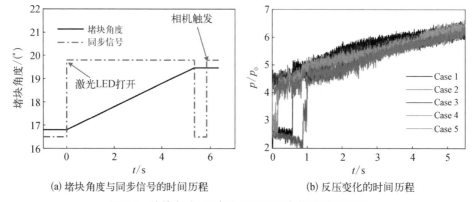

(a) 堵块角度与同步信号的时间历程　　　　(b) 反压变化的时间历程

图 9.4　堵块角度、同步信号和反压变化的时间历程

在带有控制装置的隔离段壁板中,因为部分压力传感器的位置与分布式射流槽的位置是重合的,所以,这部分压力传感器并没有直接测量隔离段壁面压力,它们测量到的是稳压腔内部的压力。对于有控制装置的壁板,编号 1、5 和 6 的传感器测量的是隔离段壁面;编号 2、3、4 和 7、8、9 的传感器实际测量的是稳压腔。

9.3   自适应抽吸射流对激波串突跳特性的影响

9.3.1   流动控制对隔离段流场的影响

为了确认流动控制方法对削弱隔离段壁面压力分布梯度是否有实际效果，采用 $t = 1.5$ s 时刻的流场作为各实验结果的横向对比。选取该时刻点的流场进行比对，主要是出于两点原因：首先，实验对象是激波串，其运动过程需要在起动状态流场里做测试，而此时的反压正好较低，约为来流压力的 5 倍，从各个工况的纹影图中可看出隔离段都处于起动状态；其次，为了测试控制效果，所选取的时刻点必须是流动控制装置正处于工作状态，激波串在 $t = 1.5$ s 时刻已进入隔离段的观察窗区域，并且其前缘已越过抽吸槽，自适应抽吸—回流—射流也都处于工作状态。

在 $t = 1.5$ s 时刻，各个工况的流场纹影序列及壁面压力分布如图 9.5 所示，在没有控制方法的情况下，激波串上游的逆压力梯度相当大，如图 9.5 中 $x =$

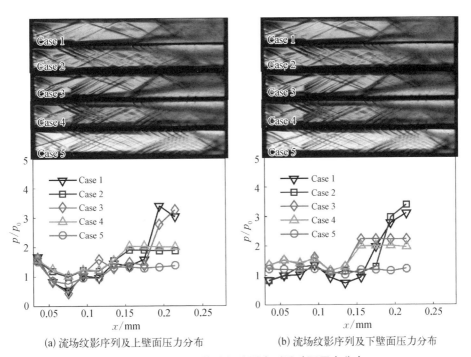

(a) 流场纹影序列及上壁面压力分布   (b) 流场纹影序列及下壁面压力分布

图 9.5   各工况下的流场纹影序列及壁面压力分布

0.15~0.20 m 区域的折线所示。总体上看,折线代表的壁面压力分布起伏比其他几组工况更剧烈一些。例如,$x=0.05~0.15$ m 区域,背景波系作用下的压力较为起伏;或者 $x=0.16~0.23$ m 区域,激波串前缘分离激波导致的压力突然上升。

在只控制上壁面的 Case 2 工况中,自适应抽吸射流流动控制装置安装在隔离段顶部。在 $x=0.05~0.15$ m 的区域,由于射流流量通过靠近上游的一组分布式射流槽注入了隔离段上壁面,形成了一系列比较弱的激波,并对超声速主流的流道截面形成轻微的压缩,如图 9.5(a)的纹影序列所示。其中,回流槽实现了隔离段下游高压区域的压力与流量向上游的传递,从而导致上游区域的上壁面的压力分布与无控制的 Case 1 相比有明显的上升,如图 9.5(a)中的压力分布所示。在 $x=0.16~0.23$ m 的区域中,射流流量通过靠近下游的一组分布式射流槽注入上壁面,此处的射流压力受稳压腔作用而保持一致,但射流压力较高,对主流的压缩也较明显。在隔离段底部的 $x=0.15$ m 处,虽然此处没有布置射流装置,但因为顶部流动控制诱导的激波正好入射在此处,也间接地使该区域的压力大于无控制的 Case 1,如图 9.5(b)所示。总的来说,Case 2 中的隔离段上下壁面的压力分布都在流动控制下趋于平坦,并且激波串前缘处的局部逆压力梯度值与无控制的 Case 1 相比都有减小。

只控制下壁面的 Case 3 工况与 Case 2 相似,区别是流动控制装置安装在隔离段底部的壁面上。对于隔离段底部的壁面压力分布,在 $x=0.05~0.15$ m 的区域,由于靠近上游的一组分布式射流槽带来的压力和流量注入,此处压力有所提高,如图 9.5(b)所示。此外,从纹影序列上看,超声速主流在隔离段底部的射流作用下受到了推挤。特别是在观察窗中下游区域,推挤效果更明显,纹影图中的滑移层展示了一个明显的压缩斜面。这是因为 $x=0.16~0.23$ m 区域布置了一组下游射流槽,这些射流槽连通至隔离段出口附近的高压区域。稳压腔对压力分布的控制效果较明显,在下游稳压腔内部,压力基本上是一致的,如图 9.5(b)所示。对于没有安装流动控制装置的隔离器顶部一侧,壁面压力分布也同样受到了控制。例如,来自隔离段底部的射流诱导的激波也入射在顶部的 $x=0.13$ m 处,间接地为隔离段顶部区域增加了压力,其效果是使上壁面的局部压力提高并使其压力分布的起伏略小于无控制工况,如图 9.5(a)中的菱形折线与倒三角形折线所示。因此,与 Case 1 相比,在流动控制区域,无论是安装了控制装置的一侧还是没安装的一侧,Case 3 中的隔离段壁面压力分布都趋于平坦。

在上下壁面一起控制的 Case 4 工况中,隔离段上下壁面都安装了流动控制装置。在 $x=0.05\sim0.15$ m 的区域,上下壁面各有一组连接着上游稳压腔的分布式射流槽,注入的流量同时增加了该区域顶部和底部的压力。上游稳压腔为该区域中原本压力较低的位置提供了射流,使局部的壁面压力梯度小于无控制的 Case 1。在 $x=0.16\sim0.23$ m 的区域,在顶部和底部的壁面上都有流动控制装置,靠近下游的两组分布式射流槽共同压缩主流,并且每个槽的射流流量由稳压腔自适应控制,最终结果是上下壁面的压力分布都变得较为平坦,如图 9.5(a) 和图 9.5(b) 中的正三角形折线所示。

在有控制装置但回流管堵死的 Case 5 工况中,虽然流动控制装置安装在隔离段顶部和底部,但回流管道被完全堵塞。因为没有流量从隔离段出口附近的抽吸槽流经回流管道进入稳压腔,所以下游压力不能有效传至上游。失去流量供应后,Case 5 的上下壁面压力分布中有多个点低于 Case 4 有回流流量的情况,如图 9.5 中圆形折线与正三角形折线对比所示。Case 5 中对压力梯度的控制效果显然没有 Case 4 好,但是,与无控制的 Case 1 相比,Case 5 中连接着射流槽的稳压腔仍然可以让 $x=0.05\sim0.15$ m 区域的压力分布变得平坦,如图 9.5 中圆形折线与倒三角形折线对比所示。其控制机理为:对于连接在同一个稳压腔的槽,压力较高区域的槽可以起到抽吸作用;压力较低区域的槽可以起到射流的作用。即使没有来自回流管的下游压力前传,稳压腔也可以把该区域中原本压力较低点的压力适度提高,使它们略高于 Case 1。在 $x=0.16\sim0.23$ m 的区域,隔离段上下壁面的压力梯度主要由靠近下游的上下两个稳压腔及射流槽阵列控制,控制效果也较好,此处压力较低是因为没有下游压力通过回流管注入,如图 9.5(a) 和图 9.5(b) 中的圆形折线所示。并且,由于一系列较弱的激波对主流的增压,Case 5 的激波串前缘位置与无控制工况 Case 1 相比,也更靠近隔离段下游,如图 9.5 的纹影图所示。

通过这组实验对比可以发现,自适应抽吸射流流动控制方法对于背景波系和激波串共同作用下的壁面压力分布是有一定的控制效果的。分布式射流能使流场中原本压力降低的区域得到提高,使壁面压力分布变得更平坦,一定程度上缓解了壁面的局部逆压力梯度,这对流动分离的抑制是有利的。接下来的工作对各工况下的激波串前移过程进行对比,以论证该控制方法对激波串突跳抑制的有效性。

9.3.2　无流动控制条件下的激波串运动

在 Case 1 中,通过控制堵块运动,把激波串在 $t=0\sim5.0$ s 这段时间里从观察窗下游边界推至观察窗上游边界附近,如图 9.6 所示。其中,$t=1.0$ s 和 $t=2.0$ s 的两个纹影图像中的流场有较大的改变,期间,激波串快速地从观察窗中较下游的位置跳到了较上游位置。为了提供壁面压力时频特性,图 9.6(b)展示了对应时间内相应的 PSD 频谱。其中,绘制 PSD 频谱的壁面压力采集点选取了比较典型的压力传感器 U5,并设计高通滤波器以去除信号的低频部分(<0.01 Hz)。选取 U5 测点作为对比是因为它可以比较好地表征控制前后的压力变化,对于其他几组有控制的工况,该位置的压力测点正好位于两个稳压腔之间,并且测压管道直接连接至隔离段壁面。而其他测点都不是太理想,例如,U1 虽然直连隔离段壁面,但过于靠近流场入口,能得到的来自流动控制的压力影响较小;U9 实际连接的是稳压腔,并不能直接反映壁面压力。激波串在 $t=1.9$ s 时刻迅速向上游移动并扫过了隔离段顶部的压力传感器 U5,然后 U5 采集到了如图 9.6(b)PSD 图像中所示的频谱。从 $t=1.8\sim1.9$ s,可以观察到基频为 35 Hz 的压力脉动信号。在 $t=2.0$ s 时刻,振荡主频为 160 Hz。然后,从 $t=2.6\sim3.3$ s,振荡信号的功率降低,没有明显的主频。在 $t=3.3$ s 和 $t=3.9$ s 时,可观察到振荡主频为 40 Hz 的信号。从 $t=4.4\sim4.9$ s,在接近最大抗反压极限时,壁面压力振荡形成一个较大功率的信号,振荡的主频主要分布在 $30\sim80$ Hz。

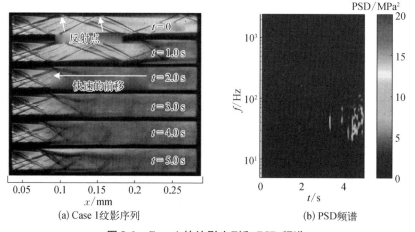

(a) Case 1纹影序列   (b) PSD频谱

图 9.6　Case 1 的纹影序列和 PSD 频谱

激波串前移过程的纹影序列及壁面压力分布如图 9.7 所示,其中流场结构的特征点如波系反射点和激波串前缘已在纹影序列中标出,并且壁面压力通过隔离段入口压力 p_0 标准化。当 $t=0$ 时,背景波系在隔离段上下壁面上形成了比较明显的上升下降的压力分布,即背景波系下的壁面压力分布。随着反压上升,

在 $t=1.0\sim1.5$ s,激波串前缘位置缓慢地前移,爬行至一个背景波系反射点的下游,不断靠近隔离段顶部背景流场壁面压力分布的一个局部的峰值点。如图 9.7(a)的纹影序列所示,当 $t=1.5$ s 时,激波串顶部前缘向前爬到了隔离段顶部的一个背景波系反射点下游。结合图 9.7(a)的压力分布图像,代表背景流场的倒三角形折线在 $x=0.16$ m 附近有个局部的峰值点,而在 $t=1.5$ s 时,菱形折线中的激波串前缘已移动至这个峰值点。在这个压力峰值点的上游,从纹影序列和压力分布图里可以看出这个位置有两道背景波系反射。背景波系在 $x=0.09\sim0.16$ m 的区域里形成了一个较强的逆压力梯度场,其中,U4 与 U3 的局部压比为 1.96,U6 与 U5 的局部压力比为 1.50,这已经非常接近马赫数 3 来流条件下附面层流动分离的平台压力值 2.19。因此该区域流场比较容易在反压前传作用下触发急剧的流动分离现象。在 $t=1.5\sim2.0$ s,随着反压上升,激波串上缘快速越过隔离段顶部的两个背景波系反射点,发生了一次较大行程的突跳,最后稳定在 $x=0.06$ m。如图 9.7(b)所示,在 $t=1.5$ s 时,激波串下部前缘位于 $x=0.14$ m 位置。从隔离段下壁面压力分布图上看,此时的激波串下部前缘处于背景波系作用下的顺压力梯度区,并且激波串下缘的流动分离是可以得到抑制的。但是因为激波上缘发生了突跳运动,同时上缘激波打到隔离段底部对激波串下部区域的流

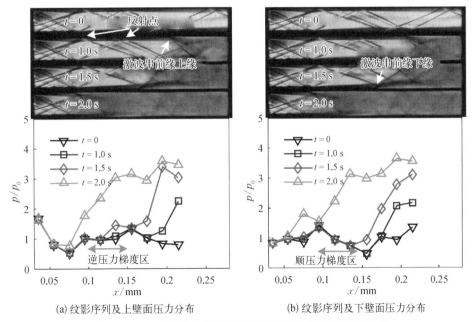

(a) 纹影序列及上壁面压力分布　　　　(b) 纹影序列及下壁面压力分布

图 9.7　Case 1 激波串前移过程的纹影序列及壁面压力分布

动分离形成了促进作用,导致下缘处的流动分离趋势加强。因此,激波串前缘的上缘也可以带着下缘激波一起突跳。从 $t = 1.5 \sim 2.0$ s,激波串下缘位置也突然前移至 $x = 0.06$ m 位置。反压前传和背景波系反射形成了能够导致局部剧烈流动分离的逆压力梯度,并且背景波系的强度大小对激波前移过程是否会发生突跳有重要影响。由图 9.7(b)可以发现,虽然隔离段底部 $x = 0.06$ m 位置也有一个背景波系的反射点,但是纹影序列中该处的反射波系的浓度较淡,说明波系处的密度梯度较小,即这道波系的强度比较弱,并且形成的壁面局部逆压力梯度也较小,压力分布在 $x = 0.05 \sim 0.06$ m 的区域很平坦,所以激波串突跳没有在这个位置发生。这再次间接表明,激波串是否会发生突跳与背景波系形成的局部逆压力梯度的大小是有关的。

Case 1 壁面压力分布的时间历程如图 9.8 所示,其中图 9.8(a)为隔离段顶部的压力分布变化,隔离段在完全起动状态下的纹影序列显示在该图片下方,使隔离段顶部的背景波系反射点的 x 轴坐标正好与压力分布图对应。图 9.8(b)为隔离段底部的压力分布变化,图中把隔离段底部的背景波系反射点的 x 轴坐标与压力分布的 x 轴统一,是为了更好地表现激波串在背景波系中前移引起的压力分布变化。通过压力分布的时间历程,可以从全局上快速定位到激波串突跳发生的时间点。从图 9.8(a)中可以发现,在 $t = 1.8$ s 附近,从 $x = 0.09 \sim 0.19$ m 的 5 个传感器(U4~U8)突然同步检测到壁面压力相对背景流场压力有了显著的上升,这是因为激波前部上缘快速地扫过了这几个压力测点。类似的现象也可以从图 9.8(b)中发现,在 $t = 1.8$ s 附近,从 $x = 0.08 \sim 0.18$ m 的 5 个传感器

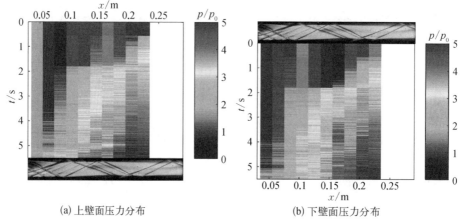

(a) 上壁面压力分布　　　　　　　　(b) 下壁面压力分布

图 9.8　Case 1 壁面压力分布的时间历程

（D3～D7）也因为激波前部下缘快速扫过而同步地检测到了压力上升信号。

　　如果从突跳检测角度对上述结果进行总结，因为激波串突跳前后的壁面压力的分布特性和振荡特性都有明显的变化，所以为了检测激波串突跳是否发生，至少能提出两种方案路线：一种是对隔离段中部的某个典型压力采集点的压力数据进行实时的频谱分析，例如，当出现图 9.6（b）PSD 图像中 $t=1.8$ s 时刻那样的基频为 35 Hz 的压力振荡时，可以判断激波串突跳发生，然后进行相应的事后控制；另一种是对壁面多个压力测点进行测量，当激波串前缘扫过一个压力测点时，该测点的实时压力相对背景流场下会有提高。当多个传感器同步检测到激波串前缘扫过时，可以判断激波串在短时间里发生了一次较大行程的前移，于是可以判断突跳的发生。这两个检测方法可以作为激波串突跳触发条件定量分析方法的补救方案。激波串突跳触发条件定量分析方法是预估方法，它在激波串还未发生突跳时，通过流场可视化与图像采集设备实时地检测激波串前缘收缩比，对激波串是否即将要进入突跳状态进行事先的评估。即使预估方法失效，激波串已经发生突跳后，还可以用以上总结的两种检测方法对激波串突跳这个已经发生的客观事实进行事后的检测。

　　研究中还发现，对于激波串突跳时刻及位置的事后检测，通过翻看激波串纹影序列中的图像可以准确地定位到激波串前缘的位置。位置的定位精度取决于图像像素，时间的定位精度取决于纹影采集系统的帧率。但是在有效的观测时间里，纹影序列的图片比较多，实际操作中翻看几万张纹影序列图像并定位到突跳发生的具体时间点是比较困难的。计算机视觉方法可以辅助检测激波串前缘，每一轮实验因为光照条件不同，采集到的纹影图像的亮度都不同，这直接影响了激波串前缘轮廓，所以图像检测阈值需要对每一组纹影序列单独调试。相对地，通过壁面压力分布的时间历程的可视化彩图，只需要观察一张图片就可以快速地从整个观测时间里较快速地定位到激波串突跳发生的位置点和时间点，在对突跳发生时间的定位速度上要快很多。然而，在实际的实验中，因为壁面布置的压力传感器数量有限，布置间距也较大，所以对激波串前缘位置的坐标定位精度没有纹影分析结果准确。壁面压力折线图有纹影序列相同的图片数量过多的问题，在寻找突跳发生时间点的时候并不像壁面压力分布时间历程彩图那么直观。但是，壁面压力分布时间历程图中用颜色呈现压力数值大小的方法仍然有其不足，因为人眼对颜色级数的辨识能力有限，只能辨别红橙黄绿等七种颜色，无法读取相邻两颜色间的数值。与用颜色表示数值的方法相比，用 y 轴坐标表示数值的方法可以更直观地呈现数值的具体大小。因此，实际的研究中，纹影序列、压力分布图、压力分布的时间历程图这三组图像的分析方法要视具体的分析场景来选用。

9.3.3　单独使用稳压腔对抑制激波串突跳特性的不足

在自适应抽吸射流流动控制的设计中,布置于上下游区域的稳压腔和回流管道都是必不可少的。壁面上有前后两组射流阵列槽通过 45°狭缝向隔离段喷射增压,其中稳压腔用于控制局部的射流压力,使原本低压的区域获得更多流量,以此来减小隔离段内部流动压缩过程中的局部逆压力梯度,并提高壁面附近边界层流动速度。当回流狭缝打开时,稳压腔的流量来自下游回流管道,回流管道中的流量通过上下游压差自适应匹配。当隔离段出口的抽吸槽附近的压力提高而上游压力较低时,会有更多流量压入回流管道,进入上游的射流槽,实现对上游来流的预增压。来自回流管的射流流量在抑制流动分离方面可能发挥着重要作用,因为附面层可承受的最大反压与壁面摩擦系数有关,而壁面摩擦系数又与近壁面区域流速有关。为了对比验证回流在自适应抽吸射流流动控制方案中起的作用,设计了 Case 5 工况的实验,单独测试稳压腔的效果。

为了单独测试稳压腔对隔离段激波串运动特性的影响,Case 5 工况实验中保留上下壁面上的流动控制装置,但是将回流管堵死。这样,当激波串还没运动到靠近上游的那个稳压腔位置时,上游的那组射流槽阵列无法获得来自下游的高压气体。只有当激波串前缘运动到一组射流槽所在区域时,才有一些狭槽受到激波串增压而以抽吸的方式工作,使流量进入一个稳压腔。然后,流量从同一个稳压腔下的另一些狭槽里流出,实现局部的循环。

实验获得的纹影序列如图 9.9(a)所示。如果没有控制,激波在直隔离段里前移,在 $t=0\sim3.0$ s 里就要发生一次突跳运动。事实证明,激波的突跳运动,一定程度上是可以被布置于隔离段壁面上的稳压腔抑制的。但是,随着反压继续提高,当激波串位置需要从下游稳压腔控制区域进入上游稳压腔控制区域时,激波串依然会发生一次突跳。在最初的 $t=0\sim1.0$ s,当激波到达下游的分布式射流区域时,部分射流槽充当了抽吸槽,然后通过下游稳压腔稳压,再把流量从稳压腔的靠近上游的射流槽射入隔离段,实现对激波串的控制。从 $t=0\sim3.0$ s 的纹影序列里可以发现,下游稳压腔所连接的那组射流槽形成了一系列的弱激波。它们在纹影图像里形成了一系列比较浅的斜线,位于 $x=0.16\sim0.24$ m。这些斜线体现的是局部的密度梯度,因为它们的颜色在 $t=0\sim3.0$ s 随着激波串前移而逐渐加深,这也间接表明这些激波是随着激波串增压而逐渐增强的。但是,此时的上游稳压腔所连接的射流槽没有来自下游抽吸的回流流量,所以位于 $x =$ 0.06~0.14 m 区域的射流槽只能诱导出一些比较弱的波系,且它们在纹影序列中呈现的颜色也不随着时间改变。随着反压继续提高,没有回流流量的弊端在 $t =$ 4.0~5.0 s 被呈现出来,激波串在两个稳压腔所对应的两种射流槽之间的无控区域发生了一次突跳运动。突跳结束后,因为激波串前缘已经移动到了上游稳压腔所对应的那组狭槽,于是上游的那组射流槽获得了流量。图 9.9(b)展示了对应的观测时间内,压力传感器 U5 采集到的 PSD 图像。其中,高通滤波器的滤波频率设置为与处理 Case 1 压力采样数据时候一致的 0.01 Hz。在最初的前 3 s 里,激波串前缘被下游的稳压腔控制得比较好而没有突跳到比 U5 所在位置更上游的区域,因此 U5 检测到的压力振荡显著降低。如果把图 9.9(b)与图 9.6(b)进行比较,从 PSD 颜色图例的值域范围就可以发现稳压腔控制下的隔离段壁面压力振荡功率大约降低为原来的 1%。在 $t=4.0$~5.0 s,因为上游并没有大的流量喷射,激波串前缘在一段没有控制的区域里发生了一次突跳。最后,因为激波串前缘越过了 U5 传感器所在位置,所以 PSD 图像上可以检测到一个微弱的 45 Hz 主频的振荡信号。

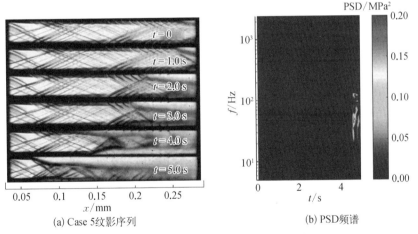

(a) Case 5 纹影序列　　　　　　　　　(b) PSD 频谱

图 9.9　Case 5 的纹影序列和 PSD 频谱

通过纹影序列分析可以发现,虽然单独使用稳压腔时并不能在整个隔离段长度里都有效地抑制激波串突跳,随着反压继续增大,激波串突跳依然不可避免,但是,原本的无控工况中,在低反压($t=0$~2.0 s)情况下的激波串突跳现象被有效地抑制了。单独使用稳压腔控制下的 $t=0$~2.0 s 的纹影序列及壁面压力分布变化如图 9.10 所示,其中 U5、U6 和 D5、D6 标记了直接连于隔离段壁面的压力测点。因为回流管堵死,上游稳压腔在整个 $t = 0 \sim 2.0$ s 时间里都没有获得来自下游压入的回流流量,因此 5 号测点以上的压力没有发生变化。虽然回流管被堵死,但是激波串的前缘正好移动到下游的一组射流槽阵列区域,这使当地的下游稳压腔获得了增压,并有流量可以从位于激波串上游的一些狭槽里射出,这些射流对激波上游来流实现了预增压。下游稳压腔内部的压力分布可通过编号为 7 ~ 10 的传感器表征。如图 9.10 所示,在 $t = 1.0$ s,激波串前缘的上缘正好移动到最靠近下游的一个射流槽。然后,在 $t = 1.5$ s,激波串前缘的上缘稍稍往上游移动了一些并越过两个射流槽。在激波串的增压下,位于下游的 7 ~ 10 传感器检测到下游稳压腔的压力上升。稳压腔获得了激波串的增压后,实现了局部的抽吸—稳压—射流过程。随着激波串不断向上游移动,稳压腔压力提高,激波串上游射流槽的压力和流量也随之提高,射流槽处形成的一系列压缩波的强度也随着射流压力和射流流量的提高而提高,以上波系的变化过程如图 9.10 所示。U6 测点位置虽然位于射流槽,但是随着下游射流强度的提高,该测点也受到了压力前传的影响。通过前面的无控制实验发现,当突跳触发时,位于激波串前缘的 U4 与 U3 测点间的局部压比为 1.96。而反过来观察这组实验,下游稳压腔所连接的狭槽阵列区域的压力是被完美控制的。在压力梯度不可控的区域,虽然

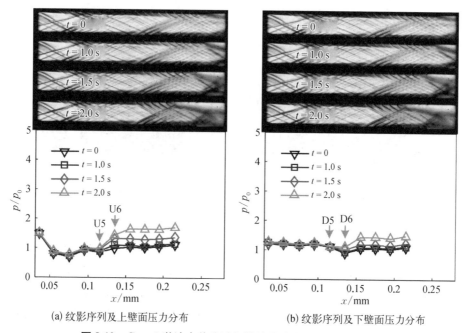

(a) 纹影序列及上壁面压力分布　　　　　(b) 纹影序列及下壁面压力分布

图 9.10　Case 5 激波串前移过程的纹影序列及壁面压力分布

U6 由于受到射流的影响而发生了压力上升,但形成的局部压比较小。举例来说,即使在 $t=2.0\,\mathrm{s}$ 时刻,U6 与 U5 的压比也只达到了约 1.47,而 U6 与 U7 的压比更小,只有 1.15,它们都远小于流动分离可形成的平台压比。在 $t=0\sim2.0\,\mathrm{s}$,隔离段壁面的压力分布都不足以发生大尺度的流动分离,因此激波串突跳运动没有发生。

当回流管被堵死时,在相当长的一段时间里,从 $t=0\sim4.5\,\mathrm{s}$,没有压力注入上游稳压腔,连接上游稳压腔的那组射流阵列也因此没有很好地工作,如图 9.11 所示。图 9.11 中,纵轴表示时间,横轴表示隔离段的位置,沿 x 轴方向分为 10 档,分别表示隔离段上下壁面 10 个压力传感器的压力分布随时间的变化情况,从左到右依次为 1~10 号压力测点。在 $t=1.0\,\mathrm{s}$,位于下游的稳压腔获得了激波串的增压,可观测到此时 7~10 号测点压力均超过了背景流场下的压力。然后,在最初的 $t=1.0\sim4.0\,\mathrm{s}$ 里,下游稳压腔内部的压力随着反压提高而稳步上升。反压影响不到比 $x=0.14\,\mathrm{m}$ 位置更上游的区域。直至 $t=4.6\,\mathrm{s}$,当激波串不断地给下游稳压腔增压,局部压力达到了其能控制的极限后,几乎是在一瞬间,2~4 号测点的压力数值相对背景流场的压力都有了提高。此时,激波串发生了一次突跳,突然从下游射流阵列的前缘进入上游稳压腔的控制区域。然后,激波串又再次恢复到稳定状态。上游稳压腔得到激波串的增压后,代替了下游稳压腔的作用,继续对激波串运动状态起到稳定作用。在 $t=4.6\,\mathrm{s}$ 时刻,U6 与 U5 的压比达到了 2,这可能是造成此次突跳的原因。

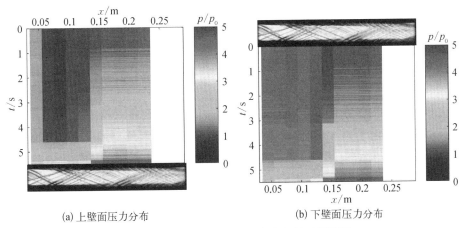

(a) 上壁面压力分布　　　　　　　　(b) 下壁面压力分布

图 9.11　Case 5 工况壁面压力分布的时间历程

通过上述分析可发现,单独使用稳压腔可以抑制激波串振荡的功率,并使激波串在稳压腔可控区域获得稳定,但是激波串突跳现象在实验中依然不可避免地发生。通过实验结果分析,可以设想,如果在下游稳压腔的压力提高的同时也能有一部分流量被协调地压入上游稳压腔,这样上游流场可以获得更有效的压缩,并且隔离段附面层流动分离也可以获得更好的控制。因此,在完整的自适应抽吸射流流动控制方案里,回流管道是必不可少的。在接下来将要分析的工况中,回流管道内部的狭缝将被打开。

9.3.4　自适应抽吸射流流动控制条件下的激波串运动

流动控制情况下的流场结构与无控条件下的结果有较大的区别,隔离段压缩过程的初始前缘是反压自适应通过回流管道传播至射流槽然后推挤主流形成的压缩曲面,而不再是超声速流动分离形成的分离激波前缘。各控制工况下的纹影序列和 U5 测点的 PSD 频谱如图 9.12 所示,在 $t=0\sim5.0\ \mathrm{s}$ 这段时间里,随着反压上升,不管是单独对上、下壁面进行控制,还是对上下壁面同时控制,隔离段里的流场结构都只是缓慢地变化。相较于激波串突跳运动造成的流场剧烈变化,这种流场结构的缓慢变化明显要柔和得多。与无控条件不同的是,在自适应流动控制下的反压前传方式有了较大的变化,下游反压可通过抽吸—回流—上游分布式注入的形式向上游流场区域前传,然后壁面上的射流槽阵列的流量注入形成了压缩喉道结构,喉道压缩曲面由滑移层两侧气体互相推挤,自适应地改变形态,在反压不断上升但未触发不起动的过程中,只有压缩曲面为了自适应匹配上下游压力而发生的形状变化而没有激波串突跳运动的发生。

例如,对于 Case 2 工况,隔离段上壁面安装了流动控制装置。从 $t=0\sim1.0\ \mathrm{s}$,随着下游反压提高,更多的气流被压入抽吸槽,然后回流到各稳压腔,并自适应地通过分布式射流槽压入隔离段。从 $t=1.0\sim2.0\ \mathrm{s}$,上下游两组射流槽阵列在纹影序列中形成的波系图像都有加深,并且波系角度略有增加,这表明射流槽处的激波强度随着回流压力的提高而渐渐提高了。从 $t=2.0\sim5.0\ \mathrm{s}$,先是在隔离段顶部生成了一个由弯曲滑移面构成的类似压缩曲面的结构,这个类似压缩曲面的结构起到了类似激波串的作用,对主流进行了压缩。然后随着反压上升,这个类似压缩曲面的结构会慢慢变形,前缘慢慢由凹陷变得鼓起以提高压缩能力。这个变化过程比较柔和,整个过程没有发生突跳现象。当仅在隔离段顶部或底部的一侧采用分布式流动控制时,隔离段的最大抗反压能力与无控情况相比并没有受到影响。然而,如果以反压前传距离衡量隔离段的抗反压能力,当隔离段顶部和底部同时应用分布式流动控制时,隔离段的最大抗反压能力似乎略有影响,主要表现为激波串前缘与其他几组工况相比位于更靠近上游的位置。

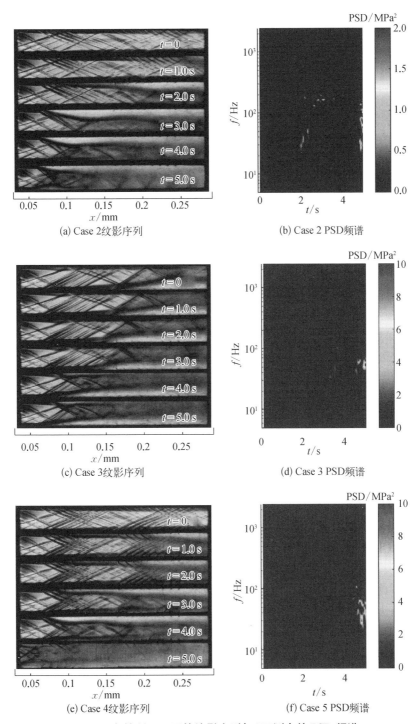

图 9.12　各控制工况下的纹影序列与 U5 测点的 PSD 频谱

通过 U5 测点获得的 PSD 频谱图提供了不同控制工况下的隔离段压力振荡的频谱特性。Case 2 顶部控制工况下的振荡功率减小到了原来无控制时的十分之一,如图 9.12(b)所示。从 $t = 2.0$ s 开始,顶部的由上游稳压腔控制的一组射流槽形成了一个压缩曲面,如图 9.12(a)所示。U5 测点位于这个压缩曲面的作用范围,所以可以检测到比较弱的低频压力脉动。然后,在 $t = 4.9$ s 时,当反压接近隔离段最大抗反压极限时,U5 测点检测到一个主频为 30 Hz 的轻微振荡。对于隔离段底部安装了流动控制装置的 Case 3 工况,压缩曲面是在隔离段底部形成的,如图 9.12(c)所示。此时由回流引起的压力前传主要在隔离段底部发生,上壁面受到来自底部射流诱导的一系列激波的影响,因此 U5 测点也可以检测到压力脉动,如图 9.12(d)所示。从 PSD 图像的数值上看,下壁面控制时的壁面振荡功率要大于只有上壁面控制的情况。当对隔离段上下壁面一起控制(如 Case 4 工况)时,隔离段上下壁面都在自适应分布式流动控制下形成了压缩曲面。当反压接近隔离段最大抗反压的极限时,U5 测点上同样可以检测到一个明显的振荡信号,但是它们测得的振荡主频不同。在 $t = 4.9$ s 时,底部控制工况测得的主频为 55 Hz。在 $t = 4.8$ s 时,顶部与底部一起控制时测得的主频为 30 Hz,这个频率与单独顶部控制时一致。

在各组工况的实验中,当靠近上游的那组射流槽阵列开始工作时,U5 测点都能检测到一种低频压力振荡信号。相对于无控制工况,该信号的振荡功率都有显著的降低。当反压继续上升并接近隔离段最大抗反压能力时,对于所有的控制工况,都能检测到一个明显的压力振荡信号。当上下壁面同时控制时,这个信号的出现要略早于其他几组工况。接下来的工作,将对各控制工况下的壁面压力分布的时间变化历程展开研究。

9.3.5 流动控制下的壁面压升规律

原无控制工况下,激波串将在 $t = 0 \sim 2.0$ s 发生一次突跳。因此各控制工况下隔离段流场在该时间段里的变化需要重点关注,本节首先对此开展分析研究,然后分析整个反压路径下的隔离段壁面压力分布变化,以检测流动控制装置是否能在整个隔离段内都对激波串突跳进行有效的抑制。

对于各控制工况,从 $t = 0 \sim 2.0$ s 期间的压力分布如图 9.13 所示。其中,比较特别的 U5、U6 和 D5、D6 测点在图 9.13 中用箭头标出,它们位于上下游两组射流槽阵列之间,且测量的是壁面压力,不是稳压腔内部压力。在 $t = 0$ 时刻,当反压较低时,回流增压还没发挥作用,主要靠稳压腔实现对流场压力分布的控制。

对于单侧控制的 Case 2 和 Case 3 工况，$t=0$ 时，与稳压腔连接的分布于隔离段上的射流槽已经对隔离段压力梯度进行了初步的控制，并产生了一系列较弱的压缩波。这些在受控侧形成的微弱压缩波也冲击到对面一侧，改变另一侧的压力

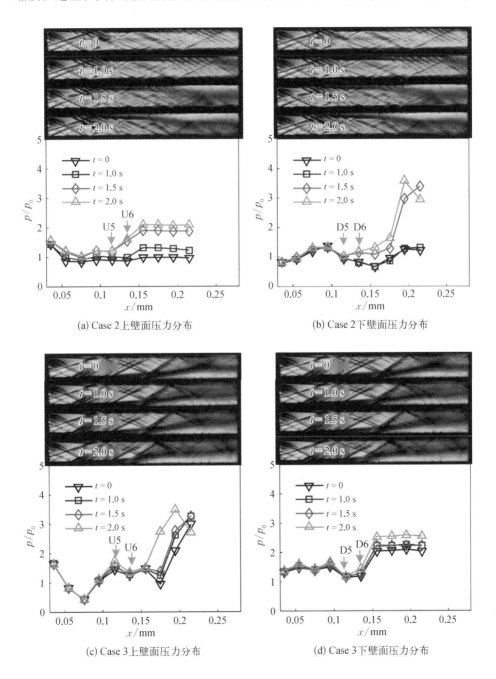

(a) Case 2 上壁面压力分布　　　　　　(b) Case 2 下壁面压力分布

(c) Case 3 上壁面压力分布　　　　　　(d) Case 3 下壁面压力分布

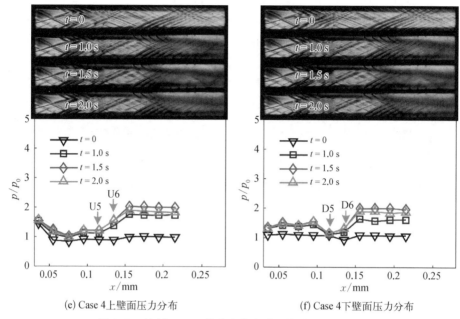

(e) Case 4 上壁面压力分布　　　　　　(f) Case 4 下壁面压力分布

图 9.13　控制工况下激波串前移过程的壁面压力分布

分布。例如,如图 9.13(b)所示,虽然隔离段底部并没有安装流动控制(Case 2 工况),但该侧的压力分布也比无控制工况[图 9.13(b)]中的结果更平均一些。在 Case 4 工况中,由于隔离段顶部和底部都布置了大量狭缝,$t=0$ 时刻的完全起动流场相当复杂,充满了许多弱压缩波,如图 9.13(e)所示。对于 Case 3 工况,底部射流槽在 $t=0$ 时刻已经开始工作,且反压也已压入下游稳压腔,如图 9.13(d)所示。Case 2 和 Case 3 工况中这种工作流场建立稍微晚一些,从 $t=0\sim1.5\ \mathrm{s}$,随着下游压力注入抽吸槽,分布于隔离段壁面上的射流槽注入隔离段的流量也随之增加,在受控侧壁面附近推挤主流形成了类似压缩曲面的流动滑移面。这个曲面压缩过程同样也能形成一个几何喉道结构,喉道压缩过程由上游分布射流与下游抽吸自适应匹配。在各组工况中,压缩曲面的初始阶段都向内凹陷,初始折转角和激波角都较小,并且整个压缩过程柔和,这保证了不会在初始压缩时就形成一个类似激波串前缘的平台分离压差,其压缩过程要比传统的流动分离形成的激波串前缘更加稳定。从 $t=1.5\sim2.0\ \mathrm{s}$,随着反压提高,稳压腔提供给射流的压力提高,前缘分离角度和激波角度略有提高,压缩曲面的形状也柔和地向前鼓起,流动控制装置对来流的压缩效果也随着压缩曲面的向前缓慢鼓起而增强,这种压缩曲面形成的局部压力梯度可以用壁面压力测点来检测。

在 $t=2.0$ s 时,在 Case 2 工况下,U6 与 U5 的局部逆压比为 1.34,在 Case 4 工况下,此处的局部逆压比为 1.30,如图 9.13(a) 和图 9.13(e) 所示。在 Case 3 工况下,因为隔离段底部形成的弱压缩波打在顶部,U5 测点附近流场获得适度的增压,使 U6 与 U5 之间的压力梯度呈现为顺压力梯度,而 U7 与 U6 的压比也仅为 1.12。流动控制使来流压缩过程的局部逆压力梯度降低,这对抑制隔离段内大尺度流动分离是有益的。

整个堵块路径下的压力分布的详细时间历程如图 9.14 所示。图 9.14(a) 是 Case 2 工况下隔离段顶部的压力分布变化,其中隔离段完全起动状态的纹影序列显示在该图片下方,使隔离段顶部的背景波系反射点的 x 轴坐标与压力分布图正好对应。图 9.14(b) 是隔离段底部的压力分布变化,所以图中把隔离段底部的背景波系反射点的 x 轴坐标与压力分布的 x 轴对上。通过压力分布的时间历程,可以从全局上观察壁面压力分布的变化过程及是否发生激波串突跳。从图 9.14(a) 中可以发现,从 $t=1.0$ s 开始,回流管开始把下游流量注入稳压腔。U7~U9 测量了下游分布射流槽的稳压腔压力,U2~U4 测量了上游分布射流槽的稳压腔压力。下游稳压腔因为更靠近抽吸槽,所以压力较高。上游稳压腔通过回流管狭缝从下游稳压腔分得流量,压力稍小。从 $t=1.0~5.0$ s,这两个稳压腔的压力缓慢地升高,如图 9.14(a) 所示。随着隔离段顶部的射流槽所连接的稳压腔的压力提高,一系列射流槽阵列的流量也随之提高。

隔离段顶部分布式射流形成的一系列弱压缩波,对隔离段下壁面的压力分布也进行了间接的控制,使下壁面压力柔和地上升,如图 9.14(b) 所示。在图 9.14(b) 中,因为非受控侧的压力随着受控侧压缩而变化,所以并没有像无控制工况那样发生多个压力测点的压力突然从背景流场压力一起跃升到较高值的情况,这也间接表明激波串突跳现象在 Case 2 中没有发生。对于底部控制的 Case 3 工况,受控侧的压力分布时间历程如图 9.14(d) 所示。底部控制的 Case 3 工况中,流动控制工作得较早,在 $t=0$ 时刻,已经有流量通过抽吸槽和回流管给稳压腔增压,如图 9.14(d) 所示。然后,在 $t=1.0~5.0$ s 的反压上升过程中,抽吸流量自适应地注入位于下壁面的两个上下游稳压腔,使其压力缓慢提高。受控侧分布的射流槽也对隔离段内的另一侧未受控的上壁面的压缩过程进行了有效的控制。在未受控的隔离段顶部,各测点压力先后缓慢上升,未出现多个测点压力突然从背景流场压力突然同步上升到较高压力的现象,如图 9.14(c) 所示。对于 Case 4 工况,因为隔离段顶部和底部都布置了流动控制装置,压力分布的变化过程都比较柔和。在 $t=0~4.0$ s,随着反压缓缓上升,下游分布射流槽

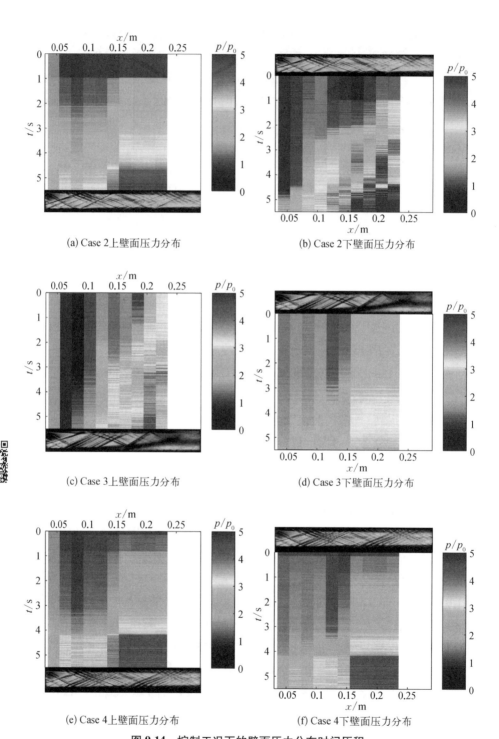

(a) Case 2上壁面压力分布 (b) Case 2下壁面压力分布

(c) Case 3上壁面压力分布 (d) Case 3下壁面压力分布

(e) Case 4上壁面压力分布 (f) Case 4下壁面压力分布

图 9.14　控制工况下的壁面压力分布时间历程

的稳压腔的压比慢慢超过 2.0 并达到 3.0,其间,上游分布射流槽的稳压腔的压比也缓慢上升到 2.0,然后下游稳压腔压比快速达到 4.5,上游稳压腔压比快速达到 3.0,分布式射流流量随着稳压腔压力上升而上升。

结合图 9.12 的纹影序列还可发现,分布式自适应流动控制形成的压缩曲面在某时刻有个明显的形态变化。Case 2 中,在 $t = 2.0 \sim 3.0$ s,上壁面的压缩曲面从凹曲面变成了凸曲面,Case 3 中的底部压缩曲面并没有发现这种现象。Case 4 中,在 $t = 3.0 \sim 4.0$ s,上壁面的压缩曲面从凹曲面变成了凸曲面。虽然从时间上看,Case 2 与 Case 4 中压缩曲面形态转换的发生时刻不同,但是从壁面压力分布时间历程上看,二者具有一个相似的特征,就是当位于下游的稳压腔的压比大约达到了 3,位于上游的稳压腔的压比达到大约 2 时,压缩曲面形态突然从凹曲面变成凸曲面。

9.4　本章小结

为了在整个隔离段抑制激波串突跳,作者设计了自适应抽吸射流流动控制方案,并设计了多组对照实验,通过风洞实验方法对比验证了该方案的有效性。通过两组射流流量自适应匹配上下游压力的射流槽,在隔离段里形成了一个压缩曲面形状随反压变化的曲面压缩过程,使隔离段内的局部逆压力梯度减小,降低了流动分离的趋势。

随着反压上升,压缩曲面的形状由内凹切换为前凸,形状转换过程较柔和,所引起成的壁面压力振荡功率较小,且无常规激波串的突跳现象。

当上游稳压腔进入稳定工作状态时,隔离段中部的壁面压力测点可检测到低频信号。该振荡来自下游压力振荡在回流管里前传至上游射流槽后再往下游传播形成的反馈回路中,该现象有助于判断隔离段是否即将进入稳定工作状态。

第 10 章

高超声速进气道-隔离段
稳定裕度表征方法

10.1 引言

前面 3.4 节介绍了在自由射流式风洞中,低总焓来流下,采用堵块的机械节流作用来模拟燃烧室反压,研究反压激励下的高超声速进气道不起动。根据第 5 章的数值模拟分析,发现低总焓/高总焓来流条件,以及机械节流/燃烧作用的差异会对高超声速进气道的不起动特性产生影响。

本章介绍高总焓来流条件、燃烧反压激励下的高超声速进气道不起动/再起动实验研究,并重点分析隔离段内的激波串流动特性。考虑到自由射流式实验系统更复杂,还需要一套真空系统动态地将发动机实验时排放的燃气排出,保持实验时的低压环境,所需实验气体流量更大、实验费用更高。因此,本章介绍的实验研究采用直连式实验系统。

随着燃油流量增加,燃烧室压力上升,隔离段内的激波串不断向上游移动。从发动机性能的角度来说,此时推力更大、性能更好。从发动机安全性的角度来说,此时发动机更靠近不起动状态,稳定裕度降低,安全性减弱。

为了保证发动机正常稳定工作,需要对发动机进行稳定裕度控制。在研究发动机稳定裕度控制方法之前,需要解决稳定裕度表征方法的问题。本章首先详细介绍目前已有的两种稳定裕度表征方法,即基于隔离段反压和基于激波串前缘位置的稳定裕度表征方法,然后提出一种新的稳定裕度表征方法,即基于压力面积积分的稳定裕度表征方法,最后介绍基于遗传算法的裕度表征测点约简问题。

10.2　地面实验系统介绍

10.2.1　实验模型

燃烧反压激励下隔离段激波串特性的地面实验是在哈尔滨工业大学的超燃冲压发动机直连实验台进行的,其示意图如图 10.1 所示。高压气罐给实验台提供高压气源,气罐压力可调范围为 0~12 MPa,有足够大的容积可以维持给直连实验台供气的有效时间超过 1 min。超燃冲压发动机直连实验台工作方式为下吹式,高压气体首先进入直连台的加热器段,加热器位于可更换的拉法尔喷管的上游,利用酒精的燃烧对高压气体进行加热,使气流的总温能够达到模拟来流条件的总温。在加热器中由于酒精燃烧消耗了氧气,对超燃冲压发动机的燃烧有很大的影响,为了弥补燃烧室内的氧气,在加热器后的拉法尔喷管前加入氧气使气流氧气成分和大气相同。加热器下游是一个出口面积为 54.5×103 mm² 的二维的拉法尔喷管,与拉法尔喷管出口相连的是本次实验使用的一个简化的二维超燃冲压发动机,这个二维模型宽度为 100 mm,包括进气道、隔离段、燃烧室和尾喷管。与拉法尔喷管相连的是一个长度为 200 mm、出口面积为 40×100 mm²的过渡段,用来模拟进气道。

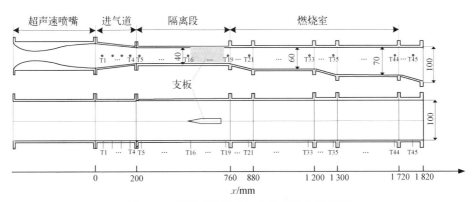

图 10.1　超燃冲压发动机直连实验台示意图

本次实验采用三种过渡段,一种是对称的,另外两种是非对称的,如图 10.2所示,过渡段的面积收缩比大约为 1.4。等截面的隔离段紧接进气道喉道,其具体尺寸为长度为 560 mm、高度为 40 mm。隔离段的下游是由一个膨胀段、一个等直段、一个膨胀段、一个等直段构成的简化的燃烧室。第一个膨胀区长度为

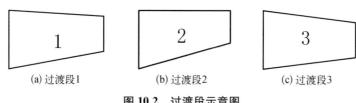

(a) 过渡段1　　(b) 过渡段2　　(c) 过渡段3

图 10.2　过渡段示意图

120 mm,出口处高度为 60 mm,第一个等直段长度为 320 mm。第二个膨胀区长度为 100 mm,出口处高度为 70 mm,第二个等直段长度为 420 mm。最后一段是长度为 100 mm、出口高度为 100 mm 的尾喷管,其作用主要是减小环境对燃烧室的影响。

图 10.3 给出了支板的三维简图,在支板的两个侧面一共有 48 个燃油喷口,喷口直径为 0.5 mm。支板安装在隔离段上壁面的中心对称线上,支板前缘距离隔离段进口距离为 460 mm。温度为室温的煤油从支板以垂直气流的方向喷出。为了减小对气流的阻力,支板前缘加工成尖劈,此处起动热最集中,为了防止支板前缘过热损坏,煤油在支板内设有冷却通道对尖劈冷却。为了减小气流总温损失,冷却煤油再从燃油喷口喷入燃烧室。煤油燃烧靠等离子点火器(由等离子切割机改造而成),氮气(N_2)是等离子点火器的原料。等离子点火器电压为 20 V,最大功率为 2 kW,安装在燃烧室的上壁

图 10.3　支板的三维示意图

面,紧挨着支板尾部。在实验中,只要点火成功,等离子点火器就关闭,其工作时间不到 1 s。

10.2.2　采集设备

实验中,对发动机侧壁面的压力信号进行采集。在侧壁面,一共布置了 45 个传感器,传感器的采集频率为 500 Hz,可测量的压力范围为 0~1 MPa,这些传感器的具体位置如图 10.1 所示。使用前,所有传感器都经过校准,满量程的温漂低于 0.05%,满量程的非线性误差为±0.1%,可重复性误差为±0.1%,满量程综合误差为±0.1%。由于实验中有强烈的燃烧现象,如果传感器直接嵌装在发动机壁面,高温高压的环境下传感器会损坏,为了保护传感器,所有的传感器都用一根金属管将发动机壁面的测量孔与传感器相连。空心铜管直径为 2.5 mm,每根铜管长度约为 170 mm。由于铜管是一个空腔,衰减了传感器的响应频率,为了尽可能地减小空腔的衰减作用,在所有铜管里注入煤油。

10.2.3　实验过程

实验中具体的操作时序如图 10.4 所示。$t_0 = 0$ 时,先开始进行压力信号采集。经过很短的时间,气流通过加热器和拉法尔喷管进入发动机。一旦建立稳定的流场,则开始喷射燃油。等离子点火器在 t_3 时点火,在 t_4 时结束点火,点火过程持续 0.5 s。最后,燃烧室内进行着稳定的燃烧,直至实验结束。

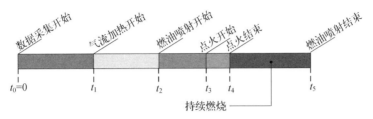

图 10.4　超燃冲压发动机直连实验台的操作顺序

共进行了 4 个马赫数下的实验,如表 10.1 所示。加热器出口面积为 54.5 mm×103 mm,隔离段进口面积为 40 mm×100 mm,出口过渡段为一种对称性过渡段和两种非对称性过渡段,这些过渡段是为了模拟不同来流攻角的工况,如图 10.2 所示。

表 10.1　拉法尔喷管出口参数

马 赫 数	总温/K	总压/MPa	质量流量/(kg/s)
2.5	1 217	1.35	3.05
2.7	1 400	1.7	2.73
3.0	1 516	2.3	2.35
3.2	1 650	2.7	1.83

一个马赫数和过渡段共进行两次实验,每次实验燃油供给规律不同,其具体的当量比变化规律如图 10.5 所示,图中 ER1 和 ER2 分别表示两个不同喷油位置的当量比。喷油方式 1 中,燃油当量比 ER 从 0.4 升高到 1.18,历时 5 s,然后直接关闭阀门。实验的主要目的是研究隔离段-燃烧室耦合作用下的发动机不起动性能。喷油方式 2 中,燃油当量比 ER 从 0.4 增加到 1.2,历时 2.5 s,再由 1.2 经过 2 s 下降到 0.5 左右。喷油方式 2 可以探究加油速率对隔离段-燃烧室的影响,同时能够研究不起动过程中的再起动问题。

将所有实验列于表 10.2 中,这里按实际实验的顺序在接下来的详细介绍中展示各个实验过程。由表 10.2 可以看到,12 次实验共包含 4 个不同马赫数,以

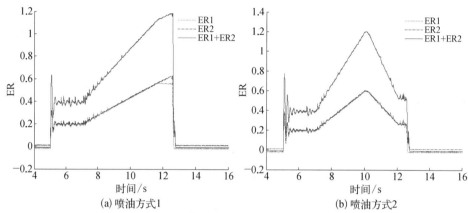

图 10.5 两次实验中的燃油当量比变化规律

及在各个马赫数下分别实验了 3 种过渡段。需要补充的是,每个实验下,又分两组实验,一次按图 10.5 喷油方式 1 来进行,实验过程中发动机为起动—不起动过程,而另一次按图 10.5 喷油方式 2 来进行,实验过程中发动机为起动—不起动—再起动过程。

表 10.2 隔离段-燃烧室耦合条件下进气道监测实验列表

实 验 序 号	马 赫 数	过 渡 段
实验 1	3	1
实验 2	3	2
实验 3	3	3
实验 4	3.3	3
实验 5	3.3	2
实验 6	3.3	1
实验 7	2.7	1
实验 8	2.7	2
实验 9	2.7	3
实验 10	2.5	3
实验 11	2.5	2
实验 12	2.5	1

10.3 燃烧反压激励下的隔离段激波串特性实验研究

10.3.1 隔离段壁面压力分布

图 10.6 为 $Ma=3.3$ 时不同当量比下隔离段壁面压力分布,其中包括起动—

不起动—再起动过程。如图 10.6 所示,实验中有两个不同的过程:Ⅰ 为起动—不起动过程;Ⅱ 为不起动—再起动过程。图 10.6 给出了一些典型的沿隔离段壁面的压力分布,包括过程 Ⅰ 和过程 Ⅱ。由图 10.6 可以看出,对于 Ⅰ 中 ER=0.645 和 Ⅱ 中 ER=0.558 的情况,尽管它们对应着不同的当量比,但它们有着相同的隔离段出口反压。同时,尽管它们有着相同的反压,但它们的压力分布有着很大的区别。对于后者,对应着过程 Ⅱ,其激波串前缘位置在隔离段上游,同时在激波串前缘位置下游的压力基本都高于 Ⅰ 中当量比 ER=0.645 的情况。同样,Ⅰ 中 ER=0.753 和 Ⅱ 中 ER=0.646 有着类似的情况。

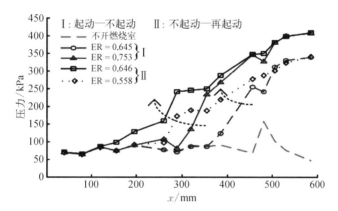

图 10.6　不同当量比下隔离段壁面压力分布($Ma=3.3$)

因此,可以推断起动—不起动过程 Ⅰ 和不起动—再起动过程 Ⅱ 对应着不同的状态,其原因可能是起动—不起动—再起动过程中的滞环现象或者两个过程中隔离段对应着不同的热状态等,对此需要进行进一步的具体研究。

图 10.7 给出了隔离段出口反压 p_{19} 和燃油当量比的关系,下面对起动—不起动—再起动过程作进一步分析。首先将 T5(隔离段入口处的压力传感器)所测压力中有一个突变上升的点作为不起动点,将其再起动过程中激波串不再影响到 T5 的点作为再起动点,如图 10.7 所示。从图 10.7 中可以看出,当 ER 增加到 0.949,反压为 443.3 kPa 时,不起动才发生;而当 ER 降到低至 0.670,反压为 410.1 kPa 时,再起动才发生。图 10.7 中,不起动点和再起动点有着很大的差别。另外,反压和 ER 在起动—不起动、不起动—再起动过程中形成了两条不一样的曲线,可以很容易区分为两个不同的过程。

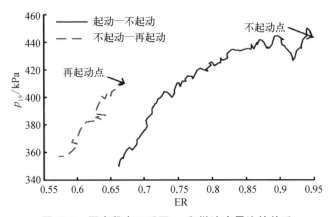

图 10.7　隔离段出口反压 p_{19} 和燃油当量比的关系

10.3.2　激波串前缘位置与隔离段出口反压的关系

激波串前缘位置由前面 5.2 节介绍的压比法来确定,本节将式(5.1)中的临界压比 π_{des} 设为 1.2。图 10.8 给出了 $Ma=3.0$ 时过渡段 1 实验激波串前缘位置

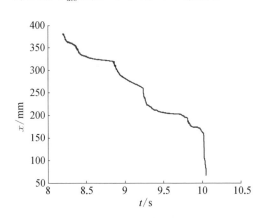

图 10.8　过渡段 1 实验激波串前缘位置随时间变化的关系($Ma=3.0$)

随时间变化的关系,其中纵坐标表示激波串前缘位置距离隔离段入口的距离,即 $x=0$ 的位置是隔离段入口处。图 10.8 中所示时间是从燃烧过程中燃油当量比开始增加到发动机发生不起动的时间。从图 10.8 中可以看出,随着燃油当量比的增加,激波串在隔离段中的移动方式并不是线性的,而是间断的。激波串有时停在某一位置不动(如 8.5~8.7 s),而有时突然以很快的速度向前移动很多。

激波串在隔离段中的位置是反压和来流压力两者共同作用的结果。图 10.9 给出了 $Ma=3.0$ 时过渡段 1 实验中 p_{19}/p_{s} 随时间变化的规律,这里 p_{19} 为隔离段出口反压,p_{s} 为来流压力,本节用隔离段入口压力 p_{6} 来表征(T5 测点受过渡段内激波反射的影响,可能导致与来流的关系呈现非线性,T6 测点离隔离段入口稍远一些,与来流的关系线性度更好)。从图 10.9 中可知,随着时间的增加,ER 增加,反压也逐渐连续上升。

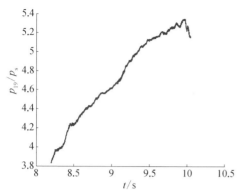

图 10.9　过渡段 1 实验中 p_{19}/p_s 随时间变化的规律 ($Ma=3.0$)

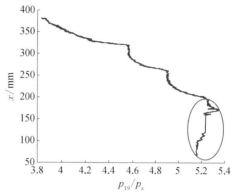

图 10.10　过渡段 1 实验中激波串前缘位置与 p_{19}/p_s 的关系示意图 ($Ma=3.0$)

图 10.10 给出了激波串前缘位置与 p_{19}/p_s 的关系。从图 10.10 中可以看出，随着 p_{19}/p_s 从 3.8 增加到 5.3 左右，激波串前缘位置有时候以很缓慢的速度向上游移动，甚至看起来好像基本没有移动(如 p_{19}/p_s 从 4.4 增长到 4.55 的区间)。而在 4.58 s 左右，激波串前缘位置随反压增加而急剧前移，然后继续缓慢移动，再急剧前移，缓慢移动，经历了一个比较复杂的过程。当激波串前缘位置在距离隔离段入口 200 mm 左右的位置时，这时 p_{19}/p_s 基本就在 5.2 附近波动，而激波串前缘位置仍继续前移，直至发生不起动。总之，激波串前缘位置与 p_{19}/p_s 的关系表现出很强的非线性特征，两者之间的关系比较复杂。

10.3.3　激波串前缘位置与燃油当量比的关系

由于喷油方式 1 的喷油增加速率低于喷油方式 2，起动—不起动过程经历了更长的时间，因此包含了更多的信息，所以这里分析喷油方式 1 下起动—不起动过程中激波串前缘位置随燃油当量比的变化。图 10.11 给出了 $Ma=3.0$ 时激波串前缘位置和燃油当量比的关系图。从图 10.11 中可以看出，随着燃油当量比的增加，激波串前缘位置以间歇移动的方式向隔离段上游移动。有时候，激波串前缘位置随着燃油当量比的增加基本没有什么变化(图 10.11 中 Ⅰ)；有时候，它经历一个突然的迅速移动(图 10.11 中 Ⅱ)。需要指出的是，当燃油当量比增加到 0.87 时，激波串前缘位置经历了一个迅速的较长位移的前移，然后激波串前缘被推出隔离段，导致不起动的发生。这个激波串前缘位置间歇移动的现象十分有趣，它可能与激波串和充分发展的边界层的相互作用有关，也可能和激波

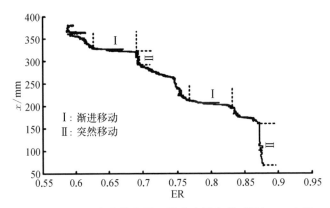

图 10.11   激波串前缘位置和燃油当量比关系图($Ma = 3.0$)

串的结构转化有关,或者也有其他原因,需要进行进一步的研究。

10.4   已有的稳定裕度表征方法

10.4.1   基于隔离段出口反压的稳定裕度表征方法

基于隔离段出口反压可以定义发动机的稳定裕度,如式(10.1)所示:

$$M_{p_b} = \frac{p_{bmax} - p_b}{p_{bmax} - p_{bmin}} \qquad (10.1)$$

其中,p_b 为当前隔离段出口反压,即燃烧室的压力;p_{bmin} 为发动机工作在无激波串状态时的反压;p_{bmax} 为发动机临界状态的反压,其表征方法稍后再介绍。

基于隔离段出口反压定义发动机的稳定裕度,主要优点是需要的压力测点少,只需要测量隔离段出口压力就行。但飞行条件变化会导致稳定裕度定义式中的 p_{bmin} 变化,然而 p_{bmin} 在实际飞行中是无法测量的,只能根据地面实验数据确定,这样难免会造成误差。另外,测量反压还需要考虑高温气体对压力传感器的影响。

10.3 节通过分析激波串前缘位置与反压的关系,发现两者之间的变化规律比较复杂,难以用函数关系式将两者统一起来。另外,即使用实验数据拟合出了一个关系式,下一次实验中若激波串随反压的移动方式发生变化,则此关系式在相同反压下表征的前缘位置也可能离隔离段入口更远,导致表征稳定裕度时不能保证其安全性。因此为了最大限度地保证安全,同时也可以使问题简化,试图寻找一个激波串前缘位置与 p_{19}/p_s 关系图的下边界,并用一条直线来表示。这条下边界所对应的点就是相同反压下,激波串前缘位置可能对应的最上游的位置,也就是相对于发动机更危险的位置。另外,如图 10.10 中椭圆形划出的区域,当激波串前缘位置在 200 mm 位置时,此时反压在 5.1 附近浮动,但激波串位置仍向上游运动直至不起动。将这一段区域去掉,并将激波串到达 200 mm 处的位置作为不起动的点,即当 p_{19}/p_s 为 5.1、激波串前缘位置为 200 mm 时,就视作不起动临界点。这样既保证了安全性,又保证了一定的安全边界的精度。

图 10.12 给出了 $Ma=3.0$ 时过渡段 1 实验的安全边界示意。取激波串前缘位置为 200 mm,在安全边界上寻找对应的 p_{19}/p_s 为 5.11,则当 p_{19}/p_s 小于 5.11 时,发动机能够安全地运行。同样,在其他马赫数下得到此安全边界示意,如图 10.13~图 10.15 所示。

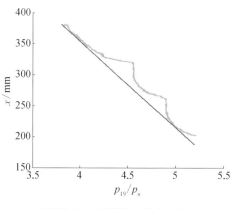

图 10.12　过渡段 1 安全边界
示意图($Ma=3.0$)

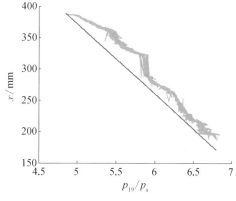

图 10.13　过渡段 1 安全边界
示意图($Ma=3.3$)

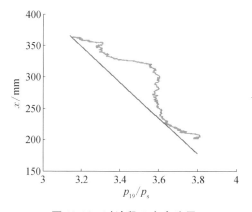

图 10.14　过渡段 1 安全边界
示意图($Ma=2.7$)

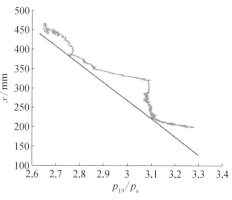

图 10.15　过渡段 1 安全边界
示意图($Ma=2.5$)

将各条直线的表达式用式(10.2)表示:

$$L_{shock} = k \times p_{19}/p_s + b \qquad (10.2)$$

其中,L_{shock}为激波串前缘位置到隔离段入口的距离;k、b为系数,其中k是直线斜率。

表10.3给出了不同马赫数下安全边界表达式的参数,图10.16给出了不同马赫数下过渡段1的安全边界示意。从图10.16中可以看出,对应于相同的激波串前缘位置,随着马赫数的增加,相对应的p_{19}/p_s也相应更大。这是因为随着马赫数的增加,隔离段内激波串抗反压能力更强,从而导致需要更大的反压来推动激波串向上游移动。图10.17给出了安全边界线的斜率与马赫数的关系,从图中可以看出,随着马赫数的增加,斜率的绝对值逐渐减小,直线也更加平缓。

表 10.3　不同马赫数下安全边界表达式参数

马　赫　数	k	b
3.3	−111.6	929.9
3.0	−139.0	910.4
2.7	−284.7	1 260.0
2.5	−470.4	1 678.7

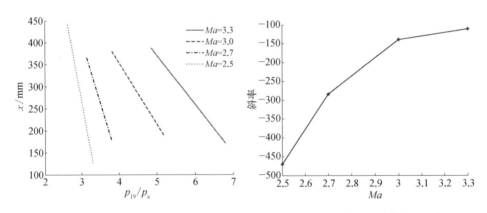

图 10.16　不同马赫数下过渡段 1
实验安全边界示意图

图 10.17　安全边界斜率随马赫数
变化的关系图

图10.18给出了不同马赫数下,当激波串前缘位置为200 mm时的等效不起动临界点所对应的p_{19}/p_s。从图10.18中可以看出,随着马赫数的增加,对应的p_{19}/p_s逐渐增加,并且表现出一定的线性关系。利用此规律,可以寻找不同马赫

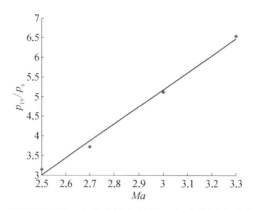

图 10.18　不同马赫数下安全边界上等效不起动临界点对应的 p_{19}/p_s

数下,保证足够稳定裕度对应的 $(p_{19}/p_s)_{max}$。

发动机的临界反压 p_{bmax} 进而可以按式(10.3)计算:

$$p_{bmax} = \left(\frac{p_{19}}{p_s Ma}\right)_{max} \times p_s Ma \tag{10.3}$$

10.4.2　基于激波串前缘位置的稳定裕度表征方法

用激波串前缘位置表征稳定裕度,得到如下关系:

$$M_{st} = L_{shock}/L_{isolator} \tag{10.4}$$

其中,L_{shock} 为激波串前缘位置到隔离段入口的距离;$L_{isolator}$ 为隔离段的长度。

对于 M_{st} 和 M_{p_b},当它们的值接近 0 时,不起动将要发生;而当它们接近 1 时,进气道十分安全。在这里我们只关心稳定裕度随燃油当量比的变化趋势,而它们的具体值则被忽略。将不同表征方法下的不起动点和再起动点(图 10.7)均人为地设定 M_{st} 和 M_{p_b} 为 0,表征不起动的临界状态。而将起动—不起动过程中 $\phi = 0.645$ 时对应的 M_{st} 和 M_{p_b} 设为 1。需要指出的是,当 $\phi < 0.645$ 时存在着 M_{st} 和 M_{p_b} 大于 1 的情况,这时候认为它们足够安全。由于我们只关心 M_{st} 和 M_{p_b} 随燃油当量比的变化趋势,而它们的具体值则忽略,以上的假定条件是合理的。基于激波串前缘位置表征的稳定裕度和基于隔离段反压表征的稳定裕度随燃油当量比的变化关系如图 10.19 所示。

用激波串前缘位置表征稳定裕度存在一些缺陷,由前面的讨论可知,由于激波串前缘位置间歇移动的特性,其不宜表征稳定裕度。如图 10.11 所

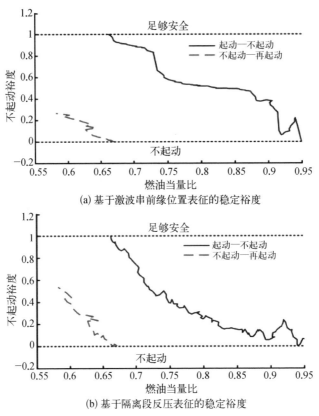

(a) 基于激波串前缘位置表征的稳定裕度

(b) 基于隔离段反压表征的稳定裕度

图 10.19　稳定裕度随燃油当量比的变化关系 ($Ma = 3.3$)

示,对于其中的Ⅰ过程,随着燃油当量比的增加,进气道应该是更加接近不起动边界。但是如果用激波串前缘位置表征稳定裕度,则认为在此过程中稳定裕度发生很小的变化。考虑图 10.11 中的Ⅱ过程,当燃油当量比基本不变时,稳定裕度也应当没有什么变化。但如果用此时的激波串前缘位置表征稳定裕度,由于激波串前缘位置经历了一个突然的前移,则不会得到同样的结论。在图 10.19(a)中,能更加直观地看到激波串前缘位置随燃油当量比的变化。当燃油当量比增加到 0.729 时,稳定裕度经历了一个突然的下降,对应着图 10.11 中的过程Ⅱ。当燃油当量比在 0.75~0.85 变化时,稳定裕度基本没有变化,对应着图 10.11 中的过程Ⅰ。激波串的这种特性,导致基于激波串前缘位置表征的稳定裕度不利于闭环控制。

对于基于隔离段出口反压表征的稳定裕度,如图 10.19(b)所示,整体来看,随着燃油当量比的增加,用其表征的稳定裕度值相应降低,但是它们的关系似乎是非线性的。随着燃油当量比的增加和激波串前缘位置向上游移动,在隔离段中激波串前缘位置下游的压力都会随着上升。所以仅仅用反压可能不足以完整地描述隔离段的状态,从而使其对稳定裕度的表征存在着一定的不足。

总而言之,单独用反压和激波串前缘位置来表征稳定裕度都存在着一定的不足。

10.5　基于壁面压力面积积分的稳定裕度表征方法

10.5.1　壁面压力面积积分的引入

由图 10.6 分析可得,仅利用一个反压或者很少的传感器,很难完整地表现隔离段内的流动状态。但通过图 10.6 可以看出,随着当量比的增加,尽管激波串前缘位置可能未往上游移动或者反压不变,但隔离段内壁面压力分布在 x 轴上的面积是不断增加的。此处 x 轴为传感器序号,但实际过程中 x 轴为传感器的实际距离。进气道-燃烧室耦合效应、附面层的流态、燃烧引起的出口非均匀性、非定常性等因素的存在,导致隔离段内部的流场特性也较为复杂,包括激波串的流动等,因此传感器测得的隔离段内的壁面压力分布随着燃油当量比的增加也表现出一定的复杂性。但是随着当量比的增加、燃烧作用的增强,单个或者少数几个壁面压力测点的发展规律可能变得较为复杂,若考虑多个壁面压力测点的积累效应,就可以在一定程度上反映隔离段内部流场的发展情况,因此有必要探究隔离段内壁面压力分布在 x 轴上的面积和燃油当量比的关系。

定义第 5 个传感器,即隔离段入口处的壁面压力测点所在点为 $x=0$,第 k 个传感器距离 $x=0$ 的距离为 x_k,令第 k 个传感器 T_k 测得的壁面压力为 p_k。将两个传感器之间的壁面压力发展看成是线性的,则第 k 个传感器和第 $k+1$ 个传感器在 x 轴上的面积为

$$S = (p_{k+1} + p_k) \times (x_{k+1} - x_k)/2 \tag{10.5}$$

则在隔离段内壁面压力分布在 x 轴上的面积积分 S_a 为

$$S_a = \sum_{k=5}^{k=18} (p_{k+1} + p_k) \times (x_{k+1} - x_k)/2 \tag{10.6}$$

接下来将探究 S_a 与燃油当量比,以及隔离段内部流场等之间的关系。

10.5.2　壁面压力面积积分与燃油当量比的关系

图 10.20 是 $Ma=3.3$ 时壁面压力面积积分与燃油当量比的关系示意图,其中起动—不起动过程和不起动—再起动过程分别用实线和虚线表示,由图 10.20 可以看出两个过程分别对应着两条不同的线,同时不起动点和再起动点有着较大的区别。由图 10.20 还可以看出,在不起动发生前,燃油当量比和壁面压力面积积分存在着较好的线性关系,当不起动发生时,壁面压力面积积分达到一个最大值,如图中的不起动点。同样,再起动点的壁面压力面积积分也存在着一个最大值,再起动过程中两者也保持着一定的线性关系。

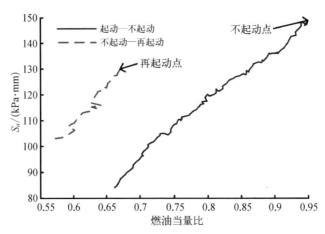

图 10.20　壁面压力面积积分与燃油当量比的关系($Ma=3.3$)

10.5.3　稳定裕度表征方法

从前面的分析可以看出,随着燃油当量比的增加,壁面压力面积积分可以看作以一定的线性关系不断单调增加,当发生不起动时,壁面压力面积积分到达一个最大值 $S_{a\max}$。接着不起动发生,壁面压力面积积分随着燃油当量比增加有一个迅速上升的过程,并且不起动过程中,燃油当量比和壁面压力面积积分基本呈非线性关系。由以上分析可知,来流条件不变时,随着壁面压力面积积分的不断增加并不断接近最大值 $S_{a\max}$,就越来越接近不起动发生的临界点。因此,可以根据壁面压力面积积分来定义发动机的稳定裕度,这里定义 M_{S_a} 为基于壁面压力面积积分的稳定裕度,则有

$$M_{S_a}=\frac{S_{a\max}-S_a}{S_{a\max}-S_{a\min}} \tag{10.7}$$

其中,$S_{a\max}$ 为不起动发生临界点的壁面压力面积积分值;$S_{a\min}$ 为发动机工作在无

激波串状态时的壁面压力面积积分;S_a 为当前的壁面压力面积积分。

由式(10.7)可以看出,当隔离段内无激波时,此时 $S_a = S_{a\min}$,$M_{S_a} = 1$,稳定裕度为1;而随着燃油当量比的增加,S_a 增加,稳定裕度则不断减小,直至发生不起动时,$M_{S_a} = 0$。

以 $Ma = 3.3$ 实验为例,对于起动—不起动过程,$S_{a\min}$ 为 83.906(kPa·mm)、$S_{a\max}$ 为 148.898(kPa·mm),此时不起动即将发生。对于不起动—再起动过程,$S_{a\max}$ 为 129.968(kPa·mm),此时再起动发生。用壁面压力面积积分表征的稳定裕度和燃油当量比的关系如图 10.21 所示。

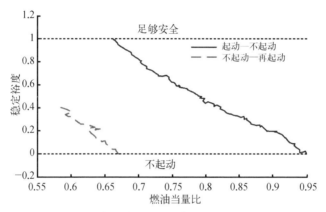

图 10.21　压力面积积分表征的稳定裕度与燃油当量比的关系图($Ma = 3.3$)

为了量化地分析不同方法表征稳定裕度和燃油当量比之间的线性程度,需分析一些参数。首先,如图 10.21 中在起动—不起动过程中的燃油当量比和稳定裕度实验数据点将用一条直线进行最小二乘拟合。而实验数据点到拟合直线的距离则用来表征稳定裕度和燃油当量比之间的线性程度。$d\_average$ 是所有实验数据点到拟合直线的平均距离,而 d_max 是其最大距离。同样,对于 M_{st} 和 M_{p_b},如图 10.19 也能用同样的方法计算 $d\_average$ 和 d_max。很容易知道较大的则表明稳定裕度和燃油当量比之间的非线性程度较强。$M_{st}/M_{p_b}/M_{S_a}$ 和燃油当量比的线性程度比较如表 10.4 所示。可以看出对于不同的马赫数,用压力面积积分表征的稳定裕度对应的 $d\_average$ 和 d_max 均小于用激波串前缘位置和隔离段反压表征的稳定裕度对应的 $d\_average$ 和 d_max。为了更加直接地进行比较,不同马赫数下 $d\_average$ 和 d_max 的平均值列于表 10.4 最后一行。从表中可以看出,M_{S_a} 的 $d\_average$ 的平均值为 0.005 6,而 M_{st} 和 M_{p_b} 的分别为 0.015 1 和 0.018 2,前者小很多。需要指出的是,在这里 M_{st}、M_{p_b} 和 M_{S_a} 均被标准化至 0~1,

因此这个比较结果是合理的。因此,可以得出用壁面压力面积积分表征的稳定裕度和燃油当量比之间相对于其他两者有着较好的线性关系的结论。

表 10.4　$M_{st}/M_{P_b}/M_{S_a}$ 和燃油当量比之间的线性程度比较

| | 不同方法表征的稳定裕度 | | | | | |
| | M_{st} | | M_{P_b} | | M_{S_a} | |
	d_max	d_average	d_max	d_average	d_max	d_average
$Ma = 3.3$	0.054 8	0.022 0	0.074 4	0.031 3	0.019 3	0.006 7
$Ma = 3.0$	0.045 6	0.015 4	0.046 1	0.010 8	0.018 5	0.005 3
$Ma = 2.7$	0.037 2	0.013 0	0.059 6	0.018 4	0.017 9	0.005 9
$Ma = 2.5$	0.030 9	0.009 8	0.039 1	0.012 3	0.012 9	0.004 5
平均值	0.042 1	0.015 1	0.054 8	0.018 2	0.017 1	0.005 6

根据壁面压力面积积分定义的发动机稳定裕度存在如下几个问题:首先飞行条件变化会导致稳定裕度定义式中的 S_{amin} 变化,然而 S_{amin} 在实际飞行中是无法测量的,只能根据地面实验数据确定,这样难免会造成误差;其次,S_{amin} 的测量本身也存在一个误差,同时 S_{amax} 在不同的来流条件下也是难以确定的;最后,壁面压力积分面积的确定需要多个传感器,传感器测点如何优化也是需要研究的问题。

表 10.5 给出了采用喷油方式 1 时,不同马赫数和不同过渡段下 S_{amax} 和 S_{amin} 对比情况,由表可以看出不同过渡段下的 S_{amax} 和 S_{amin} 有着一定的差异。

表 10.5　S_{amax} 和 S_{amin} 的对比情况

马赫数	过渡段编号	S_{amax}	S_{amin}
$Ma = 3.3$	1	150.144 1	44.536 1
	2	157.579 1	43.767 3
	3	170.429 0	44.091 9
$Ma = 3.0$	1	165.357 8	46.426 7
	2	173.715 4	47.128 4
	3	180.642 7	46.789 0
$Ma = 2.7$	1	237.314 2	67.987 5
	2	247.047 7	67.425 5
	3	235.645 1	69.188 7
$Ma = 2.5$	1	244.660 6	108.226 7
	2	248.118 3	112.107 7
	3	245.099 0	109.781 2

由表 10.5 分别画出 S_{amax}、S_{amin} 和马赫数的关系,得到图 10.22 和图 10.23。由图 10.22 和图 10.23 可以看出,S_{amax} 和 S_{amin} 与马赫数均表现出比较复杂的非线性关系。在同一马赫数、不同来流攻角下,S_{amax} 变化范围很大,最大范围出现在 $Ma = 3.3$ 情况下,为 $20\,\mathrm{kPa \cdot m}$,而且可以看出这个变化范围随着马赫数的增加而增大。

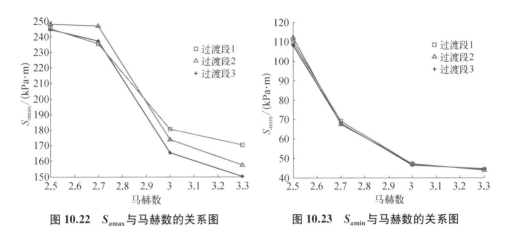

图 10.22　S_{amax} 与马赫数的关系图　　　图 10.23　S_{amin} 与马赫数的关系图

而 S_{amin} 则在同一马赫数下基本一样,在不同马赫数下存在一定的非线性规律。因此,可以考虑首先得到一定工况下的 S_{amin},然后通过插值得到大范围工况下的 S_{amin}。

10.6　基于遗传算法的稳定裕度表征测点约简问题

10.5 节分析了基于壁面压力面积积分的稳定裕度表征方法仍存在着的一些问题,其中就包括测点过多及测点位置的选择问题。如何以更少的测点来尽量精确地表征发动机的稳定裕度是一个值得探讨的工程实际问题。

10.6.1　数据样本集

本节以 $Ma = 3$ 和隔离段 1 的实验数据为例进行测点约简。从 $9 \sim 10.05\,\mathrm{s}$ 的这段实验数据中,按照固定时间间隔取 20 个典型数据样本进行分析。每个样本里包含 14 个测点位置,分别为 T5 ~ T15 和 T17 ~ T19,T16 由于受喷油支板影响过大,压力与其余传感器差异较大,故未考虑。同时,为了去除支板对压力分布的过多影响,激波串在 T16 之前的压力分布数据并未用来进行测点约简。另外,此时发动机的稳定裕度还在一个较大的值,对不起动预警与监测并不关键,所以可不做考虑。将选取时间段的压力分布数据利用10.5 节的基于压力面积积分的稳定裕度表征方法计算得到相应时间段的稳定裕度,如图 10.24 所示。由图 10.24可以看出,样本集稳定裕度大概从 0.43 一直减到 0,遍布范围较广。

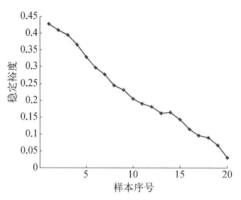

图 10.24　数据样本集稳定裕度示意图

同时,为了验证方法的有效性,需要将样本集分为两部分:一部分作为训练样本集,用来从所有测点中得到最优的测点组合;另一部分作为测试样本集,用来验算所选测点组合在计算稳定裕度时的误差,以验证方法的有效性。从每组数据样本集中随机选取 50% 的样本作为训练样本集,剩下 50% 的样本作为测试样本集。由于 20 个样本是按一定时间间隔从 9~10.05 s 不起动临界点取的,此时选择将奇数序列号数据作为训练样本集,序列号为偶数的数据作为测试样本集。

为了在宽马赫数范围下进行稳定裕度测点约简研究及稳定裕度变化特性研究,在每个相同马赫数和过渡段下均按如上所述方法取 20 个样本进行研究。首先,将同一马赫数和不同过渡段下的 30 个训练样本和 30 个测试样本分别进行测点约简和验证,一共 4 个马赫数 4 组数据,然后将所有数据融合在一起进行测点约简,综合进行分析和比较。

部分训练样本集如图 10.25 所示,分别为 $Ma=3.3$ 的不同过渡段下的训练样本和 $Ma=2.7$ 的不同过渡段下的训练样本,而部分测试样本集如图 10.26 所示。由图 10.25 可以看出,每一组训练数据集都包含一定数量的样本,可保证验证的结果有效。

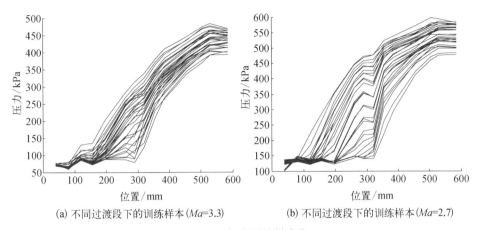

(a) 不同过渡段下的训练样本(*Ma*=3.3)　　　(b) 不同过渡段下的训练样本(*Ma*=2.7)

图 10.25　部分训练样本集

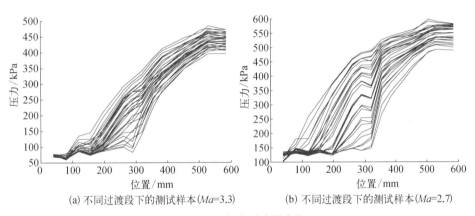

(a) 不同过渡段下的测试样本(*Ma*=3.3)　　　(b) 不同过渡段下的测试样本(*Ma*=2.7)

图 10.26　部分测试样本集

10.6.2　问题描述

由于不同条件下隔离段内的壁面压力分布变化很大,需要一组传感器阵列来计算壁面压力面积积分,从而更精确地表征稳定裕度,而且传感器越多就越准确。但是,由于结构设计、安装可行性及设备成本等的制约,传感器的数量是有限制的。因此,传感器选择是一个组合优化问题,其目的是通过充分利用传感器数据并进行位置优化来使保证测量精度所需的传感器数量最小化。

假设存在 n 维向量 $\boldsymbol{A} = \{$全部测点的集合$\}$ 和 m 维向量 $\boldsymbol{B} = \{$所选测点集$\}$,其中测点集 $\boldsymbol{A}$ 利用 10.5 节的基于压力面积积分的稳定裕度表征方法得到相应的稳定裕度,如图 10.24 所示,并把其当作实际的稳定裕度。对所有数据集进行处理,得到与所有数据集对应的稳定裕度。

当传感器数量大量减少时,采用上述办法无法得到准确的基于压力面积积分的稳定裕度。因此,提出了一种新的检测方法,这个方法的过程如下。

(1) 假设测点集 A 中测点位置为向量 s_A,而测点集 B 中测点位置为向量 s_B。

(2) 选取第 j 个数据集中的压力分布情况,测点集 A 对应的压力为 p_r,测点集 B 对应的压力为 $p_{r,B}$。

(3) 对数据对 $(s_B, p_{r,B})$ 进行 p 阶拟合,得到拟合公式如下:

$$p_c = f_j(s) = a_p s^p + a_{p-1} s^{p-1} + \cdots + a_1 s + a_0 \quad (10.8)$$

(4) 将 s_A 代入式(10.8)中,得到测点集 A 内测点的拟合压力值:

$$p_c = f_j(s_A) \quad (10.9)$$

(5) 计算测点集 A 内测点的实际压力与拟合压力的均方差:

$$\mathrm{Err}_j = \sum_{k=1}^{n} (p_{r,k} - p_{c,k})^2 \quad (10.10)$$

(6) 重复步骤(3)、(4)、(5),直至处理完所有训练样本,则测点集 A 所有训练样本的均方差之和为

$$\mathrm{Err}_{\mathrm{whole}} = \sum_j Err_j \quad (10.11)$$

(7) 改变测点集 B 中测点位置 s_B 的值,重复步骤(2)、(3)、(4)、(5)、(6),得到很多不同的均方差之和 $\mathrm{Err}_{\mathrm{whole}}$,比较不同测点集 B 对应的均方差之和,并将均方差之和最小时对应的向量 s'_B 作为进行后续表征稳定裕度的向量。

(8) 最后由得到的 $(s'_B, p_{r,B})$ 进行基于面积积分的稳定裕度表征,具体步骤如下。

首先按步骤(3)、(4)得到测点集 A 中某一数据样本 z 的拟合压力值,并通过拟合压力值计算压力面积积分 S_{az}:

$$p_c = f'_z(s_A) \quad (10.12)$$

其次通过 $S_{a\max}$、$S_{a\min}$ 计算基于压力积分面积的稳定裕度表征:

$$M_z = \frac{S_{a\max} - S_{az}}{S_{a\max} - S_{a\min}} \quad (10.13)$$

其中,M_z 为第 z 组样本所对应的稳定裕度。

至此,最佳的稳定裕度就得到了。

10.6.3　基于遗传算法的传感器选择

遗传算法是一种高效并行优化概率方法,它的鲁棒性与计算效率也促进了它在各个方面的应用,尤其是优化问题和搜寻问题。

这里我们将目标函数 $ofun$ 设为一个数据集中所有样本实际压力与拟合压力的均方差之和,即 $ofun = \text{Err}_{\text{whole}}$。 则我们的优化问题转换为在多个不同的测点集 B 中测点位置 s_B 的值,计算对应的目标函数 $ofun$,并通过寻找最小的 $ofun$ 来寻找最佳的测点组合 s_B',最终最佳的稳定裕度表征 M 则通过最佳的测点组合 s_B' 计算得出,其数学表达式如下:

$$\text{if } \min\{ofun\} \ \&\& \ ofun = \text{Err}_{\text{whole}}(s_B) \text{ then } s_B' = s_B \ \&\& \ M = f(s_B')$$

10.6.4　最优选择结果及分析

基于前面所给定的数据集,对其中的训练样本集按 10.6.3 小节所述的遗传算法过程进行计算仿真,得到了在不同传感器数量和不同拟合阶数条件下的最优传感器序列。表 10.6 和表 10.7 分别给出了 $Ma = 3.3$、$Ma = 2.7$ 时样本集训练的仿真结果。

表 10.6　传感器选择结果($Ma = 3.3$)

传感器数量	拟合阶数	目标函数值	传 感 器 位 置					
			1	2	3	4	5	6
4	3	$1.117\,4 \times 10^5$	2	9	13	14		
5	3	$9.743\,5 \times 10^4$	2	5	6	12	14	
5	4	$8.366\,7 \times 10^4$	1	2	6	11	14	
6	3	$9.234\,4 \times 10^4$	1	2	5	6	12	14
6	4	$6.973\,8 \times 10^4$	1	5	7	10	13	14
6	5	$7.539\,5 \times 10^4$	1	3	6	11	12	14

表 10.7　传感器选择结果($Ma = 2.7$)

传感器数量	拟合阶数	目标函数值	传 感 器 位 置					
			1	2	3	4	5	6
4	3	$4.842\,8 \times 10^5$	1	5	10	13		
5	3	$3.176\,7 \times 10^5$	1	4	7	11	14	
5	4	$2.479\,5 \times 10^5$	1	3	7	11	14	
6	3	$3.071\,4 \times 10^5$	1	3	5	7	11	14
6	4	$2.027\,7 \times 10^5$	1	4	7	10	13	14
6	5	$1.787\,9 \times 10^5$	1	3	7	10	12	14

从表 10.6 中可知,最优传感器序列的目标函数值随着传感器数量的增加而不断减小,并且测量噪声影响也变小,从而可以保证高的测量精度。

另外,拟合阶数对目标函数值的影响却比较复杂。一般情况下,拟合阶数越高,目标函数值越小,但也存在异常的情况,如 $Ma = 3.3$ 实验(表 10.6)中约简到 6 个传感器,拟合阶数取 4 阶和 5 阶时则相反。对于这样的情况,有两种可能的解释:一个原因是与传感器相同的其他情况相比,拟合阶数越多,测量误差和噪声的影响也就越大;另一个原因是随着拟合阶数的增加,拟合公式的最高项系数的轻微不准确也会严重影响拟合结果。但总的来说,传感器数量选择 6、拟合阶数选择 4 或者 5 是比较优化的选择。

通过以上分析,综合考虑计算效率及测量精度,之后的检测采用 6 个传感器、用 4、5 阶拟合来得到计算的稳定裕度。

10.6.5 稳定裕度表征方法验证

通过 10.6.4 小节所述的流程,并在所选最优传感器序列和拟合条件下,可得到稳定裕度计算值。通过比较实际的稳定裕度与计算稳定裕度之间的误差,可以验证该方法的可靠性。图 10.27~图 10.31 分别给出了 $Ma = 3.3$、$Ma = 3.0$、$Ma = 2.7$、$Ma = 2.5$ 及所有马赫数下多工况测试集的仿真结果(6 个传感器、4 阶拟合),给出了各训练集样本用遗传算法算出的稳定裕度相对误差。其中相对误差由式(10.14)得到:

$$e = \left| \frac{M_i - M_{B,i}}{M_{max}} \right| \qquad (10.14)$$

其中,M_{max} 为稳定裕度最大值,由于设置的稳定裕度范围为 0~1,故 $M_{max} = 1$。

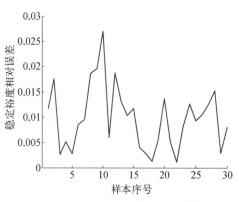

图 10.27　测试集稳定裕度相对误差结果($Ma = 3.3$)

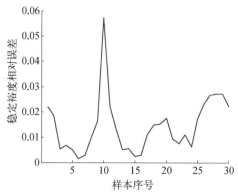

图 10.28　测试集稳定裕度相对误差结果($Ma = 3.0$)

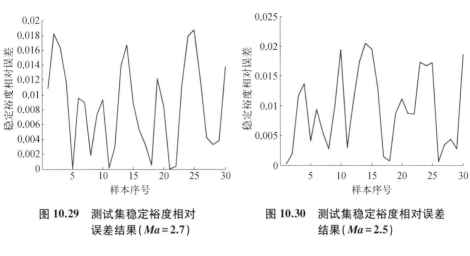

图 10.29　测试集稳定裕度相对误差结果($Ma = 2.7$)

图 10.30　测试集稳定裕度相对误差结果($Ma = 2.5$)

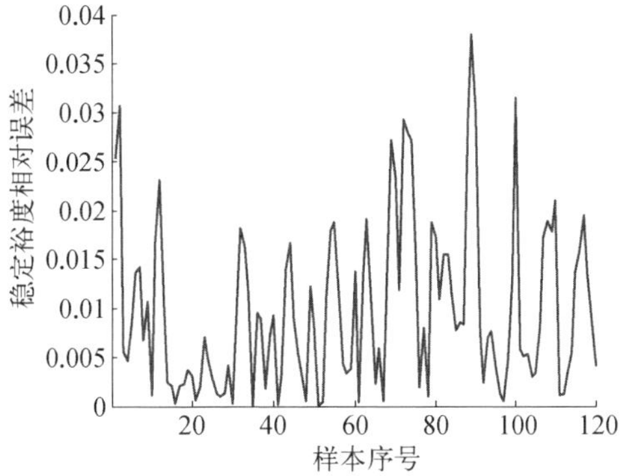

图 10.31　多工况测试集稳定裕度相对误差结果

　　将所有结果汇总得到表 10.8,其中包括稳定裕度相对误差最大值、稳定裕度相对误差平均值,以及不同工况下优化出的传感器位置。用相同方法得到 6 个传感器和 5 阶拟合的仿真结果,如表 10.9 所示。

表 10.8　6 个传感器和 4 阶拟合的仿真结果汇总

实验数据样本	稳定裕度相对误差最大值	稳定裕度相对误差平均值	传 感 器 位 置					
$Ma = 3.3$	0.027 0	0.009 8	1	5	7	10	13	14
$Ma = 3.0$	0.057 2	0.014 4	1	2	4	7	11	14
$Ma = 2.7$	0.018 8	0.008 4	1	4	7	10	13	14
$Ma = 2.5$	0.020 5	0.009 4	1	2	5	7	11	14
多工况	0.038 0	0.009 9	1	4	7	10	13	14

表 10.9　6 个传感器和 5 阶拟合的仿真结果汇总

实验数据样本	稳定裕度相对误差最大值	稳定裕度相对误差平均值	传感器位置					
$Ma = 3.3$	0.041 7	0.019 5	1	3	6	11	12	14
$Ma = 3.0$	0.050 3	0.020 2	1	3	6	10	12	14
$Ma = 2.7$	0.030 1	0.014 4	1	3	7	10	12	14
$Ma = 2.5$	0.049 6	0.021 9	1	3	7	10	12	14
多工况	0.050 3	0.021 7	1	3	6	10	12	14

首先分析 4 阶拟合和 5 阶拟合时的稳定裕度相对误差,并对其进行比较。由表 10.8 和表 10.9 可以很清晰地看出 5 阶拟合下各工况对应的情况,求得的稳定裕度相对误差平均值均比 4 阶拟合高,高了大概 0.01。另外,表 10.9 中的稳定裕度相对误差最大值也基本都要比表 10.8 中高一些。因此,可以很容易得出 4 阶拟合精度相对于 5 阶拟合要高一些的结论,这里可以确定 4 阶拟合为较优化的选择。

其次,分析对比约简出的传感器位置。由表 10.8 可以看出,不同马赫数下,大概存在两种约简方案,分别为 1、4、7、10、13、14 和 1、2、4、7、11、14,另外存在着一些小的变化,如第 4 个传感器变成第 5 个传感器或者反之。而多工况下优化出的传感器位置也在这两种情况之中。由此可以推断出经过遗传算法优化得到的约简的传感器位置基本收敛到了最优解或者次优解,因此最后大概只存在两种约简方案。通过综合分析,在今后的计算中,可以选择 4 阶拟合,传感器位置选择 1、4、7、10、13、14。此时,稳定裕度相对误差最大值为 0.038 0,稳定裕度相对误差平均值为 0.009 9,为较为优化的方案。

10.7　本章小结

本章重点介绍了燃烧反压激励下的隔离段激波串特性及超燃冲压发动机的稳定裕度表征方法。

首先分析了激波串前缘位置与隔离段反压、燃油当量比的关系,其次对比分析了基于隔离段出口反压、激波串前缘位置和壁面压力面积积分的稳定裕度和燃油当量比的关系。研究发现,压力面积积分和燃油当量比呈现出较好的线性关系,更适用于表征稳定裕度。最后介绍了基于遗传算法的裕度表征测点约简问题,并获得最少数量传感器时的最优分布组合。

第 11 章

考虑入射激波影响时高超声速进气道
稳定裕度控制方法研究

11.1 引言

大多数对激波串控制的研究都是在均匀来流条件下,激波串的监测方法及控制策略都是在此基础上建立的,进而忽略了非对称流场对激波串位置控制的影响。Vanstone 等曾指出,其发展控制方案是否适用于带有气流折转的进气道-隔离段仍是一个问题[87]。在极端条件下,激波串位置会和反压呈非线性关系,这为数据建模带来了困难,更重要的是激波串的不稳定运动会对控制系统带来什么影响也同样是未知的。因此,在分析了隔离段内激波串运动的物理过程,尤其是附面层在其中起到的重要作用,以及从物理层面分析了激波串的不稳定机制后,本章重点阐述激波串运动不稳定情况的发动机稳定裕度控制方法。

激波串受到入射波系干扰时会出现剧烈的振荡甚至突跳,进而导致发动机稳定裕度也会随之出现振荡、突变等非线性变化。在这种情况下,稳定裕度非线性变化能否通过合适的控制器进行抑制及其监测问题是需要研究的。前人针对发动机稳定裕度控制发展的激波串控制策略大多是在默认其全程可控的基础上,同时根据实验对比得到较适合的监测方法。尽管这种控制策略得到了地面实验的验证,但缺少一定的理论依据,进而存在适用性问题[87]。本章首先对前人所忽略的激波串可观性、可控性进行分析,通过理论分析给出最适合的发动机稳定裕度监测方法,以及其是否可控。倘若其不可控,激波串运动的不稳定对控制系统的影响仍是未知的;倘若其波动较小,闭环控制的扰动抑制作用可以削弱其影响;倘若其波动较大,控制系统的扰动抑制能力对非线性变化不能实现很好的控制,此时如果继续采用闭环控制必将会引起振荡或超调等问题。这种情况下需要制定相应的控制策略来避免其对控制系统的影响。其次,本章针对隔离段内激波串的运动特性给出发动机稳定裕度控制的优化方案,并通过实验进行验证。

11.2 基于壁面逆压力梯度的激波串数学模型

11.2.1 带流向参数的 Billig 公式

Billig 等[88~90]的研究表明,隔离段的入口条件和反压决定了激波串可以移动多远,但是它们不会影响激波串的行为。假设存在一个解析表达式,其可以将入口参数、通道几何参数、反压等参数与激波串长度建立起联系。同时,激波串上游为受扰动的任意截面参数都应该能在理论上计算出激波串的长度。如图 11.1 所示,入口截面 0 的参数可以通过流动守恒方程转换为截面 1 的参数。同理,若将截面 1 无限接近激波串前缘,基于前缘位置流场参数也应能计算出激波串的位置。考虑到入口参数分布均匀的超声速流场,通道内横截面参数的分布和入口参数分布类似,通过入口参数计算得到的结果和通道内截面参数计算的结果没有本质区别。然而对于有入射激波影响的非对称分布的流场,尽管宏观上的集中参数和入口条件近似,但其局部的参数分布会导致激波串前缘运动的瞬态特性大不相同。因此,本小节通过激波串前缘未受扰动的横截面参数(预先通过数值模拟得到未受扰动的流场)来预估在极短时间内激波串的位置。

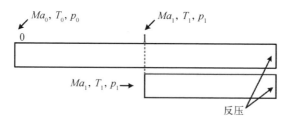

图 11.1　通道不同截面参数选取

为了使用局部参数计算基于 Billig 模型的激波串长度,本节采用时空推进方法,在 t 时刻可以预先得到 x 位置处的参数 p_x 和 Ma_x。图 11.2 给出了未受扰动的参数分布(压力、马赫数),需要注意的是公式中的反压是基于当地压力而不是入口压力进行无量化的,目的是向公式中引入扰动量。然后,可以利用 $p_x(t)$ 和 $Ma_x(t)$ 计算出 $t + \Delta t$ 时刻的位置 $x(t + \Delta t)$,以此类推,就可以得到激波串的移动路径,计算过程如下所示。

$$
\begin{cases}
x_s(t) = L - \left\{ A\left[\dfrac{p_b(t)}{p_x(t-\Delta t)} - 1 \right] + B\left[\dfrac{p_b(t)}{p_x(t-\Delta t)} - 1 \right]^2 \right\} \dfrac{(\theta h_{iso})^{0.5}}{[Ma_x(t-\Delta t)^2 - 1]Re_\theta^{0.2}} \\[4mm]
x_s(t+\Delta t) = L - \left\{ A\left[\dfrac{p_b(t+\Delta t)}{p_x(t)} - 1 \right] + B\left[\dfrac{p_b(t+\Delta t)}{p_x(t)} - 1 \right]^2 \right\} \dfrac{(\theta h_{iso})^{0.5}}{[Ma_x(t)^2 - 1]Re_\theta^{0.2}} \\[2mm]
\qquad\qquad\qquad\qquad\qquad \vdots \\[2mm]
x_s(t+n\Delta t) = L - \left(A\left\{ \dfrac{p_b(t+n\Delta t)}{p_x[t+(n-1)\Delta t]} - 1 \right\} + B\left\{ \dfrac{p_b(t+n\Delta t)}{p_x[t+(n-1)\Delta t]} - 1 \right\}^2 \right) \\[4mm]
\qquad\qquad \times \dfrac{(\theta h_{iso})^{0.5}}{\{Ma_x[t+(n-1)\Delta t]^2 - 1\}Re_\theta^{0.2}}
\end{cases}
$$

$$(11.1)$$

其中，x 为激波串前缘坐标；L 为隔离段出口坐标；p_b 为隔离段反压；p_x 和 Ma_x 分别为 x 位置处的压力和质量加权平均马赫数。

和压力、马赫数的变化相比，式(11.1)计算过程中边界层动量厚度 θ 和雷诺数 Re_θ 设为常值。

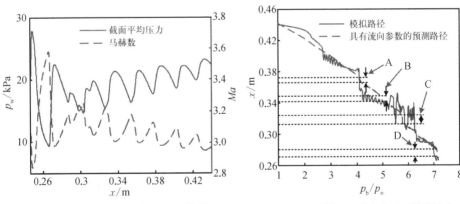

图 11.2　截面平均压力 p_w 及马赫数沿隔离段分布　　图 11.3　通过截面平均参数预测的激波串路径与数值模拟结果对比

在来流条件为 5.9 马赫数情况下，隔离段内激波串运动的数值模拟结果与改进后的 Billig 公式预测的激波串路径对比如图 11.3 所示。这种方法计算出的整体激波串长度可以很好地近似真实解，但是激波串的局部运动特性不能很好地表征，如 B、C 标记的加速现象。

11.2.2 带壁面参数梯度的 Billig 公式

从前面的分析可知,激波串的运动除了受到主流的影响外,近壁面流场状态同样对其有着不可忽略的影响。假设存在解析式 f,其可以将激波串长度及入口参数、流道几何参数、反压关联起来,当然这个解析式是很难得到的。考虑到隔离段内的流动符合流动守恒方程,其表征的系统是连续并可微的。因此对于一个未知的函数,可以通过在其稳定位置进行泰勒展开,得到其近似的多项式表达式。如式(11.2)所示,在 a 点进行泰勒展开为

$$S = f(x) = f(a) + f'(a)(x - a) + \frac{f''(a)}{2!}(x - a)^2 + \cdots + \frac{f^{(k)}(a)}{k!}(x - a)^k$$

$$(11.2)$$

为了简化计算,这里省略高阶项,其中 $x = p_b / p_\infty$,在其起始位置 $x = a = 1$ 处二阶展开为

$$S = f'(1)\left(\frac{p_b}{p_\infty} - 1\right) + \frac{f''(1)}{2!}\left(\frac{p_b}{p_\infty} - 1\right)^2 \qquad (11.3)$$

虽然微分项 $f'(1)$ 和 $f''(1)$ 仍然很难得到,但可以利用实验或数值模拟数据进行系数辨识。Waltrup 和 Billig 通过实验手段进行了参数辨识[89~90],得到了和式(11.3)同样形式的经验公式,其结果如下:

$$S = \frac{h_{iso}^{0.5}\theta^{0.5}}{(Ma_\infty^2 - 1)Re_\theta^{0.25}}\left[50\left(\frac{p_b}{p_\infty} - 1\right) + 170\left(\frac{p_b}{p_\infty} - 1\right)^2\right] \qquad (11.4)$$

根据式(11.4)形式可以判断,激波串前缘位置随反压连续变化。现有文献中关于入射激波影响下的激波串运动特性很少,相关的建模工作几乎没有。Fischer 和 Olivier[91]研究了壁温对激波串的影响,为了考虑壁温影响,作者将壁传热加入关系式中。压力和马赫数也同样对此有影响,但前人的优化结果只是影响激波串的增长速度。图 11.4 展示了沿隔离段下壁面的截面平均压力和近壁面马赫数分布,从图中可以很明显地看出没有变量可以导致近似于突变的结果产生,因为与图 11.5 中的壁面压力梯度相比,压力和马赫数经过斜激波后的变化较缓,需要寻找新的参数参与 Billig 公式以表征快速运动。

根据上述分析,在近壁面斜激波反射区域,斜激波在附面层内造成了逆压力梯度。逆压力梯度可以使附面层增厚,甚至分离。此外,向前延伸的反压压力场

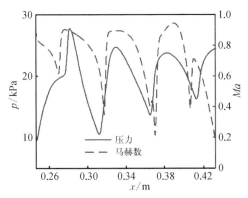

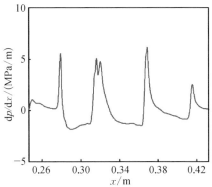

图 11.4　截面平均压力及近壁面区马赫数分布　图 11.5　隔离段下壁面压力梯度分布

也同样会造成附面层内的压升。换句话说,附面层内的压力对激波串的运动起着至关重要的作用。从图 11.5 中可以看出,压力梯度在激波入射点处达到了极值。并且,恰巧发生快速前移的区域也正是逆压力梯度存在的区域,而平稳前移的区域也正是逆压力梯度很小或是顺压力梯度区域。压力梯度在激波入射点处快速增加,但其他区域变化较缓,因此可将此变量视为随时间(位置)变化的不连续变量。

因此,Billig 经验公式可以扩展成含有 p_b 及 dp/dx 的多项式,如式(11.5)和式(11.6)所示。通道壁面压力梯度采用出口处的壁面压力梯度 dp_{exit}/dx 进行无量纲处理,其中系数 H_1、H_2 可通过参数辨识得到。修改后的 Billig 公式所预测的路径与真实结果对比如图 11.6 所示,尽管预测的快速前移距离及对应的压比并没有和实际结果吻合,但其可以定性地表征出激波串运动的非线性路径。

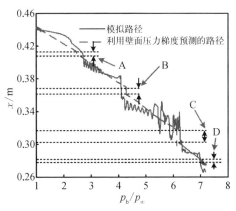

图 11.6　通过壁面压力梯度预测的激波串路径与数值模拟结果对比

$$S = A \cdot \left[\begin{bmatrix} x-1 & y-1 \end{bmatrix} H_1 + \frac{1}{2!} \begin{bmatrix} x-1 & y-1 \end{bmatrix} H_2 \begin{bmatrix} x-1 & y-1 \end{bmatrix}^{\mathrm{T}} \right]$$

$$(11.5)$$

其中,

$$
\begin{cases}
A = \dfrac{(\theta \cdot h_{\mathrm{iso}})^{0.5}}{(Ma_\infty^2 - 1) \cdot Re_\theta^{0.2}}; \quad x = \dfrac{p_b}{p_\infty}; \quad y = \dfrac{\mathrm{d}p/\mathrm{d}x}{\mathrm{d}p_{\mathrm{exit}}/\mathrm{d}x} \\[3mm]
H_1 = \left[\dfrac{\partial f(1,1)}{\partial x} \quad \dfrac{\partial f(1,1)}{\partial y} \right]^{\mathrm{T}} \\[3mm]
H_2 = \left[\dfrac{\partial^2 f(1,1)}{\partial x^2} \quad \dfrac{\partial^2 f(1,1)}{\partial x \partial y}; \quad \dfrac{\partial^2 f(1,1)}{\partial x \partial y} \quad \dfrac{\partial^2 f(1,1)}{\partial y^2} \right]
\end{cases}
\tag{11.6}
$$

为了验证修正后 Billig 公式的通用性,对来流条件为 5.5 马赫数的情况进行了数值模拟。由于来流马赫数较低,隔离段所承受的反压没有来流条件为 5.9 马赫数时那么高,并且图 11.7 中只能看到三个快速前移现象。采用相同的系数

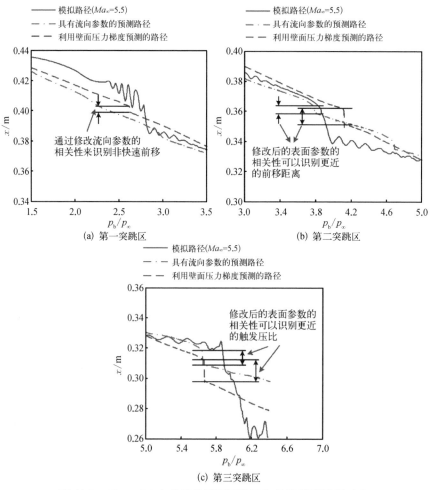

图 11.7　$Ma_\infty = 5.5$ 条件下模型预测结果与数值模拟结果对比

$(H_1 、 H_2)$，采用截面参数修正的 Billig 公式只能识别两个快速前移区域，采用壁面压力梯度修正的公式可以很好地识别出三个加速区域。从比较的结果可以看出，利用壁面压力梯度修正后的 Billig 公式的普适性对具有相同几何构型的情况是可以接受的。

11.3　基于自由干涉理论的激波串机理模型

11.3.1　激波串的动态建模方法

航空发动机中燃烧室内的燃烧由下游的涡轮与上游的风扇通过传动轴来实现匹配。同旋转机械压缩方式不同，冲压发动机内通过可移动的激波（系）来实现增压过程。燃烧室内的压力场（可以认为是扰动波）只能通过亚声速区域向上游延伸，进而上游的激波（系）位置发生变化以适应新的流场。尽管亚燃、超燃冲压发动机的压缩波不同，但正激波、斜激波系对上下游扰动的响应机制是一致的。因此，激波串的建模工作以两者（正激波、斜激波系）的相似性与差异性分析为起点。

1. 激波串（斜激波系）模型与正激波模型的相似性与差异性

表 11.1　亚燃与超燃冲压发动机压缩系统对比

	亚燃冲压发动机	超燃（双模态）冲压发动机
压缩方式	正激波	激波串（斜激波系）
激波动态影响因素	p_2/p_1，扰动波传播，容积效应	p_2/p_1，扰动波传播，容积效应
建模方法	正激波模型，一维流动方程	流动较为复杂，一般为数据建模、模型辨识、拟合
特殊性	激波运动近似呈连续性	前体入射激波导致隔离段流动呈非均匀性，激波运动表现为非连续性

从表 11.1 对比信息可知，尽管两种发动机结构及工作模式不同，但其压缩系统的动力学特性是相似的。激波串和正激波一样，都会对上游、下游的扰动做出响应。图 11.8 所示的物理过程简图可以很好地描述各个因素对激波串运动的影响，当下游反压 p_b 发生变化（扰动的产生）时，扰动波会在激波串内的亚声

速区域向上游传播,传播时间为 τ。当扰动传播至激波串的第一道分离激波时,其波后压力会发生改变。和正激波类似,当波后压力降低时,激波会向下游移动;当波后压力增加时,激波会向上游移动。当第一道激波发生位移时,其后部的容积也发生相应的变化,其内部压力分布发生变化,进而导致第一道分离激波和反压之间存在着相互耦合作用。

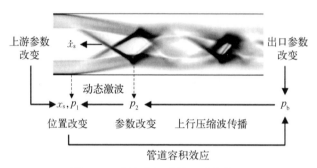

图 11.8 激波串运动物理过程简图

针对本节后续的建模工作提出如下假设:管道内的流动视为稳定流动;其中不稳定的影响是可以叠加的,包括激波运动、容积效应及扰动波传播;其中流体视为理想无黏(考虑壁面摩擦系数)、定比热、准一维流动、忽略分离激波的非定常特性。由于数学模型所反映出的对象特性是受限于所假设的物理模型的,为了简化分析,发动机内燃烧的热效应被忽略,激波串内的分离流认为是由反压所引起的。一个完整的激波串运动过程被划分为三部分:① 分离激波上下游的动力学平衡;② 激波串内部压力场的建立;③ 激波串内流体质量与能量的填充。

2. 数学模型的基本假设

众所周知,扰动波不能在超声速流场中向上游传播,但它可以通过边界层中的亚声速区向上游延伸。激波串的形成起始于边界层内的大尺度分离区的形成,边界层内充斥着低能流体,如果其不能抑制较大的逆压力梯度,其中的流动将会分离。随着分离流向上游移动,激波串也向前移动。因此,激波串的动力学特征与近壁面分离流的流动特性密切相关。激波串定义为承受一定压力梯度的分离流及主流的流体结构,这里激波串的位置定义为其第一道分离激波的前缘,激波串的整体运动特性视为第一道分离激波的运动特性,并且分离激波角度的非定常特性被忽略。因此,平衡状态下特定位置处分离激波的波前、波后压力可以通过一个稳态关系式建立起联系。

超声速分离是当地自诱导的边界层与无黏外流之间的自由干扰过程，Stewartson 与 Williams 在 1969 年发表了一个精妙的理论，称为"渐进展开技术"[92]。在 20 世纪 50 年代，Chapman 等[93]用一个简化的分析描述了干扰流动，该工作对于理解超声速流分离的物理机制起到了重要的作用。因此，为了从理论上分析激波串的动态特性，本节引入了自由干涉理论。从自由干涉理论中可以推导出的一个关系式，它描述了分离激波的波后压升：

$$\frac{p_2 - p_1}{q_1} \propto \sqrt{\frac{2C_{f,0}}{(Ma_1^2 - 1)^{0.5}}} \tag{11.7}$$

根据式(11.7)可知，附面层内流动所能承受的最大压力 p_2 与来流动压 q_1、壁面压力 p_1、来流马赫数 Ma_1 及壁面摩擦系数有关，其中下标 1 和 2 分别表示分离激波上游和下游的条件。为了进一步详细地分析，上游的定义并不是远离激波的位置。为了表征通道内激波串的不同运动特性，上游定义为距离分离激波足够近而又不被其干扰的当地位置。来流动压起到主导作用，因为附面层中的流动可以获取足够的动量去抵抗逆压力梯度。尽管在湍流边界层中，剪切应力的作用不是那么明显，漩涡起到从外部高速流动区到内部低速区的动量交换作用。在边界层中，越靠近壁面，流动中的滞止压力越低，压力的增加会在滞止压力最低的区域(边界层内)引起更大的阻滞。当受到逆压力梯度作用时，在一定条件下可以使近壁面的流动停滞或反向，于是就形成了分离区。而在当前分析中，壁面摩擦系数也是一个关键参数，因为其反映了主流与近壁面亚声速区之间动量交换作用的强弱。壁面摩擦系数由 $C_{f,0} = \tau_w / q_1$ 计算得到，其中表面切应力 τ_w 包括了湍流涡的作用。较大的正壁面摩擦系数暗示着近壁面流动受到了主流较强的拖曳作用，同时该区域可以获得足够的动量，相反，近壁面流动与主流之间的作用较弱。

如图 11.9 所示，通过数值模拟获得了均匀来流条件下等直矩形管道内不同节流比下的流场。值得注意的是，随着反压的上升，激波串延伸至不同的位置，但其内部建立了具有相似梯度的压力分布(忽略后部的压力振荡)，尤其是在分离激波后部，激波串具有自相似性。对于强激波附面层相互作用，附面层流动发生了分离并且在分离区内部存在一个压力平台。然而，本节并没有观察到类似的压力平台，而是存在一个拐点。值得注意的是，在较为理想的条件下，压力分布曲线中的拐点发生在相同的压比下。根据之前的分析，对于稳定状态下的分离激波,结合自由干涉理论,其波后压力可以通过式(11.7)获得。考虑到本节中来流马赫数大于1.5,为了简化计算,式(11.8)中 $(Ma_1^2-1)^{-0.25} \approx Ma_1^{-0.5}$, $q_1 = 0.5\gamma p_\infty Ma_1^2$,化简得

$$\frac{p_2 - p_1}{p_\infty} = \frac{\gamma}{2}FMa_1^{1.5}\sqrt{2C_{f,0}} \tag{11.8}$$

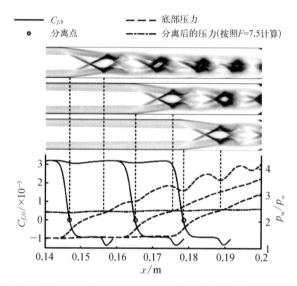

图 11.9　隔离段内壁面摩擦系数和壁面压力沿流向分布

图11.9中的分离后的压力为通过式(11.8)计算得到第一道分离激波的波后压力,对于湍流而言,F 函数和雷诺数有关,这里取值为7.5。由于分离激波后的压力可以通过稳态关系式获得,其动态方程也将从中推导得到。还可以推断出,第一道分离激波的波后压力取决于下游条件。下游的流动参数只会确定其分离位置,而不会决定其分离特性。在得到分离激波的波前波后压力关系后,还需要得到激波串内部压力分布的关系,即波后压力 p_2 与反压 p_b 之间的关系。在 Ortwerth[94] 所提出的扩散器模型的帮助下,可以获得激波串内部的压力分布。下游的流动会通过整个分离区传播,并重构其内部的压力。正如前面所述,上游的扰动和分离激波当地的流动参数有关。激波串内部压力重构的过程会打破分离激波前后压力的平衡,这个不平衡将会导致激波的运动。

11.3.2　动力学模型

1. 激波串前缘激波的动力学特性

根据 Culick 和 Rogers 的方法[95]，分离激波的波前波后压力关系可以表示为

$$\frac{p_2 - p_1}{p_\infty} = \frac{\gamma}{2} F \left(\frac{u_1 - \dot{x}_s}{a_1} \right)^{1.5} \sqrt{2 C_{f,0}} \tag{11.9}$$

其中，$\dot{x}_s$ 为激波串前缘位置坐标，以通道入口为坐标系原点，沿气流方向为 x 轴正方向；u_1 为气流速度；a_1 为当地声速；本节中 F 函数的取值为 7.5，并且设为常值。

式(11.9)可以写为式(11.10)，计算所得的分离激波运动速度同样决定了它能对扰动做出多快的反应。

$$\dot{x}_s = - a_1 \left[\frac{2}{\gamma F \sqrt{2 C_{f,0}}} \left(\frac{p_2 - p_1}{p_\infty} \right) \right]^{2/3} + u_1 \tag{11.10}$$

2. 激波串内扰动波的传播

除了考虑分离激波的动态特性，另一个需要注意的是分离激波下游的扰动不能和分离激波直接作用。扰动波需要一定时间才能传播至整个分离区，传播速度取决于当地声速。向上游传播的扰动只发生在分离区内的亚声速区域，为了简化计算，本节假设亚声速区域内的流体为滞止状态，向上游传播的时间可以写为

$$t = \frac{x_b - x_s}{\bar{a}_2(x)} \tag{11.11}$$

大体上，扰动波向上游传播的过程可以采用一个简单的一阶惯性环节，由式(11.12)给出：

$$\frac{\mathrm{d} p_2}{\mathrm{d} t} = - \frac{p_2 - P(x_s, p_b)}{t} \tag{11.12}$$

式(11.12)描述了分离激波的波后压力是如何对下游压力做出响应的，其中 $P(x_s, p_b)$ 函数用来表征 x_s、p_b 变化后的波后压力。对于一个固定几何的亚燃冲压发动机，函数 $P(x_s, p_b)$ 的表达式可以由发动机几何喉道至正激波之间的守恒方程求得。然而对于超燃冲压发动机，这种方法不再适用，需要找到分离激波的波后压力和隔离段反压之间的关系。本节中，采用一维流分析方法来描述激波

串内的流动,结合 Ortwerth 的分离流扩散模型[95]完备方程组。激波串内的流动参数可由如下常微分方程联立求解:

$$
\begin{cases}
\dfrac{\mathrm{d}Ma^2}{\mathrm{d}(x/D_{\mathrm H})} = -Ma^2\left(1+\dfrac{\gamma-1}{2}Ma^2\right)\left[\dfrac{2}{\gamma p Ma^2}\dfrac{A}{A_{\mathrm c}}\dfrac{\mathrm{d}p}{\mathrm{d}(x/D_{\mathrm H})} + 4C_{f,0}\dfrac{A}{A_{\mathrm c}}\right] \\[3mm]
\dfrac{\mathrm{d}(A_{\mathrm c}/A)}{\mathrm{d}(x/D_{\mathrm H})} = \dfrac{1-Ma^2[1-\gamma(1-A_{\mathrm c}/A)]}{\gamma p Ma^2}\dfrac{\mathrm{d}p}{\mathrm{d}(x/D_{\mathrm H})} + \dfrac{1+(\gamma-1)Ma^2}{2}4C_{f,0} \\[3mm]
\dfrac{\mathrm{d}p}{\mathrm{d}(x/D_{\mathrm H})} = kC_{f,0}\dfrac{\gamma}{2}p Ma^2
\end{cases}
$$

(11.13)

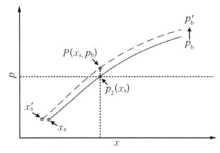

图 11.10　压力分布计算过程简图

其中,A、$A_{\mathrm c}$分别为通道面积、主流截面积。

这里引入的偏微分方程组是为了求解从分离激波起始位置 $x_{\mathrm s}$ 至压升为 $p_{\mathrm b}$ 位置之间的压力分布。通过这个压力分布,可以求得受扰动之后的波后压力。如图 11.10 所示,反压在 Δt 时间内从 $p_{\mathrm b}$ 变化至 $p_{\mathrm b}'$,分离激波的波后压力从 p_2 变化至 $P(x_{\mathrm s},p_{\mathrm b})$,但是它们的变化不是同步的,滞后时间决定了 p_2 的变化速率。由于采用很小的时间步长,并且 $x_{\mathrm s}'$ 很接近 $x_{\mathrm s}$,重新构建的压力场通过 $x_{\mathrm s}$ 处的流场参数计算得到。

3. 激波串内容积效应

由于分离区内的流动十分复杂,内部的密度分布很难估计。考虑到该区域流速很低,为了简化分析,利用集中参数进行流场评估,即利用出口密度进行该区域内流体质量的计算。因此,隔离段出口压力(反压)可通过分离流内部流量变化计算得到:

$$
\dot m_1 - \dot m_{\mathrm b} = \frac{\mathrm{d}\rho_{\mathrm b}V}{\mathrm{d}t} = V\frac{\mathrm{d}\rho_{\mathrm b}}{\mathrm{d}t} + \rho_{\mathrm b}\frac{\mathrm{d}V}{\mathrm{d}t}
$$

(11.14)

其中,$\dot m$、ρ 和 V 分别为气流质量、气流密度和分离流容积。

事实上,从激波前缘至隔离段出口之间流体的运输过程并不是等熵过程,可以通过气体状态方程计算得到密度变化与压力之间的关系。根据声速公式 $a=(\mathrm{d}p/\mathrm{d}\rho)^{1/2}=(\gamma RT)^{1/2}$,理想气体方程 $p=\rho RT$,得到密度与压力变化关系为 $\mathrm{d}p/\mathrm{d}\rho=\gamma p/\rho$,因此出口密度变化可以通过反压计算得到:

$$\frac{\mathrm{d}\rho_b}{\mathrm{d}t} = \frac{\rho_b}{\gamma p_b}\frac{\mathrm{d}p_b}{\mathrm{d}t} \tag{11.15}$$

式(11.15)可写为

$$\frac{\mathrm{d}p_b}{\mathrm{d}t} = -\frac{\gamma R T_t}{V[1 + 0.5(\gamma - 1)Ma_b^2]}(\dot{m}_b - \dot{m}_1) - \frac{p_b\gamma}{V}\frac{\mathrm{d}V}{\mathrm{d}t} \tag{11.16}$$

其中,出口流量为

$$\dot{m}_b = KqMa_b A_b \frac{p_b[1 + 0.5(\gamma - 1)Ma_b^2]^{\frac{\gamma}{\gamma-1}}}{\sqrt{T_t}}, \quad K = \sqrt{\frac{\gamma\left(\dfrac{2}{\gamma + 1}\right)^{\frac{\gamma+1}{\gamma-1}}}{R}} \tag{11.17}$$

分离流容积为

$$V = \int_{x_s}^{x_b} A\,\mathrm{d}x \tag{11.18}$$

综上所述,前缘激波的动力学方程可总结为

$$\begin{cases} \dot{x}_s = -a_1\left[\dfrac{2}{\gamma F\sqrt{2\bar{C}_{f,0}(x_s)}}\left(\dfrac{p_2}{p_1} - 1\right)\right]^{2/3} + u_1 \\[3mm] \dot{p}_2 = -\dfrac{\bar{a}_1(x_s)}{x_b - x_s}[p_2 - P(x_s, p_b)] \\[3mm] \dot{p}_b = -\dfrac{\gamma R T_t}{V[1 + 0.5(\gamma - 1)Ma_b^2]}(\dot{m}_b - \dot{m}_1) - \dfrac{p_b\gamma}{V}\dfrac{\mathrm{d}V}{\mathrm{d}t} \end{cases} \tag{11.19}$$

11.3.3　激波串一般性动力学模型验证

模型验证是通过风洞实验进行的,分别验证了均匀来流 $Ma_\infty = 1.85$ 和 $Ma_\infty = 2.72$ 条件下的激波串运动特性。对于任何一个动态模型,验证过程都很简单:① 需要验证分离激波的动态模型能够在特定的反压下保持在某一特定位置;② 验证从一个稳态位置过渡到另一个稳态位置的动态过程。图 11.11 分别展示了来流 $Ma_\infty = 1.85$ 和 $Ma_\infty = 2.72$ 条件下的堵块角度和反压时间序列,压力信号根据来流压力进行了无量纲化处理。在 $Ma_\infty = 1.85$ 来流条件下,下游堵块先缓慢旋转至 15.96° 并且停顿 1 s,然后步进电机执行一系列台阶信号,幅值为

0.66°,间隔 1 s。对于 $Ma_\infty = 2.72$ 来流条件,类似地,堵块缓慢旋转至 13.65°并且停顿 1 s,然后步进电机执行了一系列台阶信号,幅值为 0.582°,间隔 1 s。

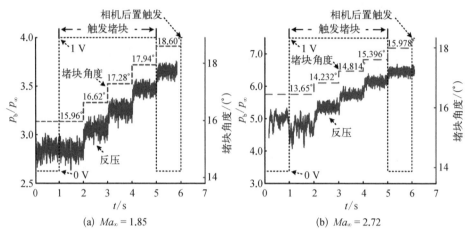

图 11.11　堵块角度和反压时间序列

由于激波串的动态特性依赖于当地流场参数,实验中测量的参数不足以详细地描述其运动特性。为了补充缺乏的参数,需要额外的数值模拟。如上所述,

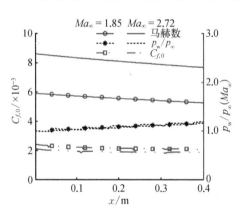

图 11.12　来流马赫数(质量平均)、壁面压力和壁面摩擦系数沿流向的分布

描述激波串的运动特性依赖于来流马赫数、壁面压力和壁面摩擦系数,这些参数沿流向的分布如图 11.12 所示。首先,对激波串分离区内部的稳态压力分布进行了预测,模型预测结果与实验结果对比如图 11.13 所示。在 $Ma_\infty = 1.85$ 条件下,激波串呈现"λ"结构,在分离区的起始壁面压力上升较快,随后压力梯度变缓。对于 $Ma_\infty = 2.72$ 条件,激波串呈现"X"结构,分离区内部的压力梯度变化整体较缓。由于本节实验中激波串没有得到很好的发展,式

(11.13)中的系数 k($Ma_\infty = 1.85$ 条件下为 75,$Ma_\infty = 2.72$ 条件下为 65)比文献[96]中要高,稳态压力分布中的偏差将会是动态模型偏差的来源之一。

在 $Ma_\infty = 1.85$ 和 $Ma_\infty = 2.72$ 条件下的激波串位置实验结果与模型预测结果如图 11.14 所示。为了简化建模过程,模型的输入选为反压压比而不是堵块角

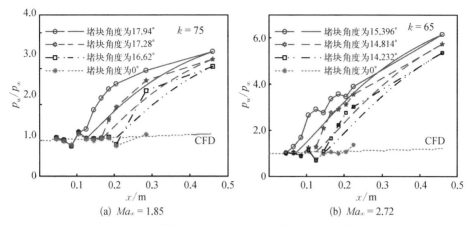

图 11.13　模型预测壁面压力分布与实验结果对比

度。这里需要强调的是,尽管反压作为模型的输入,但仿真过程中其变化仍然遵循容积效应。在 $Ma_\infty = 1.85$ 条件下,前三个台阶信号中,模型预测结果与实验结果相符。对于最后一个台阶信号,在相同的压比增量下,激波串前移了较长的距离。在 $Ma_\infty = 2.72$ 条件下,可以观察到同样的现象。尾喷管与实验段之间存在缝隙,导致隔离段内存在微弱的反射激波,其在入口处较为明显,进而导致了入

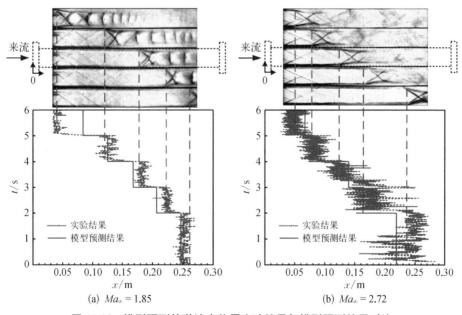

图 11.14　模型预测的激波串位置实验结果与模型预测结果对比

口附近的流动不均匀,改变了激波串的稳态特性。考虑到前面的假设,尽管存在可以接受的偏差,但可以认为低阶模型所预测的结果接近于实验结果。

由于步进电机存在一定的局限性,堵块的响应要慢于激波串。实验过程中所观察到的激波串的动态响应为电机系统的响应。如果步进电机能执行一个真实的台阶信号(台阶信号的上升时间足够小,至少小于激波的响应时间),激波串的动态特性才能很好地体现。在图 11.15 中展示了来流马赫数为 1.85 的条件下激波串对台阶信号的动态响应特性。从实验结构中很难辨别出由扰动波传播所引起的响应滞后,但在模型预测结果中可以分别看出 0.5 ms、1 ms、2 ms 和 3 ms 的滞后。从图 11.15 中还可以看出,反压及激波串位置从一个稳态位置过渡到另一个稳态位置花费了大约 50 ms 的时间,而在预测结果中可以看到 4 个台阶信号对应的响应时间分别为 8 ms、9 ms、10 ms 和 11 ms。

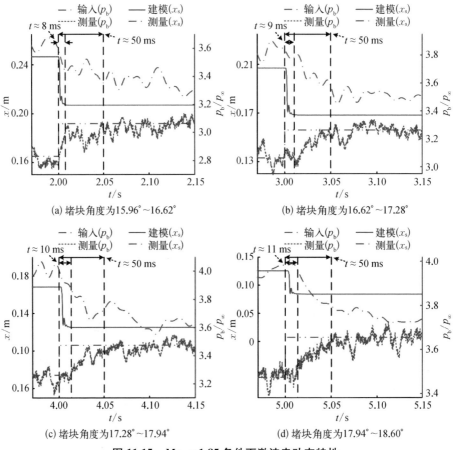

图 11.15　$Ma_\infty = 1.85$ 条件下激波串动态特性

　　为了进一步验证激波串的动态响应,额外展开了二维非定常数值模拟研究。在相同的条件下,数值模拟结果和模型预测结果对比如图 11.16 所示,激波串位置以隔离段高度进行无量纲化处理。从图 11.16 中可以明显发现,激波串对台阶信号的响应接近于数值模拟的结果。考虑到扰动波的传播速度是通过壁面滞止温度计算得到的,模型预测的响应滞后要小于数值模拟结果。并且由于数值模拟中考虑了附面层内的黏性影响,阻尼弱化了分离激波的振荡特性。

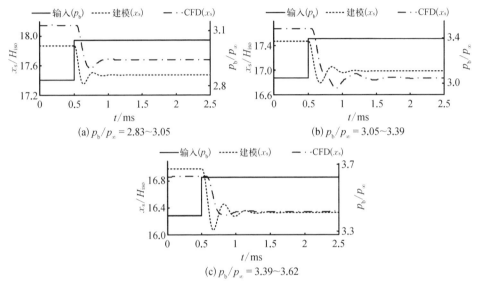

图 11.16　模型预测激波串动态特性与数值模拟结果对比

　　通过数值模拟和模型预测的对比可以发现,低阶模型可以定性地对激波串的动态特性进行描述,并且具有可接受的偏差。这些偏差来源于三方面:首先,分离区内的稳态压力分布关系在激波串充分发展的情况下具有良好的适用性;其次,激波串动力学模型严格依赖于当地流场参数,并且其中的参数通过数值计算得到,实验结果与数值计算的偏差也构成了最终结果的差异;最后,通过一维分析方法去近似三维复杂流动,并且简化模型所提出的假设条件也造成了必然的偏差。

11.3.4　入射激波影响时激波串运动不稳定的表征

　　通过实验和数值模拟对激波串的低阶动力学模型验证之后,进一步将建模研究扩展到较为复杂的情况下,即有入射激波影响的激波串运动。通过在隔离段入口位置安置一个斜劈作为激波发生器,以模拟真实发动机进气道/隔离段内的入射激波。图 11.17、图 11.18 分别展示了来流 $Ma_\infty = 1.85$、$Ma_\infty = 2.72$ 时堵块角度及反压随时间变化的曲线。两种工况下,当激波串被推进隔离段后,堵块均先停滞 1 s,随后执行斜坡指令。从图 11.18 中的反压信号可以明显看出,在 3.6 s 时反压有明显的加速上升,结合前面的分析,这种现象和激波串的加速前移有关。

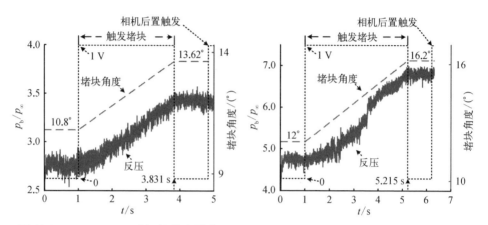

图 11.17 $Ma_\infty = 1.85$ 时入射激波影响下堵块角度与反压随时间变化的曲线　　**图 11.18** $Ma_\infty = 2.72$ 时入射激波影响下堵块角度与反压随时间变化的曲线

在对激波串不稳定运动的表征过程中,选用隔离段出口节流面积比 A_b/A 作为激波串动力学模型的输入,同时方程组[式(11.13)]中的 k 取值为 50.0。图 11.19、图 11.20 分别对比了 $Ma_\infty = 1.85$、$Ma_\infty = 2.72$ 工况下纹影测量(实验结果)与模型预测的激波串前缘轨迹。从实验结果中可以看出,在较低马赫数条件下,激波附面层相互作用较弱,激波串前缘在激波附面层相互作用区域呈现出振荡特性;在较高马赫数条件下,激波附面层相互作用加强,激波串前缘出现了加速前移。当 $Ma_\infty = 1.85$ 时,在激波附面层相互作用区域的模型预测结果展现出了加速前移特性而不是振荡特性;当 $Ma_\infty = 2.72$ 时,模型表征的不稳定运动发生时刻接近实验结果,但其预测的突跳距离较长。

在真实流场中,激波附面层相互作用及激波串运动是具有三维特性的。在建模过程中进行了降维,简化了流场条件,造成模型表征的不稳定过程持续时间较短。在建模过程中采用了集中参数进行部分流场的简化,进而激波附面层相互作用的部分影响可能被放大。此外,两侧壁面的激波串前缘运动存在一定耦合作用,但在本节中只进行了单侧建模,这也为模型预测结果带来了偏差。由

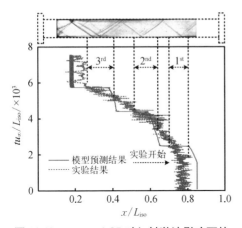

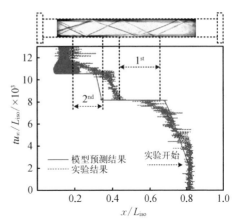

图 11.19　$Ma_\infty = 1.85$ 时入射激波影响下的激波串前缘轨迹

图 11.20　$Ma_\infty = 2.72$ 时入射激波影响下的激波串前缘轨迹

于缺少另一侧激波串前缘运动的限制,模型所预测的突跳距离要大于实验结果。尽管如此,该模型很好地呈现了激波附面层相互作用区域内激波串的动态特性,考虑到机理建模的难度,该模型被认为表现良好。另外,激波串前缘的时域特性表明其运动过程中存在着不稳定机制。

11.4　隔离段内激波串运动稳定性分析及判据

通过 11.3 节构建了含有特征参数的激波串动力学模型,并通过实验、数值模拟进行了定性的验证,结果表明前面的假设较为合理并且该模型可以定性表征激波串的运动特性。本节以图 11.19 中的流场条件及激波串运动过程为例,对激波串运动的稳定性进行分析。基于平衡流型的激波串动力学模型中含有较复杂的非线性项,很难判断系统稳定性。动力学方程式(11.19)主导了系统状态变量 $X = \begin{bmatrix} x_s & p_2 & p_b \end{bmatrix}^T$ 的变化。因此动力学方程可写成如下形式:

$$\frac{\partial X}{\partial t} = \Re(X, t) \tag{11.20}$$

稳定性分析假设系统存在平衡点 X_0,并且对于式(11.20),存在 $\Re(X_0) = 0$。通过小偏差线性化,将瞬态流动转化成基础流动与扰动之和 $X = X_0 + \varepsilon X'$,其中 $\varepsilon \ll 1$。考虑到扰动为无穷小,动力学模型中的非线性项可以忽

略,进而非线性动力学方程式(11.19)可写为

$$\frac{\partial X'}{\partial t} = A X' \tag{11.21}$$

其中,$X' = \begin{bmatrix} x'_s & p'_2 & p'_b \end{bmatrix}^T$ 表示状态变量的扰动量;$A = \partial \mathcal{R} / \partial X |_{X_0}$,是通过在平衡点 X_0 对系统 $\mathcal{R}$ 进行线性化得到的雅克比矩阵,矩阵 A 可表示为

$$A = \begin{bmatrix} \dfrac{\Delta \dot{x}_s}{\Delta x_s} & \dfrac{\Delta \dot{x}_s}{\Delta p_2} & \dfrac{\Delta \dot{x}_s}{\Delta p_b} \\[3mm] \dfrac{\Delta \dot{p}_2}{\Delta x_s} & \dfrac{\Delta \dot{p}_2}{\Delta p_2} & \dfrac{\Delta \dot{p}_2}{\Delta p_b} \\[3mm] \dfrac{\Delta \dot{p}_b}{\Delta x_s} & \dfrac{\Delta \dot{p}_b}{\Delta p_2} & \dfrac{\Delta \dot{p}_b}{\Delta p_b} \end{bmatrix} \tag{11.22}$$

在平衡点 X_0 处,系统的特征根 $\lambda = \sigma + \omega i$ 可以被确定,其中实部 σ 的正负决定了系统在平衡点处是否为稳定,虚部 ω 决定了系统的稳定或振荡特性。图 11.21 分别展示了图 11.19 中第二作用区间(2nd)和图 11.20 中第一作用区间(1st)中激波串的运动细节。从时域的运动特性可知,激波串前缘在壁面摩擦系数快速减小区域出现剧烈振荡。不论是从实验结果还是从模型模拟结果中均可

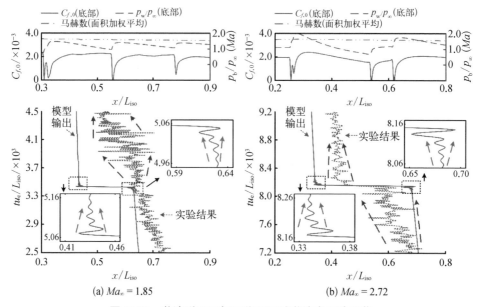

(a) $Ma_\infty = 1.85$　　　　(b) $Ma_\infty = 2.72$

图 11.21　激波附面层相互作用区域激波串运动细节

以发现,在激波串前缘与激波附面层相互作用区域干涉初期,激波串前缘呈振荡发散趋势。当激波串前缘越过激波附面层相互作用区域后,激波串前缘的振荡具有明显的衰减特性。

通过分析系统矩阵 A 可以判断该系统在每一个平衡点处存在 1 个实数极点及一对共轭极点。这和 Vanstone 等[87]的发现是一致的,其发现通过模型辨识得到的三阶模型具有最好的预测效果。另外在结果中,单一的纯实数特征根及一对共轭特征根也被证实了。图 11.22 展示了激波串在穿过激波附面层相互作用区域过程中系统特征值的变化。随着激波串前缘逐渐靠近激波附面层相互作用区域,壁面摩擦系数 $C_{f,0}$ 逐渐减小,表明附面层内流动对逆压力梯度的承受能力逐渐下降。随着特征值实部逐渐增加并穿过零轴,激波串前缘呈发散振荡并出现了不稳定现象。随着壁面摩擦系数 $C_{f,0}$ 进一步减小,共轭特征值的虚部消失并出现了三个纯实数特征值。与此同时,特

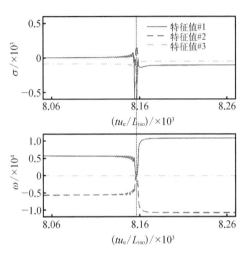

图 11.22　激波串在激波附面层相互作用区域运动过程中系统特征值的变化

征值#1 和#3 迅速减小并变为负数。然而,特征值#2 是唯一的正实特征根并且离零轴最近,由此可判断其主导了激波串的动态特性,这也是激波串前缘出现快速前移的原因。

随着激波串前缘在激波附面层相互作用区域进一步前移,壁面摩擦系数 $C_{f,0}$ 逐渐增加,共轭特征根的实部变为负数,进而激波串振荡着达到稳定。这也表明在这种情况下,当激波串前缘受到扰动时,其以衰减振荡的形式移动到新位置,如图 11.21 中的放大图所示,这也可以由 Vanstone 等[87]的实验结果所证实。边界层中流动的状态和激波串稳定性之间的定量关系很难给出,然而,定性的分析表明边界层内流动条件的突变使得系统存在正特征值,导致系统不稳定的发生。

将图 11.8 中激波串前缘(非激波串)动态过程简化,如图 11.23 所示,激波串前缘本身存在一个自反馈机制。由图 11.9 可知,激波串内不同位置处压力曲线的第一个拐点具有相似的压力,并可通过自由干涉理论获得。为了进一步研究分离激波的动态响应,本节运用了基于平衡流形模型的线性化方法,该方法通

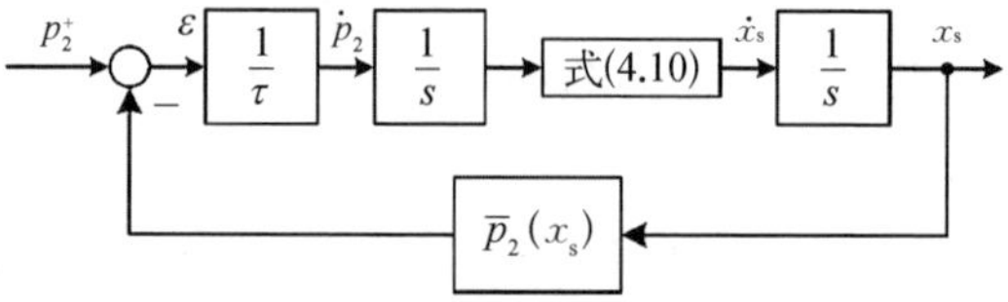

图 11.23　激波串前缘运动自反馈机制

过在全局平衡位置附近进行线性展开来保证激波运动的非线性特征。

式(11.10)可以线性化表示为

$$
\dot{x}_\text{s} = \frac{\partial U[\,\bar{x}_\text{s}(\alpha)\,,\ \bar{p}_2(\alpha)\,]}{\partial x_\text{s}}[\,x_\text{s} - \bar{x}_\text{s}(\alpha)\,] + \frac{\partial U[\,\bar{x}_\text{s}(\alpha)\,,\ \bar{p}_2(\alpha)\,]}{\partial p_2}[\,p_2 - \bar{p}_2(\alpha)\,]
$$

$$(11.23)$$

式(11.23)中,符号"–"表示气流在平衡点的稳态参数,通过定义分离激波位置 x_s 为调度变量 α,可以得到:

$$
\alpha = x_\text{s} \tag{11.24}
$$

$$
\bar{x}_\text{s}(\alpha) = x_\text{s};\quad x_\text{s} - \bar{x}_\text{s}(\alpha) = 0 \tag{11.25}
$$

由此,式(11.23)可以写成如下形式:

$$
\dot{x}_\text{s} = \frac{\partial U[\,\bar{x}_\text{s}(x_\text{s})\,,\ \bar{p}_2(x_\text{s})\,]}{\partial p_2}[\,p_2 - \bar{p}_2(x_\text{s})\,] \tag{11.26}
$$

其中,微分项可以写为

$$
\frac{\partial U[\,\bar{x}_\text{s}(x_\text{s})\,,\ \bar{p}_2(x_\text{s})\,]}{\partial p_2} = -\frac{4\bar{a}_1(x_\text{s})}{3F\gamma p_\infty\sqrt{2\,\overline{Ma}_1(x_\text{s})\,\bar{C}_{f,\,0}(x_\text{s})}} \tag{11.27}
$$

为了研究前缘激波的自反馈机制,这里定义图 11.8 中的偏差 $\varepsilon = p_2^+ - \bar{p}_2(x_\text{s})$。对于给定的 p_2^+,可有

$$
\frac{\mathrm{d}\varepsilon}{\mathrm{d}t} = -\frac{\mathrm{d}\bar{p}_2(x_\text{s})}{\mathrm{d}t} = -\frac{\mathrm{d}\bar{p}_2(x_\text{s})}{\mathrm{d}x}\frac{\mathrm{d}x}{\mathrm{d}t} = -\frac{\mathrm{d}\bar{p}_2(x_\text{s})}{\mathrm{d}x}\dot{x}_\text{s} \tag{11.28}
$$

将式(11.26)代入式(11.28)可得

$$
\frac{\mathrm{d}\varepsilon}{\mathrm{d}t} = \frac{\mathrm{d}\bar{p}_2(x_\text{s})}{\mathrm{d}x}\dot{x}_\text{s} = \frac{\mathrm{d}\bar{p}_2(x_\text{s})}{\mathrm{d}x}\frac{4\bar{a}_1(x_\text{s})}{3F\gamma p_\infty\sqrt{2\,\overline{Ma}_1(x_\text{s})\,\bar{C}_{f,\,0}(x_\text{s})}}\varepsilon = \lambda\varepsilon
$$

$$(11.29)$$

$$\lambda = \frac{\mathrm{d}\bar{p}_2(x_\mathrm{s})}{\mathrm{d}x} \frac{4\bar{a}_1(x_\mathrm{s})}{3F\gamma p_\infty \sqrt{2\,\overline{Ma}_1(x_\mathrm{s})\,\bar{C}_{f,0}(x_\mathrm{s})}} \tag{11.30}$$

其中,λ 为图 11.23 中偏差方程的特征根,其决定激波前缘反馈系统的稳定性。

众所周知,当 λ 为正时,系统不稳定,为负时,系统是稳定的,如果 $\lambda = 0$ 则表示系统处于临界状态。由式(11.30)可知,λ 的符号由 $\bar{p}_2(x_\mathrm{s})$ 的梯度决定,$\bar{p}_2(x_\mathrm{s})$ 是 x_s 处附面层所能承受的最大压力,也可认为是保持前缘激波不运动的最小压力,其可由式(11.9)计算得到。实例 B 中隔离段 $\bar{p}_2$ 及 p_1 的沿程分布如图 11.24 所示,在激波附面层相互作用区域,$\bar{p}_2$ 及 p_1 均具有较强的逆压力梯度。结合激波串前缘轨迹,当激波串前缘移至 $\bar{p}_2$ 的极值点(A 点)处时,其压力梯度发生变化,进而导致 $\lambda>0$,系统出现不稳定;当激波串前缘越过激波附面层相互作用区域时,$\bar{p}_2$ 重新具有顺压力梯度,系统重回稳定。然而在转折点处,在此时的反压作用下,激波串内部的压力分布没有解,激波串前缘在激波附面层相互作用区域上游位置稳定下来,这也暗示了激波串运动的迟滞特性。

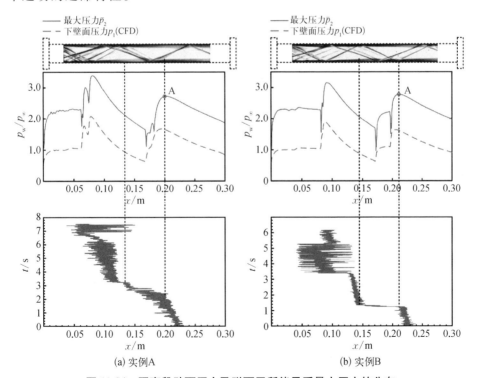

(a) 实例A　　　　　　　　　(b) 实例B

图 11.24　隔离段壁面压力及附面层所能承受最大压力的分布

11.5 入射激波影响时激波串运动的能观性、能控性分析

本节利用 11.3 节所发展的激波串动力学模型对激波串的能观性及能控性进行分析,旨在发展隔离段内合适的裕度监测手段及控制方法。经前面分析可知,不同的系统输出所能携带扰动影响的能力也不同,选择不同的参数所重构激波串位置的效果也大不相同。因此本节的主要研究目的是选择合适的参数来重构激波串位置,并探究入射激波影响下激波串运动的可控性。

11.5.1 入射激波影响时激波串运动的能观性分析

利用小偏差线性化技术,在扰动极小的情况下,激波串运动中的非线特性影响较小可忽略不计,进而将其近似为式(11.20)的状态空间表达式。将系统输出定义为 $Y = CX$,其中 $X = \begin{bmatrix} x_s & p_2 & p_b \end{bmatrix}^T$。结合 11.4 节中辨识出的系统矩阵,激波串状态可观性判别矩阵可写为

$$Q_o = \begin{bmatrix} C & CA & CA^2 \end{bmatrix}^T \tag{11.31}$$

若选用波后压力 p_2 作为系统输出,则矩阵 $C_2 = \begin{bmatrix} 0 & 1 & 0 \end{bmatrix}^T$;若选用隔离段出口反压 p_b 作为系统输出,则矩阵 $C_3 = \begin{bmatrix} 0 & 0 & 1 \end{bmatrix}^T$。以图 11.21(b)中激波串运动过程为例,判别矩阵 Q_o 秩的变化如图 11.25 所示。当选用 C_3 时,在激波串运动过程中的可观性判别矩阵 Q_o 为满秩,这表明以反压为输出时的系统状态完全可观。当选用 C_2 时,在激波串快速前移过程中,可观性判别矩阵 Q_o 的秩为 2。这表明通过波后压力作为输出时,系统状态并不能完全可观,尽管如此,通过可观性矩阵机构分解可知,系统中不可观部分为反压 p_b。

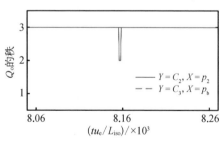

图 11.25 激波串运动过程中判别矩阵 Q_o 秩的变化

对于超燃冲压发动机稳定裕度控制而言,激波串位置 x_s 的观测是我们关心的。尽管选用 C_2、C_3 均能对其进行状态重构,然而,不同矩阵对其表征能力大有不同。这里在平衡点 X_0 处构建关于系统输出能量的表达式:

$$E_Y = \mid Y \mid_2^2 = \int_0^\infty X_0^{\mathrm{T}} \mathrm{e}^{A^{\mathrm{T}} t} C^{\mathrm{T}} C \mathrm{e}^{At} X_0 \mathrm{d}t = X_0^{\mathrm{T}} L_{\mathrm{o}} X_0$$

$$L_{\mathrm{o}} = \int_0^\infty \mathrm{e}^{A^{\mathrm{T}} t} C^{\mathrm{T}} C \mathrm{e}^{At} \mathrm{d}t \tag{11.32}$$

其中，L_{o} 为可观性格拉姆矩阵。

对于不稳定系统，式(11.32)中的可观性格兰姆矩阵无法求解。尽管如此，L_{o} 也是如下李雅普诺夫方程的解：

$$A^{\mathrm{T}} L_{\mathrm{o}} + L_{\mathrm{o}} A + C^{\mathrm{T}} C = 0 \tag{11.33}$$

利用奇异值分解，我们得到 $L_{\mathrm{o}} = USU^{\mathrm{T}}$，进而可得

$$E_Y = (U^{\mathrm{T}} X_0)^{\mathrm{T}} S (U^{\mathrm{T}} X_0) \tag{11.34}$$

矩阵 S 中与状态变量 x_{s} 对应的元素表明了该状态变量对系统输出的贡献多少。通过替换矩阵 C 为 C_2、C_3，计算得到 x_{s} 对应的奇异值如图 11.26 所示。从图 11.26 中可看出，激波串前缘的运动对波后压力 p_2 的贡献要比反压 p_{b} 大。通过对动力学模型能观性的分析可知，在未受扰动区域内无论选取哪种输出均能对激波串系统状态进行重构。然而在激波附面层相互作用扰动区域内，不同的输出对激波串位置重构的能力却大不相同。为了进一步确认不同输出对激波

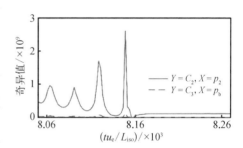

图 11.26　激波串运动过程中的奇异值变化

串位置的重构能力，将在 11.7.2 小节通过实验对激波串的可观性及监测方法进行验证。通过奇异值分析也进一步说明，激波串位置的振荡、突变对反压的影响远小于其波后压力，这也揭示了其未对燃烧造成严重影响的原因。

11.5.2　入射激波影响时激波串运动的能控性分析

当考虑到入射激波的影响时，实际的闭环控制系统框图如图 11.27 所示。激波串系统内部存在反馈机制，在流场均匀条件下，通道沿程参数连续且变化不明显，即动力学方程[式(11.19)]中的参数保持不变。经过 11.4 节中激波串稳定性分析，这种情况下激波串在受到扰动后可以重新恢复稳定状态。然而对于存在入射激波影响的情况，沿程的参数变化不能再忽视，并且在一定程度上主导了激波串的运动。在本节中选用下游节流面积比 $u = A_{\mathrm{b}} / A$ 作为激波串系统的输

入，可以通过在式（11.21）中添加相应的作用项 $\boldsymbol{B}u$ 施加影响，如式（11.35）所示。其中，矩阵 $\boldsymbol{B}$ 可通过在 $\boldsymbol{X}_0$ 处进行小偏差线性化获得。

$$\frac{\partial \boldsymbol{X}'}{\partial t} = \boldsymbol{A}\boldsymbol{X}' + \boldsymbol{B}u \tag{11.35}$$

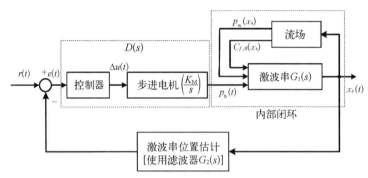

图 11.27　考虑入射激波影响时的闭环控制系统框图

激波串系统的可控性可由可控性判别矩阵 $\boldsymbol{Q}_c$ 的秩来判断，系统的维度与 $\boldsymbol{Q}_c$ 秩的差为系统不可控状态的数量。其中可控性判别矩阵 $\boldsymbol{Q}_c$ 表示为

$$\boldsymbol{Q}_c = \begin{bmatrix} \boldsymbol{B} & \boldsymbol{A}\boldsymbol{B} & \boldsymbol{A}^2\boldsymbol{B} \end{bmatrix} \tag{11.36}$$

以 11.4 节中的激波串运动为例，运动过程中 $\boldsymbol{Q}_c$ 秩的变化如图 11.28 所示。从图 11.28 中可以看出，在未受激波附面层相互作用扰动区域，系统的状态完全

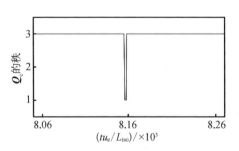

图 11.28　激波串运动过程中判别矩阵 $\boldsymbol{Q}_c$ 秩的变化

可控，在激波附面层相互作用较强区域，系统状态并不完全可控，从图中还可以发现在隔离段下游，激波附面层相互作用较弱，在 $C_{f,0}$ 较大区域，激波串仍具有可控性。虽然在强激波附面层相互作用扰动区域，激波串系统状态并不完全可控，但通过结构分解可知，激波串系统状态变量可控的部分为反压 p_b，不可控部分为 x_s、p_2。

图 11.22 中展示的激波串系统已经进入不稳定状态（共轭特征根实部为正），但图 11.28 中展示的激波串运动不可控区间（位置突变部分）却很小，激波串的不稳定运动在大部分区间（振荡部分）仍是可控的。图 11.29 中展示了激波串系统的动态频域响应，可以看出激波串运动属于低频主导动态，但是响应频率

也在 70 Hz 以上。这表明高超声速进气道-隔离段相对于飞行器上的其他部件仍属于快变系统,这是由超声速流动的特征时间尺度所决定的。在真实飞行过程中,主要通过调节燃油当量比进而改变反压,实现激波串位置的控制。然而燃油调节的动态响应又取决于燃油管道及调节阀的动态特性。目前现有的执行机构很难达到这么快的响应速度,性能较好的执行机构响应速度大约在几赫兹量级。因此在真实飞行过程中,执行机构的动态成为进气道-隔离段保护控制的主导动态,而进气道内的流动动态则因执行机构带宽的限制而受到大幅衰减。倘若要实现激波串前不稳定运动的控制就需要提升执行机构、管

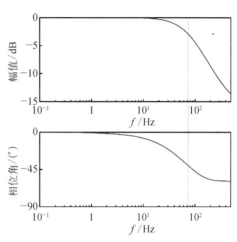

图 **11.29**　激波串系统的动态的频域响应

道及燃烧等多方面的动态响应速度,这也为实际工程应用带来了众多困难。激波串运动不稳定控制存在一定困难,后续需要进一步分析这种不稳定是否会给发动机稳定裕度控制系统带来严重影响。倘若影响较小,闭环控制系统可以进行有效抑制,若影响较大就需要制定合适的控制策略来避免其影响。

11.6　激波串运动不稳定对超燃冲压发动机稳定裕度控制的影响

11.6.1　超燃冲压发动机稳定裕度控制系统简介

超燃冲压发动机稳定裕度控制的实质是激波串位置的控制,因此构建了激波串位置控制系统框图,如图 11.30 所示。本节实验过程中激波串的驱动及控制是通过控制堵块角度改变节流比,进而改变反压来实现激波串位置的变化,同时堵块角度也作为闭环控制过程的最终控制变量。由 11.3.3 小节的建模工作及模型验证结果可知,激波串前缘响应时间尺度很小,在其运动过程中主要体现的是反压特性。反压的变化特性又是通过堵块截流影响的,因此通过堵块节流驱动激波串运动的过程中,激波串的动态特性主要表现为步进电机的动态特性。

在本节的研究中,通过流场压力信息重构激波串位置进行反馈来构成闭环

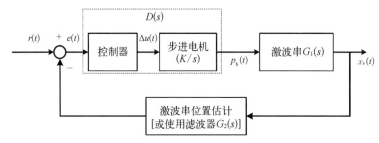

图 11.30　激波串位置控制系统框图

回路。整个实验过程由 LabVIEW 控制,壁面压力通过数据采集系统(NIMax PXIe DAQ)从传感器中读取,由于控制系统执行时间限制,整个控制过程以 200 Hz 的频率进行。由于步进电机工作在位置模式,其输入应为控制器输出的增量 $\Delta u(t)$。控制器的目标是将测量得到的激波串位置与位置指令之间的偏差 $e(t)$ 最小化,控制器形式如式(11.37)所示,对一个有实数参数 t 的函数进行拉氏变换,转换为一个参数为复变量 s 的函数。其中,$\Delta u(t) \cdot \dfrac{1}{s}$ 表示对 $\Delta u(t)$ 进行积分,其结果为控制器的输出:$u(t)$,PI 控制器的输出可表示为比例环节与积分环节之和,输出为堵块角度。

$$D(s) = \Delta u(t)\,\frac{K}{s} = u(t)K = \left[K_{\mathrm{p}}e(t) + K_{\mathrm{i}}e(t)\,\frac{1}{s} \right]K \qquad (11.37)$$

经前面分析,激波串的动态响应较快,实验过程中激波串的动态特性主要由步进电机的动态所主导。为了方便控制器参数设计,本节通过 MATLAB 的系统辨识工具箱(system identification toolbox)来对被控对象(步进电机及激波串)进行模型辨识,其中输入为步进电机指令(11.3.3 小节中的堵块角度指令),输出为 11.3.3 小节中纹影观测的激波串位置。经过模型辨识后的被控对象传递函数如式(11.38)所示,需要注意的是,由第 4 章的分析可知,激波串是一个三阶系统,但其响应速度远快于执行机构,其动态由执行机构所主导,因此模型辨识的结果更接近于执行机构。

$$G_1(s) = \frac{K_1}{a_0 s^2 + a_1 s + a_2} \qquad (11.38)$$

隔离段中激波串会出现自激振荡显现,因此为了减弱高频振荡带来控制系统的不稳定,在反馈回路中增加一阶惯性关节进行适当滤波,其形式如下:

$$G_2(s) = \frac{1}{T_1 s + 1} \qquad (11.39)$$

整个闭环系统传递函数如下所示,为了得到良好且稳定的控制效果,利用 MATLAB 的工具箱进行控制器参数设计。

$$H(s) = \frac{X(s)}{R(s)} = \frac{D(s) G_1(s)}{1 + D(s) G_1(s) G_2(s)} \qquad (11.40)$$

11.6.2　入射激波影响下超燃冲压发动机稳定裕度的闭环控制

图 11.31 中展示了均匀流场条件下采用比例积分控制器对冲压发动机稳定裕度控制的结果。控制器参数设置为 $K_p = 0.7$ 和 $K_i = 2.34$。采用一阶惯性环节对裕度监测结果进行滤波,这使得激波串本身动态特性变得不再明显。因此在两种马赫数条件下,只需要考虑增益系数 K 的变化。控制结果表明,除了在 $Ma_\infty = 1.85$ 中 $t = 15 \sim 20$ s 时激波串前缘受到入口波系的干扰外,在其他位置,发动机裕度可以很好地跟随指令变化。在每个指令的台阶位置处,裕度存在由激波串自激振荡引起的微小波动。这种情况可以采用较大时间常数 T_1 的滤波器,但是会造成较慢的响应特性。

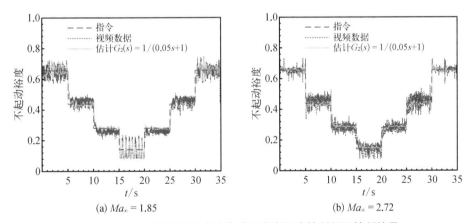

图 11.31　无入射激波影响时发动机稳定裕度控制闭环控制结果

采用前面相同的控制器参数,$Ma_\infty = 1.85$,在入射激波影响时的控制效果如图 11.32 所示。入射激波对稳定裕度控制有着显著的影响,在激波附面层相互作用区域外,裕度可以很好地追随指令;在激波附面层相互作用区域,稳定裕度出现了剧烈的振荡。尽管对裕度的反馈量进行了滤波,但振荡低频部分被带入了控制回路。随后在位置 $x/L_{iso} \approx 0.5$、0.28、0.125（激波附面层相互作用区域）处进行等裕度控制。从图 11.32(b)中可以发现，尽管裕度存在振荡，但其状况并不会变得更糟，其时均位置始终保持在设定值位置。在 $t = 20$ s 之后，又在未受激波附面层相互作用的扰动区域内进行了等裕度控制，结果表明控制效果良好。

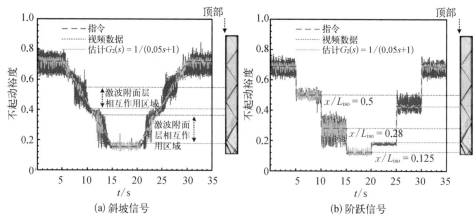

图 11.32　入射激波影响时的发动机稳定裕度控制（$Ma_\infty = 1.85$）

$Ma_\infty = 2.72$ 时，在发动机加速过程中稳定裕度由高降低的过程如图 11.33 所示，在较高马赫数下激波串振荡变得更为剧烈，图 11.32 中出现的情景同样可以被看到。由于入射激波强度增加，激波串前缘运动表现为突跳并非振荡，进而导致稳定裕度也出现突变，如图 11.33 所示。从裕度变化路径及纹影图像上可以

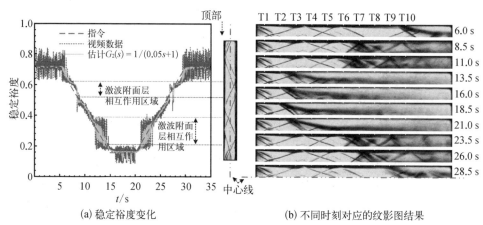

图 11.33　入射激波影响时发动机加速过程中的稳定裕度控制（$Ma_\infty = 2.72$）

看出,在整个加速过程中激波串可以跟随指令从隔离段下游移动至隔离段上游。尽管纹影图像以相同的时间间隔展示了 $t = 6.0 \sim 28.5$ s 时激波串前缘的运动过程,但从中可以发现激波串前缘的运动速度并不相同。

在激波附面层相互作用区域 $x/L_{\mathrm{iso}} \approx 0.53$、$0.28$、$0.14$ 处进行等裕度控制,控制结果与激波串纹影图如图 11.34 所示。对于相同的控制器参数,在未受扰动区域,稳定裕度可以很好地跟随指令。而对于激波附面层相互作用区域,尤其在 $x/L_{\mathrm{iso}} \approx 0.53$ 处振荡尤为明显,并且以低频振荡为主导。以 $t = 6.1 \sim 7.9$ s 为例,从激波串运动过程的纹影图像可以看出,同低马赫数条件下的情况一样,闭环控制系统并不能使激波串前缘完全跟随指令。

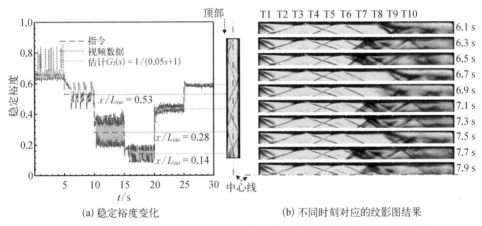

(a) 稳定裕度变化   (b) 不同时刻对应的纹影图结果

图 11.34 入射激波影响时阶跃指令下的发动机稳定裕度控制($Ma_\infty = 2.72$)

在图 11.34 中 $t = 5 \sim 10$ s 的起始阶段,激波串前缘要比其他区间响应慢。为了使控制系统更加灵敏,通常采用的方法是提高增益。为了满足更快响应的需求,滤波器 $G_2(s)$ 也相应做出了调整以适应更大的 K_{p}。如图 11.35 所示,在未受激波附面层相互作用扰动区域,控制器仍保持稳定,响应速度也有所提升。然而在激波附面层相互作用扰动区域,从纹影轨迹上可以看出尽管激波串的时均位置保持和指令一致,但振荡较为剧烈,控制结果似乎比图 11.34 中展示的要差。

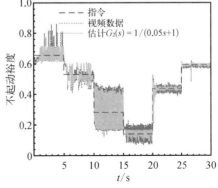

图 11.35 $Ma_\infty = 2.72$ 时采用大增益系数的发动机裕度控制

11.6.3 激波串运动不稳定性对控制系统抗干扰能力的影响

稳定裕度控制的目的是使冲压发动机达到最大性能的同时仍具有较高的安全性、扰动抑制能力。随着来流马赫数或来流攻角的改变,隔离段内波系的变化会对发动机的稳定裕度造成一定影响。一方面,入射激波的存在对发动机安全边界的划定造成了影响;另一方面,当来流条件出现扰动时,变化的波系会触发激波串

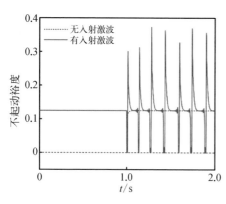

图 11.36 激波串运动不稳定对稳定裕度控制的影响

运动的不稳定。由 11.6.2 小节分析可知,控制器对非线性变化不能实现很好的控制,此时如果继续采用闭环控制必将会引起振荡或超调等系统不稳定问题。因此本节通过模拟冲压发动机加速过程中的稳定裕度控制,来分析激波串运动不稳定性对控制系统抗干扰能力的影响。图 11.36 为冲压发动机加速过程中的稳定裕度控制模拟结果,其中裕度为 0 表示发动机不起动边界,控制系统对发动机全程进行 12%的裕度控制。在 $t = 1$ s 时,隔离段入

口马赫数由 2.7 降至 2.5,在无入射激波影响的情况下,控制系统可以及时修正扰动带来的偏差并始终保持裕度在 12%;在存在入射激波影响的情况下,隔离段内波系的变化导致激波串不稳定性的出现。然而此时的控制器并不能对其进行有效抑制,激波串剧烈波动使得发动机多次越过不起动边界,出现了喘振现象。

11.7 入射激波影响下超燃冲压发动机稳定裕度控制方法研究

11.7.1 入射激波影响下超燃冲压发动机稳定裕度控制任务分析

超燃冲压发动机内存在众多控制的基本问题[97],主要体现在:① 发动机与一体化设计的高超声速飞行器间存在强耦合特性;② 超燃冲压发动机内的强分布参数特性;③ 超燃冲压发动机流动燃烧过程存在突变、迟滞等现象;④ 超燃冲压发动机工作过程中受到很多因素的制约,即多种安全边界。

发动机和飞行器通常采用一体化的设计,这使得发动机控制与飞行器的姿态变化密切相关。飞行器姿态改变,如来流攻角、侧滑角改变,会引起进气系统

捕获流量、总压恢复系数改变,进而导致发动机性能的变化。因此,发动机的控制效果对飞行器整体是至关重要的,激波串不稳定运动会对发动机稳定裕度造成不可忽视的影响。由 11.5 节的分析可知,入射激波所造成的发动机裕度波动并不可控。倘若这种波动较小仍在控制系统的扰动抑制范围之内,可以通过闭环控制进行抑制。然而通过 11.6 节的分析可知,激波串的不稳定运动会造成控制系统的剧烈振荡。考虑到飞行器/推进一体化的耦合特性,这种扰动应该避免被带入控制系统,然而开环控制又失去了保护控制的意义。

因此当考虑入射激波影响时,定位超燃冲压发动机保护控制的功能为:在发动机工作过程中,对发动机的稳定裕度进行实时监测,通过对隔离段内激波串运动不稳定区域进行实时划分。当监测到发动机裕度进入不稳定区域时,控制系统采取相应的控制措施,确保控制系统稳定工作并避免进气道喘振、不起动出现。

11.7.2　超燃冲压发动机稳定裕度监测方法的选择

通过前面分析可知,超燃冲压发动机稳定裕度控制的实质是对激波串进行位置控制。Hutzel 等[17,18]对六种激波串监测方法进行了研究,并分析了这些方法在均匀流场下的适用性。这六种方法可以总结为:① 基于检测信号及传感器沿程位置的差值;② 根据监测的信号进行多项式的拟合。在接下来的分析中只比较了三种方法:压比法、压力求和法及反压法。

1. 基于沿程压比分布插值的监测法

在通流状态下每个压力测点处时长为 2 s 的时均压力作为基准压力 $p_{\text{Tare}, i}$($i = 1, 2, \cdots, 10$),将每个压力测点处各个采样时间 $k\Delta t$ 的压力与 $p_{\text{Tare}, i}$ 的比值定义为 $p_{\text{s}, i}(k\Delta t)$。将实验段上游第一个传感器处至隔离段内压比最大测点处的压比组成一个向量,如式(11.41)所示。需要注意的是,用于压力信号无量纲处理的是基准压力 $p_{\text{Tare}, i}$,而不是来流压力,这样可以避免激波附面层相互作用引起的压升造成误判。

$$\boldsymbol{\pi}(k\Delta t) = \left[\frac{p_{\text{s}, 1}(k\Delta t)}{p_{\text{Tare}, 1}} \quad \frac{p_{\text{s}, 2}(k\Delta t)}{p_{\text{Tare}, 2}} \quad \cdots \quad \max\left(\frac{p_{\text{s}, i}(k\Delta t)}{p_{\text{Tare}, i}} \right) \right] \quad (11.41)$$

通过压比向量 $\boldsymbol{\pi}(k\Delta t)$ 和相应传感器位置向量 $\boldsymbol{x}_{\text{tr}}$,利用所需压比 $\boldsymbol{\pi}_{\text{des}}$ 进行样条插值得到激波串前缘预估位置,如式(11.42)所示。其中,$\boldsymbol{\pi}_{\text{des}}$ 的作用等同于前面提到的波后压力 p_2。

$$x_{\text{sh}, \pi}(k\Delta t) = \text{interp}\left[\boldsymbol{\pi}(k\Delta t), \boldsymbol{x}_{\text{tr}}, \boldsymbol{\pi}_{\text{des}} \right] \quad (11.42)$$

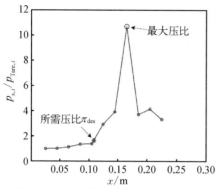

图 11.37 隔离段下壁面压力压比分布及激波串前缘预估位置

其中,interp 为样条插值。

在 $\pi_{\text{des}} = 1.5$ 条件下,隔离段下壁面压力压比沿流向分布及激波串前缘预估位置如图 11.37 所示,将激波串位置转换为发动机稳定裕度。

通过纹影测量的发动机裕度与预测结果的对比如图 11.38 所示,该方法对两种情况(有入射激波和无入射激波)下的稳定裕度有很好的估计效果。特别是考虑入射激波的影响时,可检测到由激波串突跳所带来的裕度波动。但由于传感器数量限制,位于隔离段最下游传感器(0.225 m)处下游的激波串是无法检测到的。

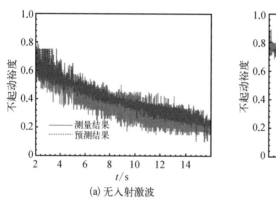

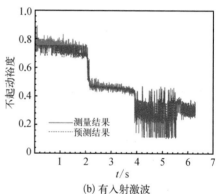

(a) 无入射激波　　　　　　　　　　(b) 有入射激波

图 11.38 基于沿程压比分布插值:发动机裕度测量结果与预测结果对比

2. 基于壁面压力求和拟合的监测方法

另一种方法采用的是美国国家航空航天局的技术[98],先将隔离段壁面压力进行求和,然后将激波串前缘位置与压力和进行多项式拟合,在现在的研究中也应用了这种方法[99]。在每个采样时刻将压力和与激波串前缘位置进行最小二乘回归,得到的拟合多项式如式(11.43)所示。

$$x_{\text{sh, sum}}(k\Delta t) = a_0 + \sum_{i=1}^{5} a_i p_{\text{sum}}(k\Delta t) \tag{11.43}$$

纹影测量的发动机裕度与该方法预测的结果对比如图 11.39 所示,对比结果表明,该方法可以准确地对激波串位置进行监测。但是,这种方法需要一些先验知识来获得拟合系数。此外,对于不同的来流条件,多项式的系数也各不相同,进而需要大量不同工况下的数据来进行多项式拟合以适应不同条件下的对应关系。因此,这可能不是实际应用的最佳选择。

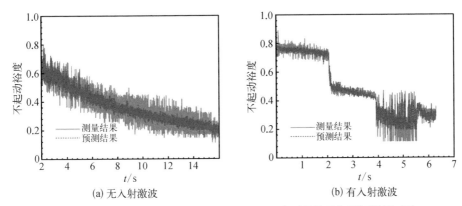

(a) 无入射激波　　　　　　(b) 有入射激波

图 11.39　基于壁面压力求和拟合:发动机裕度测量结果与预测结果对比

3. 基于反压拟合的检测方法

最后一种方法是通过构建激波串位置与反压之间的关系式,其过程和压力求和方法类似。在每个采样时刻,将反压和与激波串前缘位置进行最小二乘回归,得到拟合多项式。纹影图识别出的激波串运动轨迹与该方法监测的激波串位置对比如图 11.40 所示。对于没有入射激波影响的情况,该方法可以很好地对激波串前缘位置进行检测。对于有入射激波影响的情况,如图 11.40(b) 所示,该方法不能很好地对激波串前缘加速及振荡特性进行表征,在激波附面层相互作用扰动区域,反压与发动机稳定裕度不再具有良好相关性。

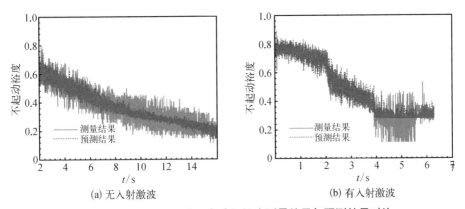

(a) 无入射激波　　　　　　(b) 有入射激波

图 11.40　基于反压拟合:发动机裕度测量结果与预测结果对比

4. 超燃冲压发动机裕度监测对沿程参数的依赖性

在均匀流场条件下激波串的运动主要受反压主导,其位置和反压具有一定的相关性。因此,利用反压法也可以很好地对激波串位置进行表征,这也是为什么在亚燃冲压发动机内可以通过控制压比来实现裕度控制。然而对于超燃冲压发动机而言,隔离段内流场受到入射激波的扰动呈强分布参数特性,并不能通过集中参数表征其内部流动特性。在未受激波附面层相互作用扰动的区间,激波串位置变化和反压仍具有一定相关性,近似呈线性关系。然而在激波附面层相互作用扰动区间,激波串位置与反压的相关性变差。经过主导因素及建模工作分析可知,激波串的运动在激波附面层相互作用区域受到局部流场主导,进而在此区间,下游反压失去了主控权。

进一步通过能观性分析可知,尽管反压与波后压力都可以对激波串位置进行重构,但它们的表征能力各不相同。可以发现,离前缘激波越近的压力测点对前缘运动越敏感。通过奇异值分析可知,激波串位置的变化对前缘激波的波后压力贡献最大。尽管实际运行过程中无法实时跟随前缘激波进行监测,但可通过布置沿程测点来识别前缘激波的波后压力变化。然而,通过反压进行激波串位置的预估并不能把这种影响很好地带入控制系统,如图 11.40 所示。因此,为了更好表征扰动对发动机裕度的影响,需要依赖沿程参数(无论是压比法,还是压力求和法),如图 11.38 和图 11.39 所示。

11.7.3 超燃冲压发动机安全边界的表征

分析可知,随着来流条件的改变,隔离段入口的激波附面层相互作用区域的分布也随之改变。尽管激波串前缘在激波附面层相互作用区域振荡,但未越过不起动边界,但随后反压的增加促使其被快速地推出隔离段,此时激波串运动受当地流场的主导。因此,超燃冲压发动机的安全边界不应定义在隔离段入口位置,应以激波附面层相互作用位置进行划分,保险起见,其应该定义在激波附面层相互作用区域下游。

以不同马赫数条件下的进气道流场为例,图 11.41 中展示了进气道安全边界与隔离段内壁面压力分布的关系。从曲线关系中可以发现,在隔离段上壁面,当激波串前缘的时均位置越过上壁面第一个压力峰值区域时,激波串随后被快速推出隔离段入口。在激波串反射区域下游一小段距离内,流场被加速,激波串前缘在激波反射点处的振荡暗示着流场条件对其起到一定的阻滞作用,也就是说当前条件不能推动其向前继续运动。一方面是当前的反压不足以支持其运动到更上游的位置,另一方面的原因为上游流动条件起到一定抵抗附面层分离的作用,但无论哪种情况,激波串当前位置对于发动机而言是相对安全的位置。

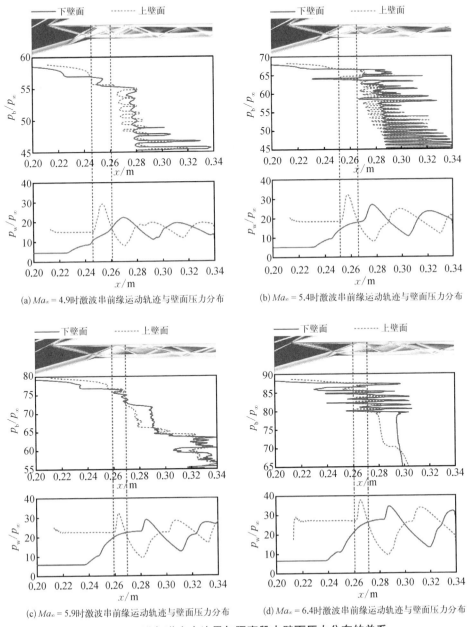

(a) $Ma_\infty = 4.9$时激波串前缘运动轨迹与壁面压力分布

(b) $Ma_\infty = 5.4$时激波串前缘运动轨迹与壁面压力分布

(c) $Ma_\infty = 5.9$时激波串前缘运动轨迹与壁面压力分布

(d) $Ma_\infty = 6.4$时激波串前缘运动轨迹与壁面压力分布

图 11.41　进气道安全边界与隔离段内壁面压力分布的关系

11.7.4　超燃冲压发动机稳定裕度的改进控制策略

激波串运动的不稳定来源于激波附面层相互作用。通过 11.4 节的激波运动不稳定机制分析可知,入射激波导致附面层内流场参数发生变化,使得系统出现了不稳定极点。进一步通过 11.5 节和 11.6 节的分析可知,由入射激波导致的发动机裕度波动并不可控,并且其会对控制系统造成一定影响。而最直接有效的改进方法是通过重新配置隔离段壁面沿程参数来削弱激波附面层相互作用的主导作用。通过附面层抽吸、吹除可以改善局部流场环境,削弱激波附面层相互作用,进而减弱流场参数的非线性分布。除了改变局部流场状态外,还可以通过主动控制绕过激波附面层相互作用区域,进而避免其影响。通过实时的压力监测,可以很好地辨识出激波附面层相互作用区域。如图 11.42(a)所示的隔离段上壁面压力分布,在激波附面层相互作用区域中存在一个压力极值,因此可以通过该极值附近特定的距离对激波附面层相互作用区域进行划分。在实际运行时,如图 11.42(b)所示,如果在下一个采样时间内发出指令将使激波串进入激波附面层相互作用区域,控制器将保持激波串前缘位置在该区域的下游边界处;如果在下一个采样时间内发出指令将使激波串推出激波附面层相互作用区域,控制系统将再次遵循原指令,这样激波串在一个较大的反压变化下快速推过激波附面层相互作用区域。在较快的反压变化下,激波串前缘与激波附面层相互作用区域干涉时间较短,且其可被快速推至另一稳定位置,进而削弱了振荡效果。

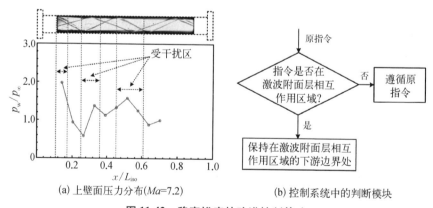

(a) 上壁面压力分布(Ma=7.2)　　　(b) 控制系统中的判断模块

图 11.42　稳定裕度的改进控制策略

11.7.5　基于指令修改的超燃冲压发动机稳定裕度控制实验研究

1. 入射激波影响下发动机稳定裕度控制的仿真研究

本小节对 11.7.4 小节提出的控制方案展开仿真研究,仿真所用模型为 11.3

节发展的激波串机理模型。针对 11.6.3 小节中的案例,在稳定裕度线性变化的条件下基于修改指令的仿真结果如图 11.43 所示。在 $t = 0.67$ s 时,发动机稳定裕度进入激波附面层相互作用扰动区域(不起动裕度 = $0.215 \sim 0.1$),通过壁面压力监测,划分扰动区域,提前修改指令,维持激波串在激波附面层相互作用区域下游边界(不起动裕度 = 0.215),进而保证裕度在可控范围内;当原指令在 $t = 1.23$ s 越过扰动区域时,控制系统重新遵循原指令工作。从控制仿真结果可以看出,激波附面层相互作用对激波串的扰动并没有被带入控制系统中,并且发动机裕度始终在可控范围内。随后针对 11.6.3 小节中的案例,变来流条件下基于修改指令的稳定裕度控制仿真结果如图 11.44 所示。当来流条件在 $t = 1$ s 受到扰动时,通过壁面压力监测进行了激波串不稳定运动区域的划分,将发动机安全边界移至扰动区域下游,进而避免了扰动导致隔离段内波系变化对发动机的影响,这大大增加了控制系统的稳定性,保证了发动机的稳定工作。

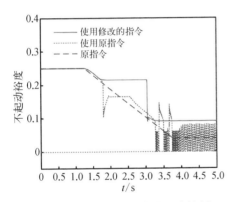

图 11.43　基于修改指令的裕度控制仿真结果(斜坡指令)

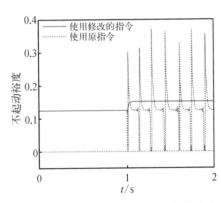

图 11.44　变来流条件下基于修改指令的稳定裕度控制仿真结果(等裕度)

2. 入射激波影响下发动机稳定裕度控制的地面实验研究

本小节通过地面实验对入射激波影响下进气道-隔离段保护控制进行验证。以 $Ma_\infty = 2.72$ 为例,未修改指令的激波串控制效果如图 11.45 所示,在此情况下控制策略没有划定合理的安全边界并按原指令执行。同图 11.43 的仿真结果类似,在 $12.5 \sim 17.5$ s,激波串由于隔离段入口位置激波附面层的扰动而出现了大幅的振荡,但这种非线性扰动并不能通过控制系统进行有效抑制。这种扰动为控制系统引入了剧烈的振荡,进而使得激波串被反复推出隔离段入口。

结合对压力分布的分析划定安全边界,修改指令后的控制结果如图 11.46

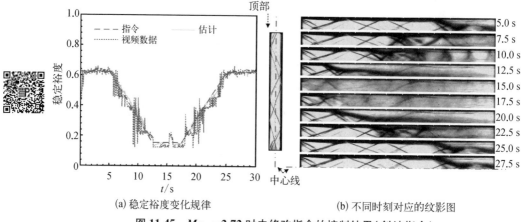

(a) 稳定裕度变化规律　　　　　　　　(b) 不同时刻对应的纹影图

图 11.45 $Ma_\infty = 2.72$ 时未修改指令的控制结果（斜坡指令）

所示。与图 11.33 中的描述相比，控制系统对原指令进行修改，避免了激波附面层相互作用区域的持续影响。尽管图 11.46（b）纹影图展示的激波串运动状况和图 11.33（b）中的类似，从激波串前缘运动轨迹可以看出，在激波串由隔离段下游推至隔离段上游的过程中，振荡明显减弱。与图 11.45 相比，尽管在隔离段入口处原指令相同，但保护措施使得激波串保持在安全边界下游，因此未受到入射激波的干扰，避免了振荡的出现。

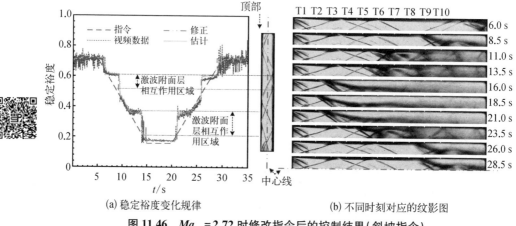

(a) 稳定裕度变化规律　　　　　　　　(b) 不同时刻对应的纹影图

图 11.46 $Ma_\infty = 2.72$ 时修改指令后的控制结果（斜坡指令）

与图 11.34 中的设定相同，测试控制器的阶跃响应。激波串前缘运动轨迹及纹影图如图 11.47 所示，尽管原指令停留在激波附面层相互作用区域，但控制器恢复了主动权并且始终保持激波串前缘位置在扰动区域下游。在 $t = 6.1 \sim$

7.9 s 的激波串运动过程如图 11.47(b)所示,从纹影图中可以发现激波串始终保持稳定状态,并没有呈现出剧烈波动。

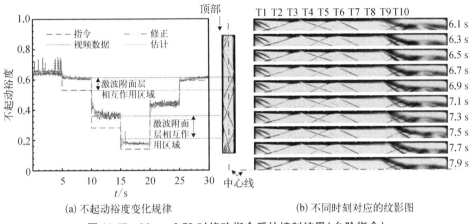

(a) 不起动裕度变化规律　　　　　　　(b) 不同时刻对应的纹影图

图 11.47　$Ma_\infty = 2.72$ 时修改指令后的控制结果(台阶指令)

　　然而在实际应用过程中,基于修改指令的控制过程会导致被控变量(燃油当量比)出现突变,进而会导致发动机推力的改变。考虑到飞行器/推进一体化特性,在实施该控制策略时,需要结合整个飞行器控制系统,在做出指令调整的同时也要响应对飞行器姿态的调整,进而避免由指令突变造成的飞行器失稳。由于激波串运动不稳定的直接诱导原因为激波附面层的相互作用,如果通过附面层吹除、抽吸、涡流发生器等流动控制手段削弱其影响,并结合反馈控制就可以进一步提升控制效果。

11.8　本章小结

　　为了更深入认识激波串运动机制及其本征动力学特性,本章首先将隔离段沿程压力梯度引入 Billig 公式中,修正后的 Billig 公式可以对隔离段内激波串的非线性运动路径进行定性表征。其次,本章给出了激波串一般性的动力学建模方法。

　　通过线性稳定性分析可知,在激波附面层相互作用区域外的每个平衡点上,激波串系统具有一个稳定的实数极点和一对稳定的共轭极点。当下游的激波串前缘进入激波附面层相互作用区域时,共轭极点的实部增大并穿过零轴,激波串系统由结构稳定转变为结构不稳定,进而出现振荡现象。随着激波串前缘上游壁面摩擦系数进一步减小,共轭极点实部变为零并出现一个不稳定的实数极点,导致激波串快速运动。当激波串经过激波附面层相互作用区域后,壁面摩擦系数迅速增加,稳定的极点又重新出现,激波串也以振荡收敛的形式趋于稳定。

为了抑制激波串运动的不稳定性带来的影响,以本章的激波串动力学模型为基础,分析了在激波附面层相互作用扰动下激波串运动的可观性及可控性。为了进一步分析激波串运动不稳定对发动机闭环控制的影响,本章在均匀流场环境下进行了激波串位置闭环控制器设计。然后将此控制器应用到隔离段流场内,实验发现激波串振荡会使控制器进行反复纠正进而导致激波串出现大幅波动。稳定裕度控制系统的目的是在保持发动机最大性能的同时仍能够维持一定的稳定性、安全性,对扰动能做出及时的抑制。通过仿真发现,在入射激波影响下的来流出现扰动时,整个控制系统出现了剧烈的波动并使得发动机多次越过安全边界。

针对激波附面层相互作用区域中激波串控制较为困难的问题,以及发动机稳定裕度控制需求,本章提出了基于修改指令的控制方法。通过壁面压力分布可以对不稳定区域进行近似的划分,进而通过控制系统修改指令使得激波串前缘始终保持在可控区间内。通过地面实验对超燃冲压发动机内的激波串控制方法进行了验证,通过实验发现基于修改指令的激波串控制方法能够有效地实现激波串位置控制,并保障发动机安全高效工作。

参 考 文 献

[1] Voland R, Auslender A, Smart M, et al. CIAM/NASA Mach 6.5 scramjet flight and ground test [C]//9th International Space Planes and Hypersonic Systems and Technologies Conference, Hampton, 1999.

[2] Marshall L, Bahm C, Corpening G, et al. Overview with results and lessons learned of the X - 43A Mach 10 flight [C]//AIAA/CIRA 13th International Space Planes and Hypersonic Systems and Technologies Conference, Capua, 2005.

[3] Marshall L, Corpening G, Sherrill R, et al. A chief engineer's view of the NASA X - 43A scramjet flight test [C]//AIAA/CIRA 13th International Space Planes and Hypersonics Systems and Technologies Conference, Capua, 2005.

[4] 皮布尔斯.通向马赫数 10 之路:X - 43A 飞行研究计划的经验教训[M].郑耀,徐徐,译. 北京:航空工业出版社,2012.

[5] Walker S, Rodgers F. The hypersonic collaborative Australia/United States experiment (HyCAUSE) [C]//AIAA/CIRA 13th International Space Planes and Hypersonics Systems and Technologies Conference, Capua, 2005.

[6] Walker S, Rodgers F, Paull A, et al. HyCAUSE flight test program [C]//15th AIAA International Space Planes and Hypersonic Systems and Technologies Conference, Dayton, 2008.

[7] Hank J, Murphy J, Mutzman R. The X - 51A scramjet engine flight demonstration program [C]//15th AIAA International Space Planes and Hypersonic Systems and Technologies Conference, Dayton, 2008.

[8] X - 51A makes longest scramjet flight[EB/OL]. (2010 - 05 - 31) [2018 - 05 - 25].https: // www.nasa.gov/aeroresearch/tech-excellence/2010/x - 51a-longest-scramjet-flight.

[9] Freeman J R, Delma C, REUBUSH D E, et al. The NASA Hyper-X program[R]. Hampton: NASA Langley Technical Report Server, 1997.

[10] Rodriguez C G. CFD Analysis of the NASA/CIAM scramjet[C]//38th AIAA/ASME/SAE/ ASEE Joint Propulsion Conference & Exhibit, Indianapolis, 2002.

[11] Rodriguez C G. Computational fluid dynamics analysis of the central institute of aviation Motors/NASA Scramjet[J]. Journal of Propulsion and Power, 2003, 19(4): 547 - 555.

[12] Cui T, He X, Yu D R, et al. Multistability and loops-coupled hysteresis: flight-test analysis on error detection of inlet start/unstart[J]. Journal of Propulsion and Power, 2012, 28(3):

496 – 503.

[13] Holland S D. Wind-tunnel blockage and actuation systems test of a two-dimensional scramjet inlet unstart model at Mach 6[R]. Hampton: NASA Langley Research Center, 1994.

[14] Van W D, Kwok F, Walsh R. Starting characteristics of supersonic inlets[C]//32nd AIAA/ASME/SAE/ASEE Joint Propulsion Conference & Exhibit, Lake Buena Vista, 1996.

[15] Kantrowitz A, Donaldson C D. Preliminary investigation of supersonic diffusers[R]. Langley Field: National Advisory Committee for Aeronautics, 1945.

[16] Cui T, Zhong L, Yu D R, et al. Multistability and complex routes of supersonic inlet start/unstart[J]. Journal of Propulsion and Power, 2011, 27(6): 1204 – 1217.

[17] Hutzel J, Decker D, Cobb R, et al. Scramjet isolator shock train location techniques[C]// 49th AIAA Aerospace Sciences Meeting including the New Horizons Forum and Aerospace Exposition, Orlando, 2011.

[18] Hutzel J, Decker D, Donbar J, et al. Scramjet isolator shock-train leading-edge location modeling[C]//17th AIAA International Space Planes and Hypersonic Systems and Technologies Conference, San Francisco, 2011.

[19] Le D B, Goyne C P, Krauss R H. Shock train leading-edge detection in a dual-mode scramjet [J]. Journal of Propulsion and Power, 2008, 24(5): 1035 – 1041.

[20] Donbar J. Shock train position control in an axisymmetric scramjet combustor flowpath[C]// 48th AIAA/ASME/SAE/ASEE Joint Propulsion Conference & Exhibit, Atlanta, 2012.

[21] Yu D R, Chang J T, Bao W, et al. Optimal classification criterions of hypersonic inlet start/unstart[J]. Journal of Propulsion and Power, 2007, 23(2): 310 – 316.

[22] Chang J T, Yu D R, Bao W, et al. A CFD assessment of classifications for hypersonic inlet start/unstart phenomena[J]. The Aeronautical Journal, 2009, 113(1142): 263 – 271.

[23] Chang J T, Yu D R, Bao W, et al. Operation pattern classification of hypersonic inlets[J]. Acta Astronautica, 2009, 65(4): 457 – 466.

[24] Chang J T, Fan Y, Bao W, et al. Unstart margin control of hypersonic inlets[J]. Acta Astronautica, 2010, 66(2): 78 – 87.

[25] Neumann E P, Lustwerk F. Supersonic diffusers for wind tunnels[J]. Journal of Applied Mechanics, 1949, 16(2): 195 – 202.

[26] Matsuo K, Miyazato Y, KIM H D. Shock train and pseudo-shock phenomena in internal gas flows[J]. Progress in Aerospace Science, 1999, 35(1): 33 – 100.

[27] Gnani F, Zare-Behtash H, Kontis K. Pseudo-shock waves and their interactions in high-speed intakes[J]. Progress in Aerospace Science, 2016, 82: 36 – 56.

[28] Yi S H, Chen Z. Review of recent experimental studies of the shock train flow field in the isolator[J]. Acta Physica Sinica, 2015, 64(19): 199401.

[29] Li Z F, Gao W Z, Jiang H L, et al. Unsteady behaviors of a hypersonic inlet caused by throttling in shock tunnel[J]. AIAA Journal, 2013, 51(10): 2485 – 2492.

[30] Ivanov M S, Kudryavtsev A N, NIKIFOROV S B, et al. Experiments on the mechanism of inducing transition between regular and Mach reflection[J]. Physics of Fluids, 2008, 20 (12): 126103.

[31] Chapman D R, Kuehn D M, Larson H K. Investigation of separated flows in supersonic and subsonic streams with emphasis on the effect of transition[R]. Moffett Field: National Advisory Committee for Aeronautics, 1958.

[32] Krishnan L, Sandham N D, Steelant J. Shock-wave/boundary layer interactions in a model scramjet intake[J]. AIAA Journal. 2009, 47(7): 1680 – 1691.

[33] Häberle J, Gülhan A. Investigation of two-dimensional scramjet inlet flowfield at Mach 7[J]. Journal of Propulsion and Power, 2008, 24(3): 446 – 459.

[34] Idris A C, Saad M R, Zare B H, et al. Luminescent measurement systems for the investigation of a scramjet inlet-isolator[J]. Sensors, 2014, 14(4): 6606 – 6632.

[35] Hopkins E J, Inouye M. An evaluation of theories for predicting turbulent skin friction and heat transfer on flat plates at supersonic and hypersonic Mach numbers[J]. AIAA Journal. 1971, 9(6): 993 – 1003.

[36] Li N, Chang J T, Xu K J, et al. Prediction dynamic model of shock train with complex background waves[J]. Physics of Fluids, 2017, 29(11): 116103.

[37] Benson R, Mcrae D. Numerical simulations of the unstart phenomenon in a supersonic inlet/diffuser[C]//29th Joint Propulsion Conference & Exhibit, Monterey, 1993.

[38] Hawkins W, Marquart E. Two-dimensional generic inlet unstart detection at Mach 2.5 – 5.0 [C]//International Aerospace Planes and Hypersonics Technologies, Chattanooga, 1995.

[39] Rodi P E, Emami S, Trexler C A. Unsteady pressure behavior in a ramjet/scramjet inlet[J]. Journal of Propulsion and Power, 1996, 12(3): 486 – 493.

[40] Ikui T, Matsuo K, Nagai M, et al. Oscillation phenomena of pseudo-shock waves[J]. Bulletin of JSME, 1974, 17(112): 1278 – 1285.

[41] Yamane R, Kondo E, Tomita Y, et al. Vibration of pseudo-shock in straight duct: 1st report, fluctuation of static pressure[J]. Bulletin of JSME, 1984, 27(229): 1385 – 1392.

[42] Yamane R, Takahashi M, Saito H. Vibration of pseudo-shock in straight duct: 2nd report, calculation of static pressure fluctuation[J]. Bulletin of JSME, 1984, 27(229): 1393 – 1398.

[43] Sugiyama H, Takeda H, Zhang J, et al. Locations and oscillation phenomena of pseudo-shock waves in a straight rectangular duct[J]. JSME international journal. Ser. 2, Fluids engineering, heat transfer, power, combustion, thermophysical properties, 1988, 31(1): 9 – 15.

[44] Wagner J L, Yuceil K B, Valdivia A, et al. Experimental investigation of unstart in an inlet/isolator model in Mach 5 flow[J]. AIAA Journal, 2009, 47(6): 1528 – 1542.

[45] Tan H J, Li L G, Wen Y F, et al. Experimental investigation of the unstart process of a generic hypersonic inlet[J]. AIAA Journal, 2011, 49(2): 279 – 288.

[46] 翁小侪,郭荣伟,褚丹丹.设计马赫数为 5 的一级二元混压式进气道典型状态下气动特性[J].航空动力学报,2014,29(9): 2040 – 2046.

[47] Bachchan N, Hillier R. Effects of hypersonic inlet flow non-uniformities on stabilising isolator shock systems[C]//AIAA Atmospheric Flight Mechanics Conference & Exhibit, Keystone, 2004.

[48] Bachchan N, Hillier R. Hypersonic inlet flow analysis at off-design conditions[C]//22nd Applied Aerodynamics Conference & Exhibit, Providence, 2004.

[49] Boon, S, Hillier R. Hypersonic inlet flow analysis at Mach 5, 6 and 7[C]//44th AIAA Aerospace Sciences Meeting & Exhibit, Reno, 2006.

[50] Boon S, Hillier R. Mach 6 hypersonic inlet flow analysis at incidence[C]//36th AIAA Fluid Dynamics Conference & Exhibit, San Francisco, 2006.

[51] Mahapatra D, Jagadeesh G. Studies on unsteady shock interactions near a generic scramjet inlet[J]. AIAA Journal, 2009, 47(9): 2223 - 2232.

[52] 李亭鹤,高雄,闫晓娜.超额定工作进气道唇口悬挂激波的数值模拟研究[C]//第二届高超声速冲压发动机内外流耦合流动研讨会,泸州,2013.

[53] 高雄,满延进,李大进,等.试验研究高超二元进气道超额定状态[C]//第五届冲压发动机技术交流会,厦门,2015.

[54] Zhang Q F, Tan H J, Chen H, et al. Unstart process of a rectangular hypersonic inlet at different Mach numbers[J]. AIAA Journal, 2016, 54(12): 3681 - 3691.

[55] Ben-Dor G. Shock wave reflection phenomena[M]. 2nd ed., New York: Springer-Verlag, 2007: 50 - 55.

[56] Li H, Chpoun A, Ben-Dor G. Analytical and experimental investigations of the reflection of asymmetric shock waves in steady flows[J]. Journal of Fluid Mechanics, 1999, 390: 25 - 43.

[57] Wagner J L, Yuceil K B, Clemens N T. Velocimetry measurements of unstart in an inlet-isolator model in Mach 5 flow[J]. AIAA Journal, 2010, 48(9): 1875 - 1888.

[58] Tan H J, Sun S, Yin Z L. Oscillatory flows of rectangular hypersonic inlet unstart caused by downstream mass-flow choking[J]. Journal of Propulsion and Power, 2009, 25(1): 138 - 147.

[59] Zhang Q F, Tan H J, Sun S, et al. Unstart of a hypersonic inlet with side compression caused by downstream choking[J]. AIAA Journal, 2016, 54(1): 28 - 38.

[60] Do H, Im S, Mungal M G, et al. The influence of boundary layers on supersonic inlet flow unstart induced by mass injection[J]. Experiments in Fluids, 2011, 51(3): 679 - 691.

[61] Do H, Im S, Mungal M G, et al. Visualizing Supersonic Inlet Duct Unstart Using Planar Laser Rayleigh Scattering[J]. Experiments in Fluids, 2011, 50(6): 1651 - 1657.

[62] 赵一龙.高超声速进气道分离流动建模及不起动机理研究[D].长沙:国防科学技术大学,2014.

[63] Gaffney J R. Modeling turbulent/chemistry interactions using assumed PDF methods[C]//28th Joint Propulsion Conference & Exhibit, Nashville, 1992.

[64] Mcdaniel K, Edwards J. Three-dimensional simulation of thermal choking in a model scramjet combustor[C]//39th Aerospace Sciences Meeting & Exhibit, Reno, 2001.

[65] Mcdaniel K S, Edwards J R. Three-dimensional simulation of thermal choking in a model scramjet combustor[C]//39th Aerospace Sciences Meeting and Exhibit, Reno, 2001.

[66] Chang J T, Wang L, Bao W, et al. Experimental investigation of hysteresis phenomenon for scramjet engine[J]. AIAA Journal, 2014, 52(2): 447 - 451.

[67] Cui T, Yu D R, Chang J T, et al. Topological geometry interpretation of supersonic inlet

start/unstart based on catastrophe theory[J]. Journal of Aircraft, 2008, 45(4): 1464 – 1468.

[68] Cui T, Yu D R, Chang J T, et al. Catastrophe Model for Supersonic Inlet Start/Unstart[J]. Journal of Aircraft, 2009, 46(4): 1160 – 1166.

[69] 常军涛,于达仁,鲍文.攻角引起的高超声速进气道不起动/再起动特性分析[J].航空动力学报,2008,23(5):816 – 821.

[70] Stephen E J, Hoenisch S R, Riggs C J, et al. HIFiRE – 6 unstart conditions at off-design mach numbers[C]//53rd AIAA Aerospace Sciences Meeting, Kissimmee, 2015.

[71] Liu K L, Zhang K Y. Experiment of dynamic angle-of-attack on a side wall compression scramjet inlet at Mach 3. 85[C]//17th AIAA International Space Planes and Hypersonic Systems and Technologies Conference, San Francisco, 2011.

[72] Su W Y, Hu Z W, Tang P P, et al. Transient analysis for hypersonic inlet accelerative restarting process[J]. Journal of Spacecraft and Rockets, 2017, 54(2): 376 – 385.

[73] Trapier S, Deck S, Duveau P, et al. Time-frequency analysis and detection of supersonic inlet buzz[J]. AIAA Journal, 2007, 45(9): 2273 – 2284.

[74] 杨叔子,吴雅,轩建平,等.时间序列分析的工程应用(下册)[M].武汉:华中科技大学出版社,2007.

[75] Obey L T, Englert G W, Nussdorfer J R, et al. Pressure recovery, drag, and subcritical stability characteristics of conical supersonic diffusers with boundary-layer removal[R]. Cleveland: National Advisory Committee for Aeronautics, 1952.

[76] Campbell R C. Performance of a supersonic ramp inlet with internal boundary-layer scoop[R]. Cleveland: National Advisory Committee for Aeronautics, 1954.

[77] Obery L J, Cubbison R W. Effectiveness of boundary-layer removal near throat of ramp-type side inlet at free-stream Mach number of 2. 0[R]. Langley Field: National Advisory Committee for Aeronautics, 1954.

[78] Wong W. The application of boundary layer suction to suppress strong shock-induced separation in supersonic inlets[C]//10th Propulsion Conference, San Diego, 1974.

[79] Fukuda M K, Roshotko E, Higst W R. Bleed effects on shock boundary layer interactions in supersonic mixed compression inlets[J]. Journal of Aircraft, 1977, 14(2): 151 – 156.

[80] Morris M J, Sajben M, Kroutil J C. Experimental investigation of normal shock turbulent boundary layer interactions with and without mass removal[J]. AIAA Journal, 1992, 30(2): 359 – 366.

[81] Bodner J, Greber I, Davis D, et al. Experimental investigation of the effect of a single bleed hole on a supersonic turbulent boundary-layer[C]//32nd Joint Propulsion Conference & Exhibit, Lake Buena Vista, 1996.

[82] Bauer C, Kurth G. Importance of the bleed system on the overall air intake performance[C]//47th AIAA/ASME/SAE/ASEE Joint Propulsion Conference & Exhibit, San Diego, 2011.

[83] Waltrup P J, Billig F S. Structure of shock waves in cylindrical ducts[J]. AIAA Journal, 1973, 11(10): 1404 – 1408.

[84] Sullins G, Mclafferty G. Experimental results of shock trains in rectangular ducts[C]//4th Symposium on Multidisciplinary Analysis and Optimization, Cleveland, 1992.

[85] Nill L, Mattick A. An experimental study of shock structure in a normal shock train[C]// 34th Aerospace Sciences Meeting & Exhibit, Reno, 1996.

[86] Tan H J, Sun S, Huang H X. Behavior of shock trains in a hypersonic inlet/isolator model with complex background waves[J]. Experiments in Fluids, 2012, 53(6): 1647 − 1661.

[87] Vanstone L, Hashemi K E, Lingren J, et al. Closed-loop control of shock-train location in a combusting scramjet[J]. Journal of Propulsion and Power, 2017, 34(95): 1 − 8.

[88] Billig F S, Dugger G L. The interaction of shock waves and heat addition in the design of supersonic combustors[J]. Symposium on Combustion, 1969, 12(1): 1125 − 1139.

[89] Waltrup P J, Billig F S. Prediction of precombustion wall pressure distributions in scramjet engines[J]. Journal of Spacecraft and Rockets, 1973, 10(9): 620 − 622.

[90] Billig F S. Research on supersonic combustion[J]. Journal of Propulsion and Power, 1993, 9(4): 499 − 514.

[91] Fischer C, Olivier H. Experimental investigation of wall and total temperature influence on a shock train[J]. AIAA Journal, 2014, 52(4): 757 − 766.

[92] Stewartson K, Williams P G. Self-induced separation[J]. Proceedings of the Royal Society of London, 1969, 312(1509): 181 − 206.

[93] Chapman D R, Kuehn D M, Larson H K. Investigation of separated flows in supersonic and subsonic streams with emphasis on the effect of transition[R]. Moffett Field: National Advisory Committee for Aeronautics, 1958.

[94] Ortwerth P J. Scramjet vehicle integration, scramjet propulsion, progress in astronautics and aeronautics[R]. Washington DC: AIAA, 2001.

[95] Culick F E C, Rogers T. The response of normal shocks in diffusers[J]. AIAA Journal, 1983, 21(10): 1382 − 1390.

[96] Smart M K. Flow modeling of pseudoshocks in backpressured ducts[J]. AIAA Journal, 2015, 53(12): 3577 − 3588.

[97] 于达仁,常军涛,崔涛,等.超燃冲压发动机控制方法[J].推进技术,2010,31(6): 764 − 772.

[98] Dustin M O, Cole G L, Neiner G H. Continuous-output terminal-shock-position sensor for mixed-compression inlets evaluated in wind tunnel tests of YF − 12 aircraft inlet[R]. Cleveland: NASA Lewis Research Center, 1974.

[99] Donbar J, Linn G, Akella M. High-frequency pressure measurements for unstart detection in scramjet isolators[C]//46th AIAA/ASME/SAE/ASEE Joint Propulsion Conference & Exhibit, Nashville, 2010.